U0836348

实践存在论美学丛书

走向实践存在论美学

朱立元 著

苏州大学出版社

图书在版编目(CIP)数据

走向实践存在论美学/朱立元著. —苏州：苏州大学出版社，2008. 4
(实践存在论美学丛书)
ISBN 978-7-81137-050-8

Ⅰ. 走… Ⅱ. 朱… Ⅲ. 美学—研究 Ⅳ. B83-069

中国版本图书馆 CIP 数据核字(2008)第 048708 号

走向实践存在论美学
朱立元 著
责任编辑 沈海牧 郑亚楠

苏州大学出版社出版发行
(地址：苏州市干将东路 200 号 邮编：215021)
丹阳市教育印刷厂印装
(地址：丹阳市西门外 邮编：212300)

开本 880mm×1 230mm 1/32 印张 11. 125 字数 278 千
2008 年 4 月第 1 版 2008 年 4 月第 1 次印刷
ISBN 978-7-81137-050-8 定价：28. 00 元

苏州大学版图书若有印装错误，本社负责调换
苏州大学出版社营销部 电话：0512-67258835

总序

Prologue

在朱志荣教授的热心提议和联络下，在苏州大学出版社的鼎力支持下，我们这一套“实践存在论美学丛书”终于面世了。

实践存在论美学是近十年来我在学习马克思的实践唯物主义（即唯物史观），研究和借鉴现代西方哲学、美学中有价值的思想的基础上提出来的，也是在认真反思当代中国各派美学理论，特别是占主流地位的实践美学的成就与局限，并与“后实践美学”作了心平气和的学术争鸣和交流之后，逐步建构起有一定系统性的理论框架的。

需要特别强调的是，实践存在论美学的提出，并非我一人之力，而是我和一批学生的集体创作。记得当初在美学讨论课上，学生们争论异常激烈，通过反复讨论，大家在一个一个基本问题上逐步达成共识。后来我主编的《美学》教材就是以这些共识为基础的，好几位学生都参与了 2001 年版初稿主要章节的撰写。过了几年，我发现初版有些问题还没有完全贯彻和体现实践存在论美学的思路，有些问题也没有讲清楚，于是又请了几位学生参与修订，2006 年出了修订版。所以，实践存在论美学虽然只是一家之言，却是众人之功，没有学生们（其实他们中不少人已经是教授、博士生导师了）的共同努力，也就不可能有实践存在论美学。

这套丛书以“实践存在论美学”为题，共推出五本，作者除了志荣教授是我的师弟外，其余三位都曾是我的学生。本人的《走向实践存在论美学》主要对实践存在论美学的思想来源、基本思路、框架、论题和主张从总体上进行论述；志荣教授等的《从实践美学到实践存在论美学》则重点梳理实践美学的发展历程、各主要代表人物的美学主张，在此基础上论述实践存在论美学推出的学术背景，对其观点进行学术评析；寇鹏程副教授的《马克思主义存在根基与实践美学》着重论述实践存在论的美学理论依据——马克思主义的实践观与存在论思想的统一和结合；刘泽民教授的《实践存在论的美学思考方式》围绕实践、存在、自由、境界等核心范畴，从思考方式角度对实践存在论美学的基本观点作了比较深入的阐发；刘旭光副教授的《实践存在论的艺术哲学》则讨论了实践存在论作为方法对于艺术研究的意义，并且运用这种方法去解决艺术哲学中的一些基本问题，突出了艺术的实践性质，提出了艺术作品以“实践—存在”的方式展现自身，可以说是实践存在论的艺术论吧。

当然，当代中国美学的发展，存在着无限广阔的空间和多种多样的可能性。不仅实践美学的主流派（李泽厚先生）理论仍可以继续发展，而且其内部有多种不同的美学主张也有进一步发展的活力；后实践美学也有多种观点有待展开；在实践美学和后实践美学之外，还有一些独立的美学思想也值得重视。所以，实践存在论美学只不过是寻求当代美学取得突破的许多尝试中的一种。这套丛书也是这种尝试的一部分。既然是尝试，能否成功还有待于检验。我们的态度是，真诚地欢迎来自各个方面的批评指正，只要有道理，我们就修正。我们希望实践存在论美学作为一种美学观念和主张，能够在严肃认真、心平气和的学术讨论和争鸣中逐步得到修正和完善。

最后，我代表几位作者向苏州大学出版社的领导和责编表示衷心的感谢，感谢他们在学术出版并不景气的情况下，对我们这套丛书的厚爱和支持，感谢他们对中国当代美学建设和发展的理解、关心和帮助。

2008年元月写于美国波士顿

目录

Contents

绪论

中国当代美学正处于一个十分微妙的发展阶段。一方面,人们开始逐渐认识到传统美学存在种种局限,并力图克服这种局限,实现美学的新发展;另一方面,人们又常常受到传统美学思维方式的影响,未能完全突破传统认识论的束缚,因而很难获得突破性的推进。看来,中国美学要真正取得重大发展,有必要首先突破主客二元对立的单纯认识论的思维方式和框架。那么,突破之途在哪里?

通过多年美学研究和思考,笔者尝试提出实践存在论美学这一崭新的美学理论,并正在努力把它建设成为新世纪中国美学多元化发展格局中富有生命力的一环。

为什么要提出实践存在论美学呢?这还得从中国当代美学的发展历程说起。

蒋孔阳先生曾把建国以来的中国美学归纳为四大派:以吕荧、高尔泰先生为代表的主观派美学;以蔡仪先生为代表的客观派美学;以朱光潜先生为代表的主客观统一派美学;以李泽厚先生为代表的客观社会派美学,即后来的实践美学。[1] 四大派在"文革"后或多或少都有发展和推进:高尔泰一派通过学习马克思《1844年经济学哲学手稿》,原有观点有所变化,有点向实践美学靠近,但又与李泽厚的实践美学不同,由于吕荧去世较早和后来高尔泰的出国,主观派美学影响就逐渐减小了;蔡仪始终坚持自己的观点,后来修订、出版了《新美学》,客观派美学观点得到进一步发展,20 世纪 90 年代他去世后,客观派美学的影响也相对小些;至

〔1〕 蒋孔阳. 建国以来我国关于美学问题的讨论. 见蒋孔阳全集:第 3 卷. 安徽教育出版社,1999. 553 - 576.

于主客观统一派美学理论，在朱光潜1986年去世后，研究的人虽然不少，却更多集中在心理学、文论和诗学等方面，美学方面的研究与发展则少些。朱光潜本人晚年通过翻译马克思《1844年经济学哲学手稿》的片段，也明显在向实践美学靠拢，但他强调艺术的实践，而李泽厚强调物质生产劳动的实践，两者并不相同。

李泽厚的客观社会派美学在20世纪80年代以后逐渐上升到实践美学的主流地位。但围绕着实践美学的诸多观点也展开了一系列的争论。80年代后半期，刘晓波向李泽厚发起挑战，他与李泽厚的对话在当时影响颇大。1993年，陈炎先生发表《试论"积淀说"与"突破说"》，批评李泽厚的"积淀说"。"积淀说"是李泽厚实践美学的一个重要观点，认为通过实践，人的主体心理结构在审美方面得以积淀，客体的积淀为主体的，理性的积淀为感性的，集体的积淀为个体的。陈炎提倡"突破说"，批评李泽厚的"积淀说"片面强调渐变，是文化上的保守主义。一开始，笔者曾为李泽厚辩护，认为李的"积淀说"还不算文化保守主义。[1] 1994年，杨春时先生发表《走向"后实践美学"》一文，对实践美学提出了十点批评。杨春时认为，李泽厚的实践美学存在的主要问题是：把实践直接作为美学的基础，跳过了很多中介环节，直接推论到美学基本问题；审美强调超越性，而实践没有超越性；审美强调个体性，而实践往往是群体的、集体的、社会的活动；审美强调感性，而实践强调理性，带有目的性。笔者当时站在李泽厚的立场上为之辩护：第一，实践美学并非直接把实践作为出发点，李泽厚也强调中介环节，并

---

〔1〕 朱立元. 对"积淀说"之再认识. 见美学与实践. 广西师范大学出版社，1999. 10－16.

没有简单地把实践作为美学推论的基础;第二,实践本身固然带有理性的目的,但实践首先是感性活动,离开感性活动没有实践活动,感性活动也并不就是审美的,它也需要很多中介;第三,社会实践强调社会性,但每个人在社会中既有社会性,又有个体性,不能说社会性中没有个体性。[1]

此后几年,笔者在不断学习和思考中对实践美学的认识发生了一些变化,觉得上述对实践美学的批评有一定的合理性,也开始认识到,李泽厚的实践美学的某些重要方面确实存在着薄弱环节和缺陷。而且,愈来愈感到,实践美学并非铁板一块,而是派中有派,除主流派的李泽厚外,还有非主流派的蒋孔阳、刘纲纪、周来祥等先生,当然他们三位的观点并不完全一样。蒋孔阳先生的美学主张与李泽厚有很大的不同,蒋孔阳在美学上,更强调审美的个体性、感性、情感,强调审美的生成性,认为美不是固定不变的、现成的。蒋先生去世后,笔者重读了他的美学论著,写了一系列新探讨的文章,认为他的美学是通向未来的美学,在新世纪仍有其生命力,他的美学思想中包含着一些现在还可以进一步发展的观点。笔者还认为,不但非主流派实践美学有进一步发展的余地,即使是李泽厚主流派实践美学,也可以改进、发展和完善,并非完全过时,更非一无是处。

对于李泽厚的主流派实践美学,笔者认为最主要的问题表现在以下两个方面:第一,基本上没有超越西方近代以来主客二分的认识论思维模式;第二,对实践的看法失之狭隘。

先看第一方面。李泽厚明确讲过,美学的基本问题是认识论

〔1〕 朱立元.实践美学的历史地位与现实命运.见美学与实践.广西师范大学出版社,1999.22-37.

问题。他从美感讲起，认为美感是对客观的外在的美的认识、反映、感受、体验，这样，整个美学的基本问题就被狭隘地框在认识论的范围之中了。不管他对美的讲法如何不同，他没有超越这种主客二分的认识论框架，这是显然的。尽管他努力想超越主客二分，但并未完全摆脱。这还表现在他把自己的哲学、美学思想概括为“主体性的实践哲学”或“人类学本体论美学”上。李泽厚的《批判哲学的批判》、《主体性论纲》等明确把主体性确立为不言自明的前提，这一点实际上与笛卡尔的“我思故我在”的主客二分思想是一样的。李泽厚认为，康德美学在整体上是主体性的确立，而康德的理论来源是笛卡尔的“我思故我在”。“我思故我在”的潜在含义就是作为理性思考的主体“我”是不言自明的存在，任何东西都可以怀疑，但“我思”不可怀疑。因为我在思考，我在进行理性思考活动，“我”这个主体就存在，这虽然提升了人的地位，但把世界看成人之外的对立面，“我”去思考它、把握它、认识它，人跟世界就二分了。这样一来，李泽厚的“主体性的实践哲学”或“人类学本体论美学”同样把主体（人）设定为先在的存在、现成的存在、不言自明的前提，也就奠定了其哲学的基本框架，确立了主体性哲学。于是，世界也是不言自明的人的对立面、对象性存在和现成的客体。这与西方认识论主客二分的思维是一脉相承的。而且，实践在他的哲学、美学中只是主体（人）的属性或特性，主要只涉及认识论范围，而不是存在论意义上人的基本在世方式。

李泽厚的上述观点带来了其他一些值得商讨的重要问题。因为他把主体确立为现成的存在，这样，他对主体的认识就出了问题。他提出两个本体的看法：一个是工具本体；另一个是情感本体或心理本体。工具本体是基本的，情感本体是派生的；工具本体通过物质劳动实践，最后积淀为人的文化心理结构、审美心理结构，即心理本体。这里有两个问题：一是，本体应当是一个，从属的就不能算作本体，否则就容易陷入二元论；二是，物质劳动实践如何能直接生成审美的心理本体，积淀说缺乏对具体环节的论述。这又涉及李泽厚对实践的看法。

再看第二方面。李泽厚认为实践就是物质生产劳动，在他看来，马克思主义的实践范畴就只是指物质生产劳动，人的其他活动都不算实践。据此，实践最根本的体现就只是，人是工具性本体——学会制造和使用工具，改变自然，然后在物质实践过程中创造了美的同时也感受到美。对此，笔者并不赞同。虽然他也强调通过实践，在人与世界之间、人与人之间建立关系，但他理解的世界是现成的，人也是现成的，因此，人和世界的关系是认识关系、改造关系，人通过认识自然、改造自然，获得自由，然后进一步再认识。审美就在这种物质实践活动中获得了积淀，然后形成审美的心理本体。笔者认为，李泽厚强调物质生产劳动作为实践的唯一含义，并不符合事实。他把人的精神活动、精神劳动、审美活动、艺术活动都排除在实践之外，既不符合西方传统思想对实践的理解，也不符合马克思（以及后来的毛泽东）的实践观，马克思在《关于费尔巴哈的提纲》中批评机械唯物主义时明确指出，人的感性活动是指人跟外界直接打交道的方式，是比较感性的活动，他明确把实践界定为人的感性活动、人的现实社会生活。而李泽厚对实践的理解太狭隘了，对于从物质实践到美和审美，很多中介环节只能通过心理本体推论出来。所以，李泽厚主客二分的认识论思维模式和狭隘的实践观值得讨论和商榷。

由此可见，中国美学要向前发展，首先要突破二元思维的认识论框架。这种框架已束缚我们的美学研究太久了。目前,大多数美学教材都在问“美是什么”,在定义美。在体系上也大同小异,基本上分成几大块:美论、美感论、艺术论和美育论。美论主要研究美的本质,把作为现成客观存在的美作为美学研究的逻辑起点;再研究人怎样认识美,于是,就有了对美感的探究;美感集中体现在审美创造上,在艺术上体现得最鲜明,这是艺术论的内容;最后谈审美教育。笔者觉得,这种思路陷入了认识论美学框架中出不来,这种认识论思维方式的显著特征表现在两个方面:一是主客二分;一是现成论。主客二分的要害是把人与世界截然分成两块,认为人是主体,世界是客体,人与世界的关系是主体与客体的认识关系。把主体和客体都当成现成的,先分后合,这是认识论的一个特点。当然,“美是什么”可能是美学思考的必经阶段,柏拉图在《大希庇阿斯》中通过一系列引导、驳难来追问“美是什么”,结论依然是“美是难的”,对美是什么还是没有结论。美学教材也可以讲美学认识过程的发展,也可带出美学史,关键在于怎么讲;若一定去追问“美是什么”,最终不会有什么结果,仍然会回到柏拉图的“美是难的”这个结论上。

存在论恰恰要跳出这种主客二分的认识论,返回到人与世界最本原的存在,人和世界是不可分割的一体,人就在世界中存在。笔者借鉴了海德格尔的命题——“此在在世”(人生在世),“人在世界中存在”,海德格尔是专门针对笛卡尔的“我思故我在”的命题进行批评的,强调人与世界在原初的不可分离性。人一产生就离不开世界,人本身是世界的一部分;人与世界不是先分,然后再寻求合的,而是先就是合,没有对立的。再者,世界只对人而言才有意义,人只能在世界中存在,人就在世界中,世界只是对人存在,离开了人,无所谓世界。譬如,人和自然界的关系:没有人的时候,有没有自然界都值得怀疑,没有人,自然界充其量只是一种存在而已;有了人才有自然界,人和自然界是同时存在的,当周遭世界都成为人存在的环境、大地时,对人而言,世界才有意义。人与世界在原初存在论上不能分开,确定无疑的存在就是人在世界中存在,然后才能考虑其他问题。海德格尔的这一理论对笔者超越主客二分认识论思维模式有着重要的启发。

不过,应该强调指出,人生在世并不是海德格尔的发明,实际上马克思早已发现并作过明确表述,“人不是抽象的蛰居于世界之外的存在物。人就是人的世界”。[1] 只不过马克思没有直接用这一存在论思想来批判近代主客二分的认识论罢了。但是,马克思高于和超越海德格尔之处是用实践范畴来揭示“此在在世”的基本在世方式。在马克思看来,人不是作为一种现成的东西摆放在世界上,世界也不是作为一个现成的场所让人随意摆放的,相反,人是从事实际活动的实践着的人,人在世界中存在,就意味着人在世界中实践;实践是人的基本存在方式;实践与存在都是对人生在世的本体论(存在论)陈述。海德格尔的存在论始终没有达到马克思的实践论的高度,而马克思则把实践论与存在论有机地结合起来,使实践论立足于存在论的根基上,而存在论则具有实践的品格。在这个意义上,虽然海德格尔给了我们重要启示,但真正为实践存在论美学提供了直接依据的,乃是马克思。从实践存在论出发,美学就能够超越主客二分的认识论思路,就能够对主流派实践美学有所突破。

---

〔1〕 马克思恩格斯选集:第1卷.人民出版社,1995.1.

实践存在论美学对美和审美的一个基本主张，是用生成论取代现成论。现成论的基本立足点，是把“美”作为一个早已客观存在的对象来认识，预设了一个固定不变的“美”的先验存在。由于该理论已经先在地把“美”设定为一个现成的客观的实体，因此必须找到一个唯一的答案，为“美”下定义，从而总是追问“美是什么”、“美的本质”这类问题。这个提问方式就是现成论的。正如海德格尔所指出的那样，当你问“存在是什么”时实际上就已经假定了存在已经存在了，同样，问“美是什么”时实际上也已经假定了美已存在，已经是现成的对象。用现成论的思考方式是无法解决美学的基本问题的，人都没有产生时，哪有美的存在？蔡仪、陆梅林等认为自然界中的美在没有人之前就是美的，美先于人而存在，即使没有人，金子和自然山水也是美的。这看法在笔者看来是不可思议的，在没有人之前，自然界不存在，自然是相对于人而言的，自然都不存在，更无所谓美不美。笔者的思考方式是不再问“美是什么”，而是问“美何以存在”、“美如何存在”，美在人的实践中存在，也在人的实践中生成。早期人类首先是活着，然后才是发展，生产活动虽是主要的，但巫术活动等在生存活动中也可能是很重要的环节，早期的艺术活动与巫术、宗教、图腾、祭祀活动密切相关，艺术活动从生产活动中逐渐分离出来，才有了审美。美不是从来就有，而是生成的。自然界不等于自然美，蒋孔阳早期写过一篇文章《论美是一种社会现象》，指出“美是一种社会现象而不是自然现象”。[1] 很多原始狩猎部落周围长满了花草，但花草没有

---

〔1〕 蒋孔阳. 论美是一种社会现象. 见蒋孔阳全集：第 3 卷. 安徽教育出版社，1999. 531 – 545.

进入他们的审美意识,这时,花草还没有成为狩猎部落的审美对象。“精卫填海”、“后羿射日”等神话传说也体现出,当时人们并没有把太阳、大海等自然现象看为美,相反是作为恐怖、灾难的对象来接受的,随着人类实践的发展,它们才逐步被看为审美对象。美是生成的,一部分自然现象生成为自然美,从而成为我们的审美对象。这一点可以说明,没有一个客观固定的美先在地存在于世界的某个地方,美只能在具体现实的审美关系和活动中动态地生成。

基于以上思考,笔者逐渐形成了一个想法:美学研究的基本对象不是美或美的规律,而是人与世界的审美关系,是审美关系的现实展开即审美活动。人在现实中可以发生多种关系,审美关系是其中之一。审美活动是从人与世界的多种活动中逐渐独立出来的,只有在审美活动中,现实的美才生成,现实的审美主体才生成。在审美活动中,审美主体与审美对象同时生成,时间上没有先后,但逻辑上审美活动在先,而非先有美,再有美感。这样,我们就把审美活动而不是美和美的规律作为美学研究的主要对象和逻辑起点。

除了美学研究对象外,笔者对实践的看法也与李泽厚的有所不同。我们把实践看为广义的内容,根据马克思的说法,实践是人的感性活动,是人的现实生活过程,实践当然以物质生产活动为基础,但不限于物质生产活动,也包括其他种种活动,当然也应包括艺术、审美等等精神活动在内,因为马克思从来没有讲过实践就是物质生产活动。李泽厚一直坚持认为实践就是物质生产活动,2004 年,在北京的一次座谈会上,他仍然坚持这一观点,这在实质上把实践的概念狭隘化了。笔者认为,李泽厚对马克思关于实践的看法存在严重误解,马克思并未明确说过实践就等于物质生产劳动。在《关于费尔巴哈的提纲》中，马克思明确使用“人的感性活动”来定义、解释实践概念，并没有局限于物质生产劳动；并科学地指出，“社会生活在本质上是实践的”。可见，不止是物质生产劳动，人的各种各样活动，人的整个社会生活，都是实践的，都属于人类广大的人生实践范围。毛泽东在《实践论》中更明确地讲到，人的实践活动不限于生产活动一种，还有其他多种形式，诸如阶级斗争、政治生活、科学和艺术活动等。可见，人的实践活动既包括物质生产和生活，也包括精神生产和生活。

在后工业社会，生产方式变了，精神生产与物质生产的界限变得模糊，实践的概念更是扩大了。现在的很多高科技活动，诸如电脑和数控技术等，强调高级管理人员的技术素养，无需大量的第一线产业工人。如果非要说精神活动不是实践，就太牵强了。文学创作特别是绘画、雕塑等艺术活动中更包含技术性、工具性的因素，这些实践经验积累到了相当丰富的时候，就能产生心领神会、心中有数、难以传达的东西，一如庖丁解牛，个中有神来之笔，也可以说是灵感，但确实有生产性的一面。艺术活动、审美活动就是人的全部人生实践的有机组成部分，这也是笔者与李泽厚观点不同的地方。

以上便是实践存在论美学从酝酿到成形的大致轨迹。这一轨迹与笔者对中国当代美学特别是新时期以来美学发展成就及其不足的反思基本同步。

下面，笔者就对实践存在论美学的发生语境、思想来源、哲学基础、发展历程、基本要点和初步运用逐一进行具体阐述。

第一章
实践存在论美学的发生语境

自20世纪初期王国维等人将西方美学介绍到国内以来，经过梁启超、蔡元培、朱光潜、宗白华等前辈学者对中西美学的融合与建构，中国美学有了初步的现代理论形态，成为一门具有自己独立研究对象的独立学科。20世纪五六十年代的美学大讨论，扩大了美学的影响，培养了美学研究的队伍，出现了主观派、客观派、主客观统一派和客观社会派等四个重要的美学派别。但是，这场讨论又是在强调意识形态的时代背景下展开的，而且受到苏联美学模式的全面渗透，所以，中国美学曲折而又缓慢地发展着。20世纪80年代的美学大讨论，直接与全国性“美学热”相互催生，美学四派在新的形势下，都从马克思《1844年经济学哲学手稿》中寻找理论资源，而且各自都有所发展，大部分都依据马克思的实践观，提出了新的美学观点。其中，李泽厚以实践论为基础的主体性实践美学（又称为人类学本体论美学）获得学界的广泛认同，直到20世纪90年代，实践美学都占据着国内美学界的主流位置。同时，实践美学内部又出现了与李泽厚美学观点既有联系又有区别的新派别，如蒋孔阳先生以实践论为哲学基础、以创造论为核心，代表着实践美学发展新方向和新空间的审美关系说。

回顾中国当代美学的发展历程，有成绩，也有失误和局限。在新世纪，我们不妨以西方美学发展趋势为参照系来反思制约中国美学发展的瓶颈所在，探寻美学获得真正实质性发展的突破途径。本章就先来勾勒实践存在论美学的发生语境。

第一节

中国当代美学发展的回顾

中国当代美学在20世纪五六十年代曾经有过两次大讨论，这在中国当代学术史上是值得大书特书的一页。因为在建国十七年期间，从总体上讲学术空气是较寒冷的，政治上极左路线占统治地位，思想界没有放开，学术气氛不自由，许多观点很难展开讨论。但由于美学距离政治稍微远一点，所以获得了学术界一次比较热烈的讨论机会。即使如此，讨论中同样存在一些政治上打棍子的现象，不过比其他学科情况要好一些。当时讨论中形成了四大派。四派基本上都是围绕着美的本质来讨论的，讨论话题主要还是围绕着什么是美、美在哪里、如何界定美等。但讨论实际上并未真正切入到美的本质问题。

第一派是主观派，主张美在主观，以吕荧、高尔泰为代表。在他们看来，美之所以在主观，是因为很多东西美还是不美，不由它自己决定，而由相关的人来决定。张三觉得某个东西美，也许李四却觉得另一个东西美；同样，你、我、他，大家不一定都认为同一个东西是美的，很可能只有你认为美。在此，各个人在审美上很难求得完全的认同，因此，在这种情况下可能每个人所作出的判断都会不一样。没有绝对的美，没有永恒的美，美总是相对的。这样一来，决定美的究竟是谁呢？只能在人、在主观这一边，并没有什么客观的美。这一派是从每个人审美的主观性和个体性角度来论证的。在当时的政治气候下,此主张往往被扣上主观唯心主义的帽子。

主观派美学把美、美的规律、美的标准全都归结为主观的,既不符合生活的实际,又不符合反映论的基本原则。

第二派是客观派,主张美在客观,以蔡仪为代表。他们认为,美的性质是属于客体的,这个客体完全在人以外,跟人没有关系,它具有一些美的特征,或具有美的属性,然后,我们人看到、听到它时会感到审美的愉快,会产生美感,这时,这个客体、对象就是美的。事物的形象不依赖于欣赏的人而存在,事物的美也不依赖于鉴赏的人而存在。美是典型,美的东西就是典型的东西,美的本质就是事物的典型性,美的规律就是典型的规律。这一派自认为是唯物主义,认为美在物、在客体,也就是说,美在客观的对象。此观点在当时是最有利的。

客观派美学虽然坚持了唯物主义反映论的基本原则,但一是具有明显的形而上学机械性,二是把美学研究完全局限于认识论范围,而且缩小到被动的反映论(美感反映美)上。尤其是“美即典型”的观点,完全建立在自然事物的种属等级的基础上,这就使其“唯物主义”美学观显得僵化。

第三派是主客观统一派,主张美在主客观的统一,以朱光潜为代表。他认为美不是纯主观的。他把对象、客体用“物”来表示,又把物分成甲、乙两部分。物甲,这个对象是一个客体、客观的对象,是一个物体,这个物体是很美的东西,但他认为光有这个物体,即物甲,还构不成美,因为美的属性不完全在物甲这个客体或实体本身上;物真正的美应该跟物的另一个部分有关系,这就是物乙。

他认为物乙是物甲的一种形象，而这种形象的构成不单纯是物的属性，譬如那种物体的物质属性或者其他的东西，换言之，不单纯靠物甲；这种形象还跟人发生了关系，人在观赏物甲的时候，主要不是观赏它的实体、它的内在属性，而是观赏它的外形，观赏它的线条、色彩、形式等的组合关系，在观赏过程中形成了一种形象，即“物乙”，这个形象里边包含了主体和客体，两者是结合在一起的。这种情况下，物乙既包含着对象的某种形式，也有人们观赏、感受到的东西，即包含着主客两方面的因素。换言之，物乙是物甲经过人们观赏以后在人的脑海里形成的美的形象。这时，这种形象就是美的。它并不是单纯在物甲里边。主客观统一论把着重点置于物乙这个视角，思路上是别出心裁的。

主客观统一派美学虽然看到了主观意识在审美活动中的重要作用，并体现出明显的辩证精神，但最终还是把美归结为主观意识的产物，而且这种“主观”是脱离人的社会性的抽象“主观”，在整体思路中还有“泛艺术论”的偏向，即使后来朱光潜力图以实践来达到主客观的统一，其实践概念也还是比较含混，容易使人理解为主观活动。

第四派是客观社会派，主张美在客观性与社会性的统一，以李泽厚为代表。他在与前三派的论争中提出，美一方面是客观的，另一方面又离不开人类社会，美是客观的社会生活属性。他所谓的客观性，不是指物的自然性或典型性，而是指物的社会性。他所谓的社会性，又不是主观的社会意识或者社会情趣，而是指客观存在于社会生活之中的属性。他从马克思的《1844 年经济学哲学手稿》中找到依据，认为人类社会实践的过程是自然的人化过程。自然人化的基本内涵是，通过社会实践的改造，自然从与人无关、与人为敌的自在状态变成与人相关的、有益的、为人的对象，就是在这一人化过程中，自然和人类社会生活发生了客观关系，具有了社会意义。可见，自然物的社会性是人类社会生活客观地赋予的。美就是一种在人类实践即人化的自然过程中获得的客观的社会属性。

客观社会派美学既与客观派划清了界限，也与主客观统一派划清了界限。这实际上是后来实践美学的雏形。

从 20 世纪 70 年代末开始，中国思想文化进入了一个新阶段，出现了影响巨大的“美学热”。中国当代美学的第二次讨论逐渐拉开了帷幕。这次美学讨论的范围虽然还是以美的本质为主题，但已扩展到美学的各个方面：围绕对马克思《1844 年经济学哲学手稿》的理解，美学界展开了激烈的论争，成为新一轮美学热的第一个热潮。这场论争是“文革”前中国美学论争的继续与深化。“文革”前美学界围绕美的本质、美学研究的对象等问题所形成的四派，在新时期都为自己的观点寻找经典的根据，都对自己的美学思想作了不同程度的深化和扩展，涌现出不少新的美学理论。但总的说来，还是在认识论的框架里谈“怎样认识美”、“美是什么”等问题，没能产生新的重大的突破。其中，以李泽厚为代表的社会性与客观性相结合的美学理论，充分结合马克思《1844 年经济学哲学手稿》的思想，用“自然的人化”的实践和历史“积淀”作为贯穿整个美学思想的基础，发展成他的人类学本体论美学，形成了 20 世纪 80 年代在中国美学界占主导地位的主体性实践美学。李泽厚的美学理论代表着实践美学的主流派别，他强调人的物质生产劳动、制造工具的基础地位和历史“积淀”的理性指导作用，把美和人的物质生产劳动实践结合在一起研究美学，已经对认识论美学有所拓展，因此其美学理论具有一定的生命力，影响颇大。但这一时期的实践美学仍然围绕着怎样认识美的本质这个中心论题研讨，未能真正跳出认识论的思维框架。直到20世纪90年代，蒋孔阳先生在吸收各家之长的基础上进行创造性综合，创立了以实践论为哲学基础、以创造论为核心的审美关系学说，在不少方面超越了前四派美学，成为中国当代美学“第五派”。[1]

由上述可见，中国当代美学与世界美学——主要是西方美学的发展并非同步，而是存在着一个时间差。众所周知，20世纪西方美学的主流一开始就从对客观美的探讨转向对主体审美心理的研究，美学研究主题发生了重大转移；而中国美学在20世纪50年代深受苏联美学的影响，基本思路、主要观点、研究方法等都与之十分相似，仍然停留在对美的本质和美感等传统问题的研究上，五六十年代中国美学界形成的四大派，即主观派、客观派、主客观统一派和客观社会派，与当时苏联、东欧美学界分为自然派、主体派、实践派等不谋而合，而同当时的西方美学（现象学、存在主义和结构主义等流派占主导地位）大相径庭。20世纪60年代以后，由于“文化大革命”，我国的美学研究被打入冷宫近二十年，在此期间，西方美学又有了多元化的巨大的发展，苏联和东欧的美学也与西方有了较多的对话和交流，发展态势趋于一致。所以在“文革”后，我国美学延续“文革”前四大派的格局重新起步时，实际上已与世界，特别是西方美学拉开了距离。20世纪80年代，一方面，中国美学在原有几派的基础上吸收西方现当代美学的许多成果，

---

〔1〕 朱立元. 当代中国美学“第五派”. 见美学与实践. 广西师范大学出版社，1999. 67－84.

继续调整、深化、发展;另一方面,在西学全方位的冲击下,中国美学家,尤其是中青年美学学者的思想、观念发生了较大、较深刻的变化,他们逐渐在不同程度上对美学发展的现状感到不满,出现了一种想与西方美学平等对话、交流、接轨乃至同步发展的强烈愿望。

回顾中国当代美学的发展历程,我们可以看到,其中既有成绩,又有失误和局限。步入新世纪,种种失误和局限不仅需要避免、纠正和弥补,而且必须找到制约中国美学发展的瓶颈所在,寻找美学发展的突破途径,这样,才能使美学在理论上有实质性发展。那么,中国当代美学最根本的失误在哪里?其突破之途在何处呢?我们不妨再以西方美学发展趋势为参照系来作一观照。

第二节

西方美学发展趋势的启示

一、西方传统美学:从思维与存在的二元对立谈起

从西方美学两千多年的历史发展看,传统美学哲学基础一直以一种主客对立的认识论为主导。主客二分的科学分析认识方式,向来是西方占主导地位的思维模式,以此获取关于外在世界和事物的可靠的知识也一直是西方人最重要的一个价值目标。对于美学研究来说,人们也是自觉地把美作为一个知识对象来认识的。柏拉图就是自觉地把美作为一个自己要加以分析认识的对象来认

识的，只把对“美本身”的沉思、获取美的普遍知识作为寻求的目标，而不关心各种具体的“美的东西”，提出美是一种“理念”。亚里士多德则认为艺术能引起我们愉悦，是因为我们在看到艺术模仿某物时，就想起了它模仿的是现实中的某物，从中获得了知识，从而把获取知识作为审美的第一价值标准。这样，求知的认识论心态成为人们美学研究的首要价值参照系和出发点。因此，真实“模仿”自然、客观反映现实就成了传统美学的一个主要价值标准。古希腊形成的这种主客二分的哲学思路为整个欧洲的哲学思想的发展奠定了基础，也限定了基本走向，这种思路在随后的演进轨迹是：中世纪神学框架中的主客二分→近代转向认识论的主体性形而上学→18世纪以主客二分为前提的启蒙哲学→德国古典时期达到主客二分认识论的完成。[1] “主客二分”如还原为本体论问题，则是思维与存在的二分。正如恩格斯所概括的，“全部哲学，特别是近代哲学的重大的基本问题，是思维和存在的关系问题”，即何者为本原的问题；这问题的另一方面是认识论问题，即“思维和存在的同一性问题”。[2] 正是关于思维与存在、主体与客体的二元对立的思维方式，导致了西方从近代以来哲学的其他一系列二元对立的产生：如心与物、彼岸与此岸、神与人、灵魂与肉体、人与世界（自然）、本质与现象、内容与形式、理性与感性、理智与情感、肯定与否定、自然与文化、善与恶、原型与模仿、言语与文字……西方近代以来的文论与美学基本上就浸淫于这种二元对立的思维方式之中。

---

〔1〕 朱立元，王振复. 天人合一：中华审美文化之魂. 上海文艺出版社，1998. 35－50.

〔2〕 马克思恩格斯选集：第4卷. 人民出版社，1995. 223，225.

近代西方哲学的奠基者之一的笛卡尔从怀疑论出发提出了"我思故我在"的思维与存在的二元对立命题。他认为,即使对一切知识领域都可加以怀疑和批判,但唯一不可怀疑的便是"我在怀疑"这一事实,而怀疑即一种思维活动。"我"作为思维、观察、怀疑着的人是有的,是存在的,是不可怀疑的,因而是可靠的。笛卡尔正是把这一证明当成自己哲学的出发点,进而推出思维的理性(主体)能够认识世界(客体),发现可靠、正确的知识。可是这一命题及其认识论推演,已内在地包含着思维与存在、主体与客体、精神与物质等的二元对立;而且,在这种对立中,体现出笛卡尔对对立的一方(一元)的优先或绝对地位的潜在肯定,如对上述诸二元对立中思维、主体、精神等决定作用的肯定。这样就造成了思维方式上的二元对峙、一元优势的僵化程式,因而,这个命题在存在论上难以成立。

海德格尔曾批评笛卡尔以为发现了"我思故我在","就认为已为哲学找到了一个可靠的新基地,但他在这个'基本的'开端处没有规定清楚的正是这个思执的存在方式,说得更准确些,就是'我在'的存在的意义",因而"在存在论上陷入全无规定之境"。[1]

福柯从另一个"癫狂史"的角度剖析笛卡尔这个"第一原理",指出笛卡尔对感觉与癫狂作了严格区分,认为感觉和梦也是"思"的对象(客体),它们中有确实可靠的东西,谬误中还包含某些真实、真理、理性的成分;癫狂却不是"思"的对象(客体),而是威胁、破坏"思"的主体。由此可见,笛卡尔的"思"乃是一个理性的主

〔1〕 海德格尔. 存在与时间. 三联书店,1999. 28 - 29.

体，它排斥、洗礼了非理性的癫狂，将非理性深深打入地下。诚如有的学者所指出的，福柯认为笛卡尔开创和确立的肯定理性主体、鞭笞非理性的哲学传统高踞于没有精神和思想的对象世界之上，造成了主客、心物二分。

到了德国古典哲学阶段，在思维与存在、主体与客体、主观性与客观性等一系列二元对立中，康德似乎代表了“思”的主体性立场。康德在《纯粹理性批判》中把人的认识能力分为感性、知性和理性。在“先验感性论”中研究感性认识的先验形式、可能条件和界限，他承认人之外有“自在之物”（自然界、客体）存在，但要认识客体，首先依赖于人的先验感性直观形式（如时间、空间等）对客体、现象界经验的整理；而“先验分析论”主要研究知性的形式、可能条件和界限，如他提出十二个知性范畴为先天的认识形式，用以进一步整理、构成感性认识，而达到普遍性与必然性；“先验辩证论”研究理性认识的形式和可能条件及纯粹理性的一些二律背反，实际上是关于理念和关于认识无条件、绝对的东西的可能性的学说。康德这一先验认识论，将认识从与客体（对象）的符合转移到客体符合主体的先验认识形式能力上来，从而以实现“思”的主体性而完成了西方哲学史上的“哥白尼式革命”。康德说，“人们一向假定我们的一切知识必须符合于对象；可是通过概念先天地构成有关对象的某物以求扩展我们的知识的一切尝试，在上述假定下都失败了。因此，我们可以试试，如果我们假定对象必须符合于我们的知识……这样做已经更好地与所要求的关于对象的先天知识的可能性相一致了，这种知识应该在对象被给于我们之前就确定有关对象的某种东西”。但是，这种“哥白尼式革命”并未跳出主客二分的二元对立的怪圈，在存在论上并无进展，因此海德格尔说，通过哥白尼式革命，知识与存在者“符合”这种意义上的旧真理概念所受到的冲击是如此少，以致知识正好以这个概念为前提，选定首先建立起这概念。对于存在者(“诸对象”)，存在性的知识只有当这个作为存在者先已明白地、亦即在其存在机制中被认识了之后，才能去符合它。海德格尔还指出，在康德那里，“存在问题一般地被耽误了，与此相关的是根本没有出现过以此在为专题的存在论，用康德的话说，就是根本没有人对主体之为主体的情况事先作过存在论分析。尽管康德在某些本质方面作出了推进，但它却并不曾进行过上面说的那种存在论分析，反而教条式地继承了笛卡尔的立场”。就是说，康德的主体论在存在论上仍继承了笛卡尔的思维与存在、主体与客体的二元对立思维的立场和模式。黑格尔与康德相反，代表了“思”的客观性立场。在存在论上，黑格尔的“理念论”的客观性同样奠基于上述二元对立的思维方式。

二、西方现代美学：寻求对二元对立思维方式的超越

从 19 世纪中期以来，西方美学发展的一个明显趋势，就是多角度、多方位地对以追求客观知识为目标的、主客二元对立的传统认识论美学展开批评反诘。

唯意志主义哲学家叔本华认为，当一个人“不是让抽象的思维、理性的概念盘踞着意识，而代替这一切的却是把人的全副精神能力献给直观，沉浸于直观，并使全部意识为宁静地观审恰在眼前的自然对象所充满，不管这对象是风景、是树木、是岩石、是建筑物或其他什么的。人在这时，按一句有意味的德国成语来说，就是人

们自失于对象之中了”。[1] 叔本华把这种失去理性认识状态的“自失”的“直接观审”作为真正的审美状态，让人与物直接消融在一起，而不是划出物我、主客体之间的界限来认识，认为这种超越认识的“观审”才是真正的审美。叔本华以这种带有非理性色彩的直观方式反对传统主客二元对立的认识论美学。

直觉主义者克罗齐则认为：“知识有两种形式，不是直觉的，就是逻辑的；不是从想象得来的，就是从理智得来的；不是关于个体的，就是关于共相的；不是关于诸个别事物的，就是关于它们中间关系的。总之，知识所产生的不是意象，就是概念。”[2]审美既不是概念、不是理智、不是逻辑，也不是共相，审美就是直觉，当头脑中的直觉活动完成以后，艺术审美就完成了。克罗齐虽然仍把作为直觉的艺术和审美看成是知识的一种形式，但他实际上是以人的直觉活动颠覆了传统美学的主客二分的认识论思维方式。

精神分析学先驱弗洛伊德则把人行动的根本动力归结为人的性本能、无意识，认为“力比多”的无意识是人活动的力量源泉。对于诗人的审美创作来说，“同白日梦一样，艺术创作是过去儿童游戏的继续和代替。……诗人所完成的东西，是他最大的隐私”。[3] 弗洛伊德把审美创造看做艺术家的白日梦或者无意识的转移和升华，弗洛伊德这种研究美学的无意识精神分析方法，使传统的那种主客二元对立的科学分析的认识论研究方式受到极大的冲击。

---

〔1〕 叔本华. 作为意志和表象的世界. 商务印书馆，1982. 249 – 250.

〔2〕 克罗齐. 美学原理. 见朱光潜全集：第 11 卷. 安徽教育出版社，1989. 131.

〔3〕 中国社科院美学研究室. 美学译文：第 3 辑. 中国社会科学出版社，1984. 336 – 337.

对现代美学有着深刻影响的哲学家尼采强烈地批评那种认为知识和认识可以包治百病的"苏格拉底式乐观主义",提出"真理比外观更有价值,这不过是一种道德偏见而已;它甚至是世界上证明的最差的假定"。[1] 以此反对传统的真理—认识论,要求人们勇敢地停留于事物表面,去追求感性生命的强力意志,建立"生理学美学",而不是去追求所谓事物的客观本质或真理的美学。在《权力意志》中尼采反复强调说:"要以肉体为准绳……因为肉体乃是比陈旧的灵魂更令人惊异的思想。无论在什么时代,相信肉体都胜似相信我们无比实在的产业和最可靠的存在——简言之,相信我们的自我胜似相信精神。"[2]"根本的问题:要以肉体为出发点,并且以肉体为线索。肉体是更为丰富的现象,肉体可以仔细观察。肯定对肉体的信仰,胜于肯定对精神的信仰。"[3]尼采如此强调感性肉体的基础地位,深层原因就是对几千年以来西方思想中根深蒂固的追求客观知识的知识主义信念的反叛,以及对传统主客二元对立论认识方式所带来的弊端的深恶痛绝,以强调感性生存的美学方式来代替传统的以求知为目的的主客二元对立的认识论的美学研究方式。

20 世纪西方美学的现代性标志之一,正是不断寻求对传统形而上学二元对立思维方式的超越。这种寻求超越的努力,首先反映在哲学——胡塞尔的现象学中。胡塞尔现象学的两个中心概念——"生活世界"与"交互主体性",体现了他对思维与存在、主体与客体的二元对立的思维方式的超越。

---

〔1〕 熊伟. 存在主义哲学资料选辑:上卷. 商务印书馆,1997. 129.

〔2〕 尼采. 权力意志. 商务印书馆,1991. 152.

〔3〕 同[2]. 178.

首先,关于“生活世界”,有的学者论述了其四个基本含义:(1) 它是一个非课题性的世界,是将现实世界的存在看成不言自明的前提的“自然态度”,“生活世界是一个始终在先被给予的、始终在先存在着的有效世界,但这种有效不是出于某个意图、某个课题,不是根据某个普遍的目的”;(2) 它是一个奠基性的世界,“生活世界”的态度是构成“客观科学的态度”和“哲学反思的态度”的基础并先于后两者的存在,后两者都以“生活世界”为根基;(3) 它是一个主观、相对的世界,是“始终在不断相对运动中为我的存在之物的总体”,它随主观视域的运动而发生变化;(4) 它是一个直观的世界,是“原则上可直观到的事物的总体”。[1] 综合起来看,“生活世界”应是置于主观、个体视域下的可直观到的、人生活于其中的客观世界。它虽有主观、相对性,但如胡塞尔所说,它“为所有客观证明提供对理论—逻辑存在有效性的最终论证”,因而它的主观性恰是“客观—科学世界”的客观性的最终逻辑根据。[2] 胡塞尔正是通过“生活世界”实现了对主客二分的形而上学思维方式的超越。

其次,关于“交互主体性”概念,包含两方面的含义:一是主体与其他主体、“自我”与“他我”(人)间的关系,即“主体间”的相互关系,涉及的是“自我”作为主体是否以及为何能认识另一主体(“他我”)、“他我”的存在如何对“自我”成为有效事实;二是各个主体之间存在着共同(共通)性,从而使一个“客观”世界先验地成为可能。[3] 胡塞尔认为,对这种“交互主体性”的研究,恰恰能为

〔1〕 倪梁康. 现象学及其效应. 三联书店,1994. 130-132.
〔2〕 同[1]. 135.
〔3〕 同[1]. 139-141.

把握"科学—客观世界"、"社会世界"、"文化世界"等人类生存于其中的生活世界提供本质的说明。这同样是对主客二分思维方式的超越。

寻求超越的努力,更自觉地体现于海德格尔发展胡塞尔现象学思路,对"此在"的存在论分析中。关于这一点,他的基本命题是此在"在世界之中存在"。这个命题首先是针对长期以来"知识形而上学"主客二分,即二元对立的认识论而言的,这种认识论把人与世界设定为现成存在的主客体关系,"把这个'主客体关系'设为前提",设为某种"不言自明"的东西。然而,海德格尔则认为"它们仍旧是而且恰恰因此是一个不祥的前提",因为它"把这种关系理解为现成存在",那人(此在)与世界在"实际性"上被分割为"现成存在"的两个"存在者"——主体与客体,两者在分立、对立的"前提"下,"一个'主体'同一个'客体'发生关系或者反过来"。在海德格尔看来,这种预设的前提在存在论上是错误的,而且正是"由于存在论上不适当的解释,在世(笔者按:即"在世界之中存在")却变得晦暗不明了",造成"人们一任这个前提的存在论必然性尤其是它的存在论意义滞留在晦暗之中"。海德格尔于是针锋相对地提出此在"在世界之中存在"("在世")的存在论命题。他首先强调这一命题与二元论相反,从其"复合名词的造词法就表示它意指着一个统一的现象",而非主客二分式的;其次,他又指出,此在"在之中"不是人(身体物)在世界"一个现成存在者'之中'现成存在",而是"意指此在的一种存在机制,它是一种生存论性质",是此在"把世界作为如此这般熟悉之所而依寓之,逗留之",因而是"融身在世界之中",所以"此在"与"世界"决非"现成共处"、"比肩并列"的两个"存在者";再次,他用"此在生存论上的基本机制的亮光朗照”“此在在世”命题，揭示出此在“能够领会到自己在它的‘天命’中，已经同那些在它自己的世界之内同它照面的存在者的存在缚在一起了”，换言之，“这个此在具有在世界之中的本质性机制”。[1] 显而易见，整部《存在与时间》，就是由此出发一步步建构起其“基础存在论”（亦译“基本本体论”）的。这是对思维与存在、主体与客体二元对立的又一个重大超越。

伽达默尔现代诠释学提出的“效果历史”原则，是超越主客二元对立的又一成功尝试。伽达默尔把“效果历史意识的任务”看成“是一般诠释学的中心问题”，因为这是“存在于一切理解中的应用问题”。[2] 他首先批判“历史客观主义”从主客二分的思维方式出发，把历史现象看成与历史理解者无关的纯客观现象，“因而把历史意识本身就包容在效果历史之中这一点掩盖掉了”，而“这一点”恰恰是诠释学的基本出发点，即人们对历史现象的理解总是包含着理解者的历史意识（即历史现象对理解者的“效果”）。正因为历史客观主义“否认了那些支配它自身理解的并非任意的根本性前提，因而就未能达到真理”。

其次，在伽达默尔看来，当我们力图从对我们的诠释学处境具有根本性意义的历史距离出发去理解某个历史现象时，我们总是已受到效果历史的种种影响；在一切理解中，不管我们是否明确意识到，这种效果历史的影响总是在起作用；效果历史意识是理解活动过程本身的一个要素。他的克服历史客观主义的具体思路即“效果历史原则”是：在“诠释学处境”中，以我们的“现在视域”

---

〔1〕 海德格尔. 存在与时间. 三联书店，1999. 61－84.

〔2〕 伽达默尔. 真理与方法：上卷. 上海译文出版社，1992. 394.

（理解前已存在的“前见”、“偏见”、“前理解”）不断与过去的“传统视域”（一般被认为是纯客观的历史现象）相融合，而达到新的理解。在历史客观主义眼里，“现在视域”与“传统视域”常常被当成理解主体与理解客体（对象）而加以孤立、对立起来，而伽达默尔则反其道而行之，指出“理解其时总是这样一些被误认为是独自存在的视域的融合过程”，“这种视域融合随着历史视域的筹划而同时消除了这视域。我们把这种融合的被控制的过程称之为效果历史意识的任务”。[1] 对此，他进一步解释道：“真正的历史对象根本就不是对象（笔者按：客体），而是自己和他者的统一体，或一种关系，在这种关系中同时存在着历史的实在亦即历史理解的实在。一种名副其实的诠释学必须在理解本身中显示历史的实在性。因此我们就把所需要的这样一种东西称之为‘效果历史’。理解按其本性乃是一种效果历史事件。”[2]于是，“效果历史”意识就消除了主体与客体、自我与他者、现在与过去（传统）、理解者与被理解的历史现象等一系列的二元对立，而达到一种统一和超越。

德里达用解构主义策略来颠覆传统形而上学的一系列二元对立，则是超越的另一种独特路径。他认为，善与恶、真理与谬误、言语与文字、自然与文化、主体与客体、自我与他者等一系列二元对立，归根结底是传统形而上学用以把握世界、把握时间的一个基本模式。他发现这一系列对立的二元，并非平等、对等、不分高下的，在时间上也是有先有后的，在先的总是高于并决定在后的。他明

〔1〕 伽达默尔. 真理与方法：上卷. 上海译文出版社，1992. 393.
〔2〕 同[1]. 394.

确指出,“传统哲学的一个二元对立命题中,除了森严的等级高低,绝无两个对项的和平共处,一个单项在价值、逻辑等方面统治着另一单项,高居发号施令的地位”,而要解构这个二元对立命题,必须首先采用“颠覆”的手段,即“在一特定时机,把它的等级秩序颠倒过来”,这个“颠覆的阶段”是不可绕过、不可忽略的,否则“即是忘却了二元对立的冲突和隶属结构”。〔1〕譬如他在解构“逻各斯中心主义”的言语与文字二元对立时,首先用各种方法颠倒了两者的位置,把文字看成先于、高于言语的东西,并进而指出,“逻各斯中心主义”实即抬高语音、贬抑文字的“语音中心主义”,它“是参与了在历史中将存在的意义普遍地确定为‘在场’,是参与了所有取决于这一普遍形式的二次确定,这些二次确定是‘在场’的内部组织了它们的体系,它们的历史联系,如客体作为形相对视觉的在场;作为物质与本质存在的在场;作为现时一点或瞬息一刻的时间的在场;我思、意识、主体性的自我在场;自我与他者、作为自我之某种意向现象的自我间性的协同在场等等。逻各斯中心主义因此注定将作为在场来作出确断”。〔2〕据此,德里达把以逻各斯中心主义为基础的整个传统哲学看成是一种“在场的形而上学”而予以批判和颠覆。这种颠覆虽是破坏性的,却亦是对传统形而上学二元对立思维方式的一种特殊的超越,其中包含着建设性的因素。

哈贝马斯的交往行为理论从语用学、社会学角度,发展、改造

---

〔1〕 德里达. 立场. 芝加哥出版社,1981. 41. 见陆扬. 后现代性的文本阐释. 上海三联书店,2000. 2.

〔2〕 德里达. 论文字学. 巴尔的摩出版社,1976. 12. 见陆扬. 后现代性的文本阐释. 上海三联书店,2000. 6 – 7.

了胡塞尔的“生活世界”和“交互主体性”命题,也超越了僵化的二元对立思维。

首先,他指出,一直到当代,从笛卡尔到黑格尔的主客对立的二元论传统“仍然在不断地发挥作用”,“在这样的前提下,认知或行为主体同作为一切客体以及事实之总和的世界完全近于对立状态;与此同时,主体也必须把自己理解为世界众多客体(以及众多事实)中的一员”,这样,“在理论结构中,要么是主体在内部世界中的地位居先,要么是主体超越世界的地位得势”。[1] 对这一“逻各斯中心主义”传统,他尝试将现象学与解构主义结合起来加以批判,认为它“在本体论上局限于追问存在者的存在,在认识论上只关注客观认识条件,在语义学上仅看重断言命题的真值效果”(笔者按:即命题符合客观现实),并提出“从语用学的角度克服逻各斯中心主义传统”的设想,认为这样就可以揭开变得更复杂的世界的面纱,并彻底抛弃传统心-身问题所必须依靠的前提。

其次,他重新阐释了马克思的实践观点,认为马克思勾画出人的“社会文化生活方式的发生过程”,“开始把一部分的客观自然一同考虑进去了”,这样,“作为具有言语和行为能力的主体,在一切科学之前我们就具有了进入由符号构成的生活世界以及社会个体的劳动结果和创造潜能的内在途径”。[2]

再次,在此基础上,他提出了“交往行为理论”。他把社会看做“由符号建构起来的生活世界”,其中言语者与他者(包括言语者、听众、世界)的“三层世界关系”是互动的,而在“互动结构”中,

〔1〕 哈贝马斯. 后形而上学思想. 译林出版社,2001. 19.

〔2〕 同[1]. 20-21.

主要是人际关系。哈贝马斯的交往行为理论力图“通过建立人际关系，互动参与者用他们的言语行为承担起协同的使命”，而“言语行为发挥协调行为功能的一般途径在于：它们使多个行为者之间能够达成合理共识”，其目的“是要在主体间共有的生活世界中实现社会整合”，从而促进“对于生活世界的再生”。据此，他得出了“社会的形成和再生也就的确只能依靠交往行为”的结论。〔1〕这是在语用学与社会学的结合上克服、超越二元对立哲学传统的又一尝试。

总体来看，20 世纪西方美学在一定意义上都在不断寻求克服传统二元对立、获得重大突破的途径。这对于我们站在新世纪高度对美学的重要问题作出新思考，极具启示意义。我们认为，借鉴上述西方美学发展趋势，变革我们长期以来所习惯使用的二元对立思维方式，是中国当代美学取得重大突破的重要前提。

第三节

超越二元对立的思维方式

通过回顾中国当代美学发展历程和反观西方美学发展趋势，我们可以看到，“文革”结束以后，中国美学的发展，之所以没有出现理论上实质性的进展，就学理层面而言，根本原因在于我们的基本思路和提问方式长期局限在一种认识论的思维框架之内，表现

〔1〕 哈贝马斯. 后形而上学思想. 译林出版社，2001. 80 - 83.

在主客体关系上，就是主体和客体相分离或曰“主客二分”；这种主客二分的思维方式表现在美学理论的建构上，首先是对“美”下一个定义，然后谈“美感”，即把“美”设定为与主体相分离的客观性存在（特殊的客体）或客体的某种特殊属性，而把“美感”则设定为人（主体）对于外在的美的认识和反映。这种认识论思路不唯以蔡仪为代表的“客观派”所持有，而且曾经为客观社会美学派（即后来的实践美学派）的代表人物李泽厚所认同。李泽厚早期在《论美感、美和艺术》（1956）中就说过：“美学科学的哲学基本问题是认识论问题。美感是这一问题的中心环节。从美感开始，也就是从分析人类的美的认识的辩证法开始，就是从哲学认识论开始，也就是从分析解决客观与主观、存在与意识的关系问题——这一哲学基本问题开始。”[1]不过，李泽厚对这个问题似乎后来又有所改变，在《谈谈形象思维》（1979）一文中，他说：“某些艺术部类，有认识的因素，认识的成分。这个我不否认，我认为是有的。但是它不能归结为就是认识。”还说：“说艺术就是认识，和科学一样，老实讲，我就怀疑这种看法。”[2]但他并没有明确放弃或否认把美和美感置于认识论框架内的基本思路。

这种认识论的思路就其实质而言，乃是主客二分的二元对立的思维模式。这种思维模式导致了把“美”实体化的倾向。这种倾向在20世纪五六十年代的美学大讨论中表现得非常明显。当时，美学界主要是围绕“美的本质”问题展开争鸣，形成了“美在客观”、“美在主观”、“美在主客观统一”及“美在客观性与社会性统

---

〔1〕 李泽厚. 美学论集. 上海文艺出版社，1980. 2.

〔2〕 李泽厚. 李泽厚哲学美学文选. 湖南人民出版社，1985. 339－340.

一”四大派主张。这四派虽然观点不一，但在提问方式和思维方式上却大体一致，即都局限于二元对立的思维模式，局限于认识论的理论框架之内，提出的都是“美是什么”的问题，并对此作出了各自不同的回答。然而，这一提问方式本身却在回答问题前已预设了“美”是一个对象性的实体存在，无论其答案有多么的不同。概言之，认为美在客观，是客观事物的一种属性，这是一种客体实在论；认为美在主观，是人的一种主观感受，这是一种审美主体实在论，把人看做一个早已存在的不变的审美主体；认为美在主客观的统一或者社会性与客观性的统一，实际上主张美就在于客观事物的属性恰好和一定的审美主体的感受相契合，这实际上是一种关系实在论。也就是说他们都是把“美”或者“美的主体”作为一个早已存在的客观对象来认识，因此，争论虽然很热闹，也取得了一定的成果，但由于都是相同的认识论的思维路径，因而最后归结、上升到唯物主义与唯心主义之争，却未能在解决美学的基本问题上有大的突破。

具体来说，“美在客观”说已预设了美是一个在人之外的作为客体的实体存在；“美在主观”说虽然肯定了美与人（主体）不可分，但同样预设了美就在作为主体的实体存在上；“美在主客观统一”说也同样预设了美就在作为实体存在的主客统一上，这种“主客统一”虽然是主客间的一种关系，但在“美是什么”这种提问方式下，这种“关系”也被实在（体）化了；“美在客观性与社会性统一”说，虽然与前三种看法有重要区别，但在根本上未能跳出认识论的思维框架，只是把作为主体的个人看成社会性的主体，他与作为对象的客体之间仍然是一种认识论的实体性关系。这样，四大派无论对此提问作出哪一种回答，实质上都是一种实在（体）化的回答。这种认识论思路在把“美”实体化的同时，就很容易推出美感是对于这种实体化的美的认识和反映的观点。因此，对美和美感作主客二分的思考和探讨，导致认识论成为中国美学一个基本哲学问题；反过来说，对“美”的上述种种实体化的看法，从根本上说乃是源于主客二分的认识论思路。

再看“实在（体）化”。在笔者看来，“实体化”主要是把作为研究对象的事物从该事物所处的具体关系中孤立地抽象出来，作为一个“实体存在”看待与处理。这在思维方式上，也就是我们常说的形而上学或二元对立的思维方式。上述几派关于“美”的本质的提问与回答，则属于这种形而上学思维方式中主客二分的一种方式。这种思维方式总是先进行主客二分，然后再用某种关系从认识论角度将两者统一起来。上述四种主张在美学中分别体现为：(1) 认定有一个不变的、实在的审美客体，这个客体有其独立性，美是它的本质规定性之一，因而它是普遍的超时空的美，这是一种客体实在（体）论；(2) 认定有一个先在的、不变的审美主体，他有一种本质性的先天的审美能力，一旦他运用这种能力，主体就能获得美感，与美感相应的对象就是美，这是一种主体实在（体）论；(3) 认定在主体与客体之间有一种单纯的审美关系，这种审美关系源自主体的审美能力与客体的美的属性之间的应和，只要以这种关系把主体与客体联系起来，主体就是审美主体，客体就是美，这是一种关系实在（体）论；(4) 是对(3)的一种重大修正，即把作为审美主体（有审美能力的人）的个人（体）改成社会性的人或特定社会关系中的个体，而把实践作为沟通审美客体与社会性主体之间的纽带，但这种主张在根本上仍然未超越(3)的那种主客体先二分再在认识论基础上获得统一的“关系实在论”。

这与传统认识论美学的主导思维方式——认识论的思维方式是一致的。这种认识论思维方式的显著特征有二:一是主客二分,一是现成论。主客二分的要害是把人与世界截然分为两块,认为人是主体,世界是客体,人与世界的关系是主体与客体的认识关系;现成论的要害是把人与世界从生生不息的生成之流中抽离出来,使之双双变成现成的实体存在者,人被看做具有理性能力的现成主体,世界被看做等待人去感知、认识和理解的现成客体,人与世界的关系被看做一种现成存在物与另一种现成存在物之间的关系。

以近代认识论的思维方式来理解审美现象,其基本思路主要包括以下四层:首先,人是现成的审美主体。尽管不同的人有不同的感觉、想象、理解能力,不同的精神态度、主观心境、生活经验、知识素养,但他们的审美主体身份却总是固定不变的。其次,世界万物是现成的审美客体。尽管万物的美有高低强弱之分,譬如,白天鹅比麻雀美,桂林山水比普通山水美,西湖比一般池塘美,牡丹花比牵牛花美,拉斐尔的绘画比普通工匠的制作美,如此等等,但这仅仅只是程度的不同,而且这种不同也不是固定不变的,不过它们作为审美客体却是无可置疑的。这情形有如狄德罗所说:"不论我们想到还是没想到卢浮宫的门面,其一切组成部分依然具有原来的这种或那种形状,其各部分之间依然是原有的这种或那种安排;不管有人还是没有人,它并不因此而减其美。"[1]再次,现成的审美主体去感知、认识、反映、理解现成的审美客体,便构成审美关

〔1〕 狄德罗.关于美的根源及其本质的哲学探讨.见狄德罗美学论文选.人民文学出版社,1984.25.

系，形成审美活动。审美关系在根本上是一种认识关系，审美活动在根本上是一种认识活动。尽管审美也有特殊性，譬如它始终有形象、体验、想象、情感相伴随，但这种特殊是审美作为认识活动的特殊，是属于认识论整体框架内的特殊。最后，美学研究的最高目标，在于求得对终极的美本身以及永恒不变的美的本质的认识、理解和界定。认识论美学坚持认为，美是客体，客体有本质与现象、一般与个别、普遍与特殊之分。呈现在我们面前的是美的个别、具体事物，它们的背后都有一个美本身，一个美之为美的最高属性、终极本质。美学的使命，就是要追溯出美本身，或者概括出美的本质，为美下一个放之四海而皆准的、普遍而永恒的定义。否则，美学就不能称为"学"，够不上知识论的资格。

我们当然承认，近代认识论及其思维方式自有它的独特价值和用武之地。人类告别愚昧，发展理性能力，征服改造自然，扩延社会财富，不断向更有生存主动性的阶段进发，这些都与近代认识论的引导不无关系。主体与客体、思维与存在、精神与物质、理性与感性的二元分立，乃是近代认识论得以建立的前提条件。特别是自笛卡尔完成从传统本体论到认识论的转向以来的近代西方哲学，对人类思维发展起了重大作用，主客二分的思维方式在相当长时期内对近现代自然科学（也对社会科学）的发展起了巨大的推动作用。同时，就具体的审美活动而言，其某些层次、环节、局部也包含着认识因素。对这些认识因素，无疑需要借助于认识论加以探究。

但是，我们却不赞同把这种近代以来的认识论当做美学研究的基本思维方式。首先，这种认识论以主客二元对立为中心，在主体方面设定感性与理性、灵与肉的二元对立，在客体方面设定本质与现象、普遍与特殊的二元对立，然后以这一套二元对立模式去解释丰富多彩的审美现象，这就必然造成一种本质主义的美学思路。其次，它把审美活动包括审美主客体从生生不息的生成之流中剥离出来，切断主体之为审美主体、客体之为审美客体的“先在语境”，即它们所处的人与现实世界的具体审美关系，也就切断了审美活动的存在论维度，即人生在世的生活活动或人生实践。

从20世纪五六十年代的美学大讨论起，二元对立与超越对立的两种思路就开始形成了。关于“美”的本质的主观派与客观派分别代表了主客二分思路的两个方面或极端，而主客观统一派和客观社会派则代表着超越二元论的最初努力。“文革”以后，这种格局未得到根本改变，但前两派的影响大为缩小，而后两派在“实践美学”的旗帜下有所靠近，影响渐增。蒋孔阳先生以实践论为基础、以创造论为核心的审美关系理论在20世纪90年代得到较充分的展开，对各派美学之长作了多方面的汲取与综合，开始从本体论上超越二元对立思维的方式，达到了新的水平和高度。与此同时，年轻一代美学家也提出了对实践美学的整体超越的主张，“生命美学”、“超越美学”、“生存美学”等便是这种主张的几种形态，其中确实有一些突破并超越二元论思维的合理思想，但也有一些仍停留于二元对立思维的怪圈之中。新世纪中国美学学科建设如果要取得大突破，关键恐怕在于突破、超越传统的二元对立思维方式。这也就是实践存在论美学逐渐孕育成形的发生语境。

第二章

实践存在论美学的思想来源

对上述语境的勾勒表明,已经有越来越多的学者开始意识到,只有抓住关键症结,超越现有的美学研究模式,才能使中国的美学发展获得大进展,取得真正的突破。20 世纪 90 年代以来,人们开始不满于实践美学过分强调集体性、理性、物质生产劳动的一面,想要给感性、个体体验性在审美中以应有的位置;但多数人对"美"的提问方式并未从根本上发生变化,对实践美学主流派在认识论方面的局限虽开始注意,也时有批评,但似乎还认识得不够深刻,还没有提升到要害地位来认识。迄今看来,这种反思和批评当然是很有必要,但还未从根本上抓住阻碍中国当代美学发展的核心问题,即主客二元对立的认识论思维方式问题。有的学者虽然也看到或提到了这一点,但深入反思、分析得还不够。多数人(包括笔者在内)在很长一段时期仍然是在认识论的思维框架、范围之内探寻美学学科的发展,所以难以有彻底的突破和创新。

催发突破和孕育创新的思想来源是什么呢?笔者认为,对以李泽厚为代表的实践美学,首先需要进行深刻的反思;蒋孔阳先生晚年的美学思想,为实践美学的更新和发展指出了方向,奠定了基础。本章就分析实践存在论美学的这些思想来源。

第一节

从李泽厚的实践美学说起

实践美学的主流派以李泽厚为代表。20 世纪 50 年代美学大讨论时,李泽厚在与主观派(吕荧、高尔泰)、客观派(蔡仪)、主客观统一派(朱光潜)等的论争中提出了美是客观性与社会性统一的主张,认为美一方面是客观的,另一方面又离不开人类社会,美是客观的社会生活属性。所谓客观性,不是指物的自然性或典型性,而是指物的社会性;所谓社会性,又不是主观的社会意识或者社会情趣,而是指客观存在于社会生活之中的属性。可见,以客观社会性来概括美的本质,既与蔡仪划清了界限,又与朱光潜明确区分了开来。这种客观社会性是如何形成和统一的? 李泽厚从马克思的《1844 年经济学哲学手稿》找到了依据,提出从自然的人化着眼来解答这一难题。他认为,人类社会实践的过程乃是自然的人化过程。自然人化的基本内涵就是,经由社会实践的改造,自然从与人无关、与人为敌的自在状态变成与人相关的、有益的、为人的对象。就是在这一"人化"的过程中,自然和人类社会生活发生了客观关系,具有了社会意义。可见,自然物的社会性是人类社会生活客观地赋予的。美就是这样一种在人类实践即人化的自然过程中所获得的客观的社会属性。这也就是实践美学的雏形。

20 世纪 70 年代末到 80 年代初,李泽厚的实践美学更以一种成熟的完整的理论形态凸显出来。这个理论形态的要义有:第一,实践是以制造和使用工具为根本标志的物质生产实践,亦即人类能动地探索、征服、改造客观世界的主体性实践。主体性实践哲学的中心是主体的人,包括人类整体和个体;核心命题是人的实践和实践的人。实践论表达的主体对客体的能动性,也就是历史唯物论所表达的以生产力为标志的人对客观世界的征服和改造,两者内在统一。第二,实践是美学研究的根本基础。美与美感产生、形成的根源,美与美感的本质,只有在实践的基础上才能明察。第三,实践就是自然的人化。自然的人化包括外在自然的人化与内在自然的人化,或者叫做客体自然的人化与主体自然的人化,这两种自然的人化乃是同步行进的双重历史实践过程。在外在的客体自然的人化中,自然由于实现了人的目的,体现了人的本质,从而成为人的自然,成为一种“社会存在”。这时,自然的感性形式积淀着社会理性内容,成为真与善、合规律与合目的性相统一的自由形式,这就是“美”。内在的主体自然的人化,则主要包括五官感觉的人化与情感的人化,这实际上就是指经过劳动实践的提升,动物性的单纯满足生理欲望的器官成为人的器官,动物性的情绪成为人的情感心理结构。内在的主体自然的人化形成了“美感”。第四,美与美感都是在漫长的历史实践中诞生出来的,是社会历史的成果。第五,由此,李泽厚提出了两个“本体”说,即在物质实践基础上形成的人的工具本体和心理(情感)本体,这也就是他的人类学本体论的要义。但是,李泽厚反复强调,从实践到审美,必须经过许多中介,而不能直接用实践对审美加以解释。

学界一般公认,实践美学是中国当代美学史上最重要、最有影响的学派,20 世纪 80 年代以来,作为具有中国当代特色和原创精神的美学理论,它占据了中国美学的主导地位。这一美学理论致力于突破机械的反映论原则和非社会性的主客统一观念,而到人类的社会实践中,到人向人生成、自然向人诞生的历史进程中审察美与美感的发生、建构和流变,从而在人类学本体论层面对美与美感作了相当深刻的阐释和概括。但李泽厚的实践美学也有严重的不足和缺陷:第一,把实践概念仅仅限于物质生产劳动,而把人类其他的实践形态排除在外。第二,偏重于美与美感在人类总体实践中的历史生成,而较为忽略它们在感性个体生存实践中的当下生成。第三,有把美的本质与起源混为一谈的倾向。第四,其人类学本体论的两个本体说，与其唯物史观一元论立场不尽一致，而且并没有真正揭示本体论最核心的存在论层面的内涵意义。第五，最重要的是，整体框架还没有超越认识论美学，在一些重要的基本问题上还存在主客二分的认识论思考方式的痕迹，仍然脱离审美关系和审美活动，把美学理论聚焦在对实体化的客观的美的本质，以及作为对美的反映和认识的美感本质的探求上。这就使李泽厚的主流派实践美学陷入了停滞不前的状况。

在笔者看来，实践美学主要的问题是：第一，有的美学理论家在将实践引入美学时有一些简单化的倾向，即把实践范畴直接作为美学的逻辑起点，或直接作为解决美学基本问题（如美的本质、美感的本质等）的万能范畴，因此给人以一般化和大而无当之感，缺乏理论说服力。第二，有的美学理论家如李泽厚对实践范畴理解较窄，单纯停留于物质生产劳动这一含义上，而未把种种人生实践，如道德实践、交往活动和精神文化活动（即马克思所说的精神劳动或精神实践）考虑在内。第三，由于对“本体论”的某种误解，有的美学理论家未真正从存在论角度看待实践论，因而在以实践论为美学的哲学基础时仍不能跳出认识论的思维框架。

但是，笔者并不认为实践美学已经过时了。实践美学（无论是主流派还是非主流派）只要加以改造和完善，突破认识论的思路和二元对立（如主客二分）的思维方式，仍然有强大的生命力和巨大的发展空间。就是说，李泽厚如果能在这个问题上有自我突破，主流派实践美学仍然有发展的天地；刘纲纪、蒋孔阳、周来祥等非主流派的实践美学思想亦然；特别是蒋孔阳先生的美学思想，为实践美学的突破、更新和发展，也为我国美学理论在新世纪的创新和突破指出了方向，奠定了基础。这正是从实践美学内部走向变革与突破的先声。

20 世纪 90 年代以来，对实践美学（包括对蒋孔阳的美学思想）的批评不绝于耳，“走向后实践美学”成为一部分美学理论家的口号。一些学者提出建立“超越美学”、“生命美学”、“生存论美学”等设想，并进行了若干尝试。还有学者主张以生存论的本体论为哲学基础建构新的美学，提出生存论美学的理论视野将包括审美与生命、审美与自由、审美与差异等新问题。

笔者以为，这些问题的确是当代中国美学应当十分重视的，但似乎并不很“新”，而是美学史的老问题，也不一定非纳入生存论的本体论视野才显现出来。事实上，蒋孔阳先生已经开始从实践存在论角度对这些问题作出独特的、富有创造性的初步阐述。这里，仅以“美是人的本质力量的对象化”命题的论述为例先作概要说明。

蒋先生是以马克思的《1844 年经济学哲学手稿》为根据，从人的劳动实践来探讨人及其社会本质，并进而论述美的本质的。他说：“人的本质不是先天的，而是在劳动实践过程中制造出来的。劳动没有止境，永远在创造之中，因此人的本质也没有止境，永远在创造之中。人的本质在创造之中，作为人的本质力量对象化的美，自然也永远处于创造之中。”[1]这是蒋先生以实践存在论为基础的创造论美学的立论依据。

据此，蒋先生从实践即“感性活动”来理解、阐述人的多元、多层次的本质力量的复合结构。他首先肯定人在实践中作为活动主体是一种自然存在物，“他的本质力量，首先是他的自然力和生命力，他的自然禀赋和能力，他的情欲和需要”。这种“来自于自然

[1] 蒋孔阳. 美学新论. 见蒋孔阳全集：第 3 卷. 安徽教育出版社，1999. 183.

的生命力和创造力,都应当是人的本质力量,是人之所以为人的感性基础"。[1] 其次,蒋先生又把人的本质力量放置在人类社会生活中加以观察,指出人的自然本性经过社会、历史、文化的培育、锻炼,发展、生成为社会的精神器官,"马克思所说的能听音乐的耳朵、能看绘画的形式美的眼睛,以及恩格斯所说的能够雕刻和弹钢琴的手,都是这样的感觉器官",即能审美的感觉器官。再次,蒋先生强调在审美关系中,人的各方面、各层次的本质力量是完整地、全面地对象化,整个地在对象中展现出来。综合以上三个方面,蒋先生概括道:"因为人是一个有生命的有机整体,所以人的本质力量不是抽象的概念,而是生生不已的活泼泼的生命力量。""只是本身是充满了生命力的活的本质力量,才能对象化为同样充满了生命力的活的形象。美离不开活的形象,因此,美只能是充满了生命力的本质力量的对象化。"[2]显而易见,在审美与生命的关系问题上,蒋先生从实践存在论角度出发,已作了颇有深度的论述。

从"美是人的本质力量的对象化"出发,蒋先生推出了关于美的本质的第二个重要命题:"美是自由的形象"。他认为:"自由感是审美的最高境界,因此,美都应当是自由的形象。"关于"自由",蒋先生的理解也远远超越了认识论的视野,即不把自由仅看成对客观世界必然性的认识,而是从人的实践活动角度,把自由看做人力图不断从自己处处受到的多方面的(从生理上、物质上到社会的道德、法律、政治、经济等等关系上)限制和束缚中解放出来的

[1] 蒋孔阳.美学新论.见蒋孔阳全集:第3卷.安徽教育出版社,1999.184－185.

[2] 同[1].188.

愿望、目标与理想。他认为,前一种认识上的自由仅是“外在的自由”,还不够;“一个人还得有内心和人格修养上的自由”,人的内心如不自由,“就不可以成为真正意义上的审美主体,他也不可能真正进入审美的心态”。蒋先生的结论是:“美的理想就是自由的理想,美的规律就是自由的规律,美的内容和形式就是自由的内容和形式。美是人的本质力量的对象化,人的本质力量也离不开自由。因此,我们说,美的形象就是自由的形象。”〔1〕这里,蒋先生在实践存在论的基础上,对审美与自由的关系作出了独特、深刻的阐释。

至于审美与差异的问题,蒋先生也早就予以关注和重视。但他并不仅仅停留在承认审美的差异性上,他说:“问题不在美感有没有差异性,而在于这一差异性是从何而来的。”他对此问题的回答,同样基于实践本体论,“美感的差异性来自人们生活方式上的差异”,即来自人们生活实践的不同,“生活不同,作为生活的属性的美也不同”,“是生活方式的差异,决定了美感的差异”。〔2〕即使对审美上的共同性(如民族、群体等),蒋先生也是从人的生活方式的共同性加以解释的。这个思想是十分深刻的,它能够全面地解释审美的共同性和差异性的辩证关系,避免了片面性。

由此可见,上述被视为美学“新问题域”中的基本问题,蒋先生已从实践存在论(即把人的全部生活实践看成人的生存或存在方式的观点)的视角给予一定的阐述,从而实际上已开始突破认识论美学的局限,为实践存在论美学初步奠定了基础。这是一种

〔1〕 蒋孔阳.美学新论.见蒋孔阳全集:第3卷.安徽教育出版社,1999.205-213.

〔2〕 同[1].543.

向前看的美学，一种在新世纪依然有生命力的美学，一种通向未来的美学。

下面，笔者试从四个方面对蒋孔阳美学思想的生命力作出阐发。

第二节

蒋孔阳的实践美学（一）：审美关系说

早在1991年，笔者在《当代中国美学"第五派"》一文中，把蒋孔阳先生的美学思想概括为"以实践论为基础、以创造论为核心的审美关系说"。笔者的这一概括之所以落定在"审美关系"说上，是因为这不仅符合蒋先生的原意，而且在当时是有针对性的，因为某些美学界重量级人物断定"审美关系"说犯了"同义反复"的错误。笔者不同意这个看法，针锋相对地提出，"蒋先生的全部美学思想就是人对现实的审美关系的历史地、全面地展开。他的美论是对审美关系中客体方面的探讨，他的美感论则是对审美关系中主体方面的研究，而无论哪一方面，他都是在主客体的对象化关系中加以研讨的。我以为这种思考、研究问题的方式是符合辩证法的"。[1] 现在看来，笔者这个意见并没有错，不过还不够深入。笔者曾把蒋先生关于一切美学问题都应放在人对现实的审美

[1] 朱立元. 当代中国美学"第五派". 见美学与实践. 广西师范大学出版社，1999. 68.

关系中加以考察的思想与当时中国美学界的其他四派观点进行了比较，认为这一思想融其他各派之长，避其他各派之短，把马克思的实践论与关系说化为一体，解决了美学的一些重大问题。现在看来，这其中还包含着更加深刻的内涵。

与当代大部分美学学派不同，蒋孔阳先生的美学思想既未把美（美的本质）也未把美感（审美经验）作为美学研究的出发点和主要对象，而是把人对现实的审美关系列为美学研究的出发点。他在《美学新论》一开始就指出，“人对现实的审美关系，是美学研究的出发点。美学当中的一切问题，都应当放在人对现实的审美关系当中，来加以考察”。这里，看起来似乎只是具体研究对象的不同，但实际上涉及思维方式和哲学根据上的巨大差别。

上个世纪五六十年代，中国美学界有过一场美学大讨论，主要围绕“美的本质”问题展开争鸣，形成了“美在客观”、“美在主观”、“美在主客观统一”与“美在社会性与客观性统一”四大派主张。这四派虽然观点不一，但提问方式和思维方式上却大体一致（第四派有所不同），即都提出“美是什么”的问题，并对此作出了各自不同的回答。然而，正如上一章所指出的，这一提问方式本身却在回答问题前已预设了“美”是一个对象性的实体存在，无论其答案多么不同。换言之，“美在客观”说已预设了美是一个在人之外的作为客体的实体存在；“美在主观”虽然肯定了美与人（主体）不可分，但同样预设了美就在作为主体的实体存在上；“美在主客观统一”说也同样预设了美就在作为实体存在的主客统一上。其中，“主客统一”虽然是主客间的一种关系，但在“美是什么”这种提问方式下，这种“关系”也被实在（体）化了。这样，对此提问无论哪一种回答（客观、主观还是主客观统一），都是一种实在（体）

化的回答。

蒋孔阳先生的审美关系说却对形而上学主客二分的实在(体)化思维方式作了尝试性突破,其中包含了生成论思想的可贵因素。

首先,他在提出人与现实的审美关系是美学研究的出发点时对审美关系的基本性质和各个环节都作了简明的分析,同时又突出地强调这种关系的变动性与复杂性。他说:"无论作为关系主体的人,或是作为关系客体的现实,以及它们所构成的关系,都既不是简单的,也不是固定不变的。它们都各自具有多层次的结构,多方面的变化。"[1]对此,他从主体、客体、主客体关系三个方面进行了分析。一是主体(人),人不仅有自然性、物质性,而且有社会性、精神性,还有历史性等方面,是多方面的复杂属性的有机统一,"人是作为一个具有丰富复杂的内容的个性化的主体,来与客观现实发生关系的";二是客体(现实)"也是极不简单的,极其丰富和复杂的",包括自然界、人通过与自然的关系制造出的各种产品、人与人的关系产生的各种社会现象、各种精神产品和意识现象,"无论是过去的或是现在的"都在其中;三是主客体关系(包括空间和时间关系)也因此"更是丰富和复杂","这一切关系,都以人的需要为轴心,以人的实践为动力,以物的性质和特性为对象,相互交错和影响,形成了整个人类社会的历史和现实生活"。这就有力地说明了人与现实关系的无限丰富性和复杂性。不仅如此,蒋先生还强调指出这种关系的发展、变动性。他说,"人对现实的关系,是不断发展和变化的"。这一点更为重要,因为这种关系的不断变动性,乃是决定着我们的思维方式必须打破形而上学、

---

〔1〕 蒋孔阳.美学新论.见蒋孔阳全集:第3卷.安徽教育出版社,1999.5-7.

遵循生成性原则的根本原因。

其次，蒋先生进而指出，正因为整个人与现实的关系是处在永恒的变动中，“因而人对现实的审美关系的特点也不是固定的、形而上学的。随着人对现实的审美关系不断地变化和发展，大千世界的美的东西也不断地变化和发展”。[1] 这就明确无误地揭示了变动性和生成性乃是审美关系的一个根本特性。

上述两点思想，在思维方式方面给我们以重要启示。按照日常的思维模式，我们总是从主体、客体、主客体之间的关系，也就是主客统一的方式来思考美学的一些基本问题的。这种模式本身是没有错的，这是我们认识事物的一般过程。但是，如上所述，蒋先生认为：第一，作为“主体”的人，是自然性、物质性、社会性、精神性以及历史性的统一，“人”本身是一个诸多因素互动影响的过程，是一切社会关系的总和，因此，并没有一个一成不变的绝对化了的抽象“主体”或实在（体）主体；第二，被我们称为“客体”的东西，是自然界、人、人的物质产品以及人的精神产品的总和，而这个总和又处在历史的长河之中，处在不断的发展和变化之中，因而也没有一个固定不变、被动地接受人的观照的抽象“客体”或实在（体）客体；第三，因此，由丰富复杂、不断变动的主体与客体所构成的主客体关系，必然更是丰富复杂、变动不居，它们绝不可能是——实际上也根本不可能存在一种凝固的、恒定不变的供我们研究的主客体的抽象关系或关系实在（体）；第四，审美关系作为主体与客体之间的关系之一，当然同样是变动不居和复杂丰富的，换言之，审美关系也决不是一种固定不变的关系实在（体）。

---

〔1〕 蒋孔阳. 美学新论. 见蒋孔阳全集：第3卷. 安徽教育出版社，1999. 16.

在此，我们清楚地看到，蒋先生再三强调主体、客体、主客体关系三者的变动性、复杂性、丰富性，实际上是将这三者还原、放置到人与现实的具体的、生成的、变化的审美关系中去了。它显然包含和孕育着一种突破形而上学思维模式的尝试。因为如果我们承认，主体与客体以及两者间的关系本身是一个复杂的、动态的过程，那么，主体与客体之间的抽象对立即主客二分就会由于自身的非现成性、非确定性而被化解。这一点并不难理解。任何事物总是处在时空之中，处在不断的生成与变化之中，没有一个固定不变的主体，也没有一个固定不变的客体。既然如此，那么，一方面，在观念中被抽象出来的超越于时空之外，并且自身静止不变的主体也就不可能存在，每一个具体的主体总是诸多因素相互交织影响的动态过程；另一方面，客体也不是静止不变的，在形而上学思维模式中被从时间之流中截取下来的、被固定化了的、被动接受主体认知的客体，也是不存在的；更为关键的是，由于主、客体两者的现实性、具体性和历史(时间)性，两者之间的关系也是具体的、现实的，处在具体、历史的时空中的，所以，根本不存在抽象的、超越时空的主客体关系。形而上学的思维方式的各个环节一旦被具体化、现实化，放置在历史的、变动的关系之中，那么主体与客体的截然分立与对立或曰“主客二分”，就难以成立，它只能是观念性的，只能停留在思维之中，而不能正确把握和反映不断变动的现实关系。或者说，它只是对现实之中各种复杂变动关系的“一种”切断、割裂和抽象，而不是思维的全部内容。蒋先生在强调主体与客体及主客体关系的丰富、复杂与变动不居时，显然是看到了这一点，从而萌生了生成论的思想。在这个情况下，他没有把抽象、固定的美(客体)或抽象、固定的美感(主体)作为美学研究的起点或首要对象，而是强调人对现实丰富复杂、变动不居的审美关系才是美学研究的出发点，我们认为实际上这已包孕着生成论思想对形而上学思维方式的超越。

如果我们跟随着蒋先生的上述思路，一旦跳出形而上学的思维方式，一旦认识到没有一个一成不变的美的客体，没有一个先天固定的审美主体，没有一个与生俱来的审美关系实在（体），那么前述三种美学主张（主观说、客观说、主客观统一说）就都是不能成立的。

还要强调指出的是，蒋先生已经萌发了在审美活动中“关系在先”的重要思想。在《美学新论》总论的开篇“人对现实的审美关系”中，反复论述了这样一个思想：无论是主体、客体还是两者间的关系，都是丰富而复杂的，都处在永不停息的变动过程之中，都是历史性的；人与现实的审美关系并不是从来就有的，而是从无到有、逐渐生成和发展的，只是在人类漫长的实践过程中，随着人的内自然的人化和外自然的人化，人和他的生存世界之间才产生了审美关系，但这种关系是具体的、现实的、个别的、变化的，而不是抽象的、无条件的实在（体）关系。由此我们可以进而推论，蒋先生实际上已觉察到，正是在这样一种具体、现实、个别、变化的审美关系中，才现实地、即时地产生了审美主体与审美客体（对象）；离开了这种关系就无所谓审美主体，也无所谓审美对象，美和审美主体都是随着审美关系的产生而产生的。蒋先生明确地指出：“人间之所以有美，以及人们之所以能够欣赏美，就因为人与现实之间存在着审美关系。”[1]这里，实际上已肯定了在因果逻辑上审

〔1〕 蒋孔阳.美学新论.见蒋孔阳全集：第3卷.安徽教育出版社，1999.3.

美关系对美和美感的在先地位，即确立了“关系在先”的逻辑原则。

“关系在先”的思想，是对主客二分的形而上学思维方式的一种颠覆和瓦解。因为根据主客二分的原则，在因果关系上，总是先有客体和主体，然后才有主客体之间的逻辑关系。这在日常思维看来也许是不言而喻的，但其实经不起实践的检验。就以审美关系而言，人与现实之间可以有各种各样的复杂关系，如经济的、政治的、伦理的、科学的等等，当然也可以有审美关系。但是，任何关系都是具体的、历史的、个别的，审美关系也不例外。只有在一定条件下，人与现实之间才会形成具体、特定的审美关系（这一点下面详说）。审美关系的形成，并不是因为首先有一个审美客体存在，也不是因为先有一个审美主体存在。这个道理其实不难理解。就主体来说，一个人不可能每时每刻都处在审美状态中，不可能任何时候都是审美的人（主体）。可以说，一个人在绝大多数情况下、绝大部分时间里都不会是作为审美主体而存在的，只有当他以审美态度凝神观赏一个对象时，他才作为审美主体而存在。所以，任何先在的、固定不变的审美主体都是不存在的；同样，任何客体，如果没有被人作为美、作为审美对象而观赏，它充其量也只能作为一个物、一个客观实在（体）而存在，而并不是作为审美客体而存在，因此，任何先在的、固定不变的审美客体也是不存在的。换言之，只有当客体和主体进入特定的审美关系时，它们才成为现实的审美客体和审美主体。这就是“关系在先”的哲学、美学原则。如前所述，蒋先生已经明确地把审美关系看成变动的、生成的，而不是现成的，那么，根据“关系在先”的原则，任何审美主体和审美客体也都是随着审美关系的生成而生成，而不可能是先在的、固定的、现成的。这里显然已隐含着生成论的可贵意识，它对消解、突破形而上学主客二分思维方式具有一种潜在的必然性。

最后，蒋先生在论述人与现实的各种各样错综复杂、变动不居的关系之后特别指出，“在人对现实的一切关系中，最根本的不是审美关系，而是实用关系”，审美关系是在人类长期的实践中逐渐从实用关系中分化、脱离、独立出来的，但这种独立是相对的，在特定条件下才生成的，而且是不断变化的。不过，与实用关系相比，审美关系有其自身的特点，蒋先生归纳为以下四点：(1) 以人的感性为基础，“通过感觉器官来和现实建立关系”；(2) 是人与现实的一种自由关系，“它虽然也要受主体和客体各自条件的限制，但它却常常能够从这些限制中解放出来，取得自由”；(3) 是人对现实的一种整体、全面的关系，它是“人作为一个整体来和现实发生关系，人的本质力量能够得到全面的展开”；(4) 它“特别是人对现实的一种感情关系”，在审美中，人的理智和意志等因素都转化为情感与现实发生关系并具体展开。这四点，把审美关系与人对现实的其他一切关系清楚地区分开来了；同时，从另一个角度补充论证了审美关系的生成性。因为虽然在日常生活中，审美关系总是被淹没在种种实用关系中，但是，一旦实用关系中出现了同时符合上述四个特点的现象，那么，审美关系也就现实地生成了，并且从实用关系中脱颖而出，凸显出来。由此可见，任何审美关系都不是现成的，而是生成的。

综上所述，笔者认为，蒋孔阳先生的审美关系理论包含着深刻的生成论思想，已经开始了对形而上学主客二分的现成论思维方式的成功超越。

第三节

蒋孔阳的实践美学(二):美在创造中

以形而上学的思维方式,美学家们总是不断地追问“美是什么”。笔者认为,这是一种本质主义的追问方式。

所谓本质主义,就是把事物的现象与本质截然割裂开来,把事物的本质从其现象所处的具体、特殊的关系和不断变动的过程中孤立、割裂和抽象出来,从而使事物的本质成为脱离事物具体现象和关系的、固定不变的抽象普遍性和纯逻辑概念的存在。这种本质主义的思维方式,长期以来支配和影响着我们的学术研究。表现在美学研究中,千百年来人们不断地尝试着寻找一个决定一切美的具体事物、现象之所以是美的、永恒不变的终极原因——美的本质,这样一种思路,笔者认为就属于本质主义。西方美学史上,从柏拉图寻找“美本身”起始,开创了这一思路,一直到黑格尔,也未能完全摆脱本质主义。提出“美是什么”这个问题本身,背后就隐藏着某种本质主义的思考方式。

而且,这个提问题的方式本身就包含着这样一个前提和假设——有一个静止的一成不变的美或者美的实体结构先在地存在着。如果沿着这个问题进行思考或回答,实际上就默认了这个前提或假设,也就默认了这个假设所赖以成立的主客二分的思维方式。在此意义上,可以说“美是什么”这个问题本身是一个理论陷阱,它把美从人与现实的审美关系中截取下来,没有看到美本身是一个“过程”，这个过程只能存在于人的生存世界和人生实践中，存在于具体、当下的、活生生的审美关系和审美活动中。脱离了具体的审美关系和活动，就无所谓美。因此，“美是什么”这个问题仅仅从这种提问方式本身来看，就存在问题，就不那么恰当。蒋孔阳先生显然开始意识到了这一点。这在他的“美论”中就有所体现。

首先，蒋先生把“美是什么”的提问转换成“什么是美”的问题。他在《美学新论》中说，“从古到今的美学著作，都在研究美。但是，什么是美呢？这个问题，初看起来，十分简单”，是个“常识”问题，“是一个最普通的问题”，其实不简单，“几千年来的美学思想史，可以说都是对于美这样一个极其普通的问题，进行追问的结果”。[1] 从“美是什么”转换为“什么是美”，表面看起来只是把主谓词倒置了一下，似乎其实质未变。但是，前后两者有很大区别。“美是什么”的提问所要求的回答是对“美”的完整界定或作全称判断式的定义，这种定义一是应当包容“美”的全部本质内涵而不容遗漏；二是应当放置于一切“美”的语境中而皆准（合适）并且是不容有例外的；三是排他性，排除任何其他对“美”的界定或定义。这种提问方式所寻求的是美作为“普遍规律”的“美的本质”。蒋先生虽然并不反对探讨美的本质，他指出，“美的本质问题既无法否定，也无法回避”，[2]但他通过对美学史的回顾，看到各个时代许许多多美学理论家“力求给美找出一个最恰当最完满的定义。然而，由于美太宽广了，太丰富了，太复杂了，太多样了”，[3]所以

---

〔1〕 蒋孔阳. 美学新论. 见蒋孔阳全集：第3卷. 安徽教育出版社，1999. 56－57.

〔2〕 同[1]. 146.

〔3〕 同[1]. 138.

他们的各种定义都不过是一得之见，都不免有破绽或欠缺，但"他们都把他们的'一得'，当成是关于美的普遍真理"了。[1] 蒋先生对这种急于寻找关于美的普遍真理的最后结论的做法并不赞同，他说："真理不是现成的结论，而是一个历史的发展过程。"[2]这个思想极为重要，因为它揭示了真理的历史性、过程性，也即非现成性，实际上是对本质主义"美"论的现成性、凝固性思维的一种质疑和挑战。

把提问方式从"美是什么"改换成"什么是美"，便是这种质疑的第一步。"什么是美"的提问已把上述对"美是什么"的全称判断式的完整定义的要求给消解掉了。它与回答者个别、具体的审美经验有更多、更直接的联系，它给回答者提供了无限多种答案的可能性和选择的自由性，而并无价值高下的判断，更没有排他性。也就是说，任何一种对美的回答在一定的条件下都有其存在的理由或合理性，都是通向美的普遍真理过程中的某一环节、层次、侧面，但都不是美的普遍真理的最终结论。如果说"美是什么"的提问要求答案为"一"，则"什么是美"要求答案为"多"。显然，寻求"多"是对寻求美的永恒不变的唯"一"本质（最高本质）的本质主义思路的一个撼动。

与其审美关系说相一致，蒋先生在"什么是美"的提问下，把美学史上对美的许多有代表性的回答置于一系列"关系"之中加以考察。

列宁说："规律就是关系。"[3]要把"美"作为普遍的规律与真

---

〔1〕 蒋孔阳.美学新论.见蒋孔阳全集：第3卷.安徽教育出版社，1999.62.

〔2〕 同[1].62.

〔3〕 列宁.哲学笔记.人民出版社，1974.161.

理来看待，就必须将其放入各种具体“关系”之中来审视，而“关系是运动的，发展的，因此规律也不应当是单一的、静止的”。[1] 蒋先生巧妙地把逻辑与历史统一起来，在“美论”的前十一章中把西方美学史上一系列从不同角度、不同“关系”入手界定美的本质的观点逐一加以概括、辨析、评述，具体来说，就是把美置于与美的东西、形式、愉快、完满、理念、生活、距离、无意识、否定等等一系列关系之中来考察。乍一看，蒋先生似乎是通过各种“关系”在谈美的属性，其实不然。他曾明确讲过，“美不是事物的某一种物质属性”。[2] 他之所以把美放置在这种种关系中加以考察，一方面是为了阐述所有这些美学都只是对美的某一方面、某一层次、某一环节的说明，而不能包括美的全部本质，从而否定了单一、不变的美的本质说；另一方面则是为了对从各种关系入手讨论美的本质的局部合理性给予肯定，认为它们都是美在不同条件下的不同显现方式。

所以，这里，蒋先生实际上是在思考美的条件，思考在审美关系中产生出美所需要的可能的条件。美处在多种因素动力变化的活泼泼的关系中，美是当下的，是具体的，“是多种因素多层次的积累，是时空的复合结构，所以美既不是单一的，也不是纯粹的，而是多样的、复杂的”。[3] 由此可见，问题不在于“美是什么”，甚至也不在于“什么是美”，最根本的应是“美是如何生成的”。这才是问题的关键所在，它其实是一个美的存在问题。

正因为如此，蒋先生才放弃了给美下一个完整、全面、放之四

---

〔1〕 蒋孔阳. 美学新论. 见蒋孔阳全集：第3卷. 安徽教育出版社，1999. 331.
〔2〕 同[1]. 61.
〔3〕 同[1]. 150.

海而皆准的定义这样一种本质主义的追问方式，而努力从生成论角度思考美。他说："我们探讨美的本质的时候，首先应当看到美的多样性和复杂性，从多种层次多种侧面来探讨美的形成和创造。"[1]概括地说，以形成和创造为核心，从多个角度、多个方面（"多"），而不是单一角度、单一方面（"一"）来研究美，这乃是蒋孔阳美学思想的特点与精华所在。

先说其多角度性。蒋先生论美，从来不是下一个单一的美的定义，而总是从多个角度或方面来界定、论述美。在《美学新论》中，他用了四章的篇幅正面展开对美的本质的论述。这四章的标题分别为"美在创造中"、"人是世界的美"、"美是人的本质力量的对象化"、"美是自由的形象"。除了"人是世界的美"以外，其他三个标题都正面论述美，尤其后面两个标题均是"美是……"式的肯定判断，或者说是定义式的。也许有人会据此以为蒋孔阳是在给美下定义，但笔者认为不是，因为同时给美下三四个定义这种做法本身，实质上是消解了给美下真正意义上的定义的可能性。为什么这样说呢？

首先，如前所说，蒋先生已经把提问方式转换为"什么是美"，转换为非定义方式了，虽然他并没有完全取消定义式的表达方式，但在这个大前提下，这种定义式的命题实际上已经失去了定义本身的意义了，而只是对美从某个特定角度作规定和描述。

其次，所谓定义，应该是对于一个事物的最本质特征或一个概念的内涵和外延作全面、确切而简要的界定和说明。而蒋先生这

[1] 蒋孔阳.美学新论.见蒋孔阳全集：第3卷.安徽教育出版社，1999.150－151，175.

三四个关于美的命题或“定义”，前面两个更加根本、更加重要，本身却算不上定义；而后面两个形式上像是定义，但由于每一个都不是最终的、全面的，而只是局部的、只涉及某一个方面的，只能构成美的或一基本、必要条件，却并不能满足美的全部、充分条件，因而不可能单独界定美，所以，实际上也都不是真正意义上的定义。

再次，蒋先生本意就没有打算给美下定义。他明确指出：“美是一个开放性的系统，它是多种因素多层积累的突创。单一的因素，不能成为美。”〔1〕既然是一个开放性的系统，怎么可能用一个定义最终完成、结束、实际上封闭这个系统呢？即使后面两个像定义的命题，其实也只是构成美的两个重要的必要条件和本质特征，而并不是全部、充分条件和最高本质、最根本特征。所以，蒋先生并没有把这两个命题当成美的定义，而只是对美的本质从两个重要的方面加以论述；更没有试图对美的本质系统加以封闭，而是让它始终保持着开放的状态。

我们认为，更为重要的是，蒋先生这里是围绕着“多”做文章，是努力对美的本质从多方面作综合的揭示和阐述。就拿后面两个命题来说吧，“美是人的本质力量的对象化”和“美是自由的形象”，单独来说，都难以界定美。前者主要确定美的来源、基础和范围，即揭示美离不开人，是人的本质决定了美的本质，指出美源于人通过实践活动把自己的本质力量在客观现实中实现出来，而并不是说凡是人的本质力量对象化都是美的，所以它只是美的必要条件和基础，而并不是美的全部本质和真正定义。后者则强调

〔1〕 蒋孔阳. 美学新论. 见蒋孔阳全集：第3卷. 安徽教育出版社，1999. 150－151.

美的感性形象性和体现人的自由无限性，但是，仅仅有这一点而不具备前一点还不是美的充分条件和全部本质。只有这两个方面的有机结合，才会产生美。正是在这个意义上，蒋先生才说："抽象的人的本质概念，不能成为美；人的本质转化为具体的生命力量，在'人化的自然'中实现出来，对象化为自由的形象，这时才美。"[1]由此可见，这两个命题单独看来都只是构成美的必要因素，而不是什么美的定义；它们两者是互补的，缺一不可；但即使如此，两者也并没有构成完整的美的定义，并不是对美的本质的全面揭示。只有把蒋先生美论的四个主要命题综合在一起思考，才可以说是关于美的一种比较系统的论述，是美的本质的一种多向度内涵的展示；但是，决不可以认为，蒋先生试图通过下定义的方式来最终确定美的本质，因为这显然是有违蒋先生把美看成一个开放系统的初衷的。

实际上，蒋孔阳先生"美论"的核心并不是回答"美是什么"即美的现成、固有本质的问题，而是围绕着"美是如何生成"这个问题展开的。他的这一生成论思路与本质主义的现成论思路恰好相反。一般说来，唯有我们把一个事物固定下来，把它从它的运动发展之流和所处关系中截取下来，让它以静止、孤立的面貌面对我们，我们才能对其进行确定性的分析，才能对其进行本质主义的追问。但是，若以这样的方式追问"美"，所得到的"美的本质"只能是美的抽象的躯壳，而不是活泼的有生命的美。如前所说，这是蒋先生所竭力反对和防止的。

蒋孔阳美学理论的第一个命题也是最核心的命题是"美在创

---

[1] 蒋孔阳．美学新论．见蒋孔阳全集：第3卷．安徽教育出版社，1999．175．

造中”。怎么理解这里所说的“创造”呢？笔者曾经把他的“创造”单纯地理解为“主体创造”，认为“他对人创造美，主要是艺术家创造美的主体性、能动性和规律性作了广泛、深入的探索”。[1] 现在看来，这种理解还失之肤浅。结合蒋先生对形而上学思维模式的突破性尝试，他所说的“创造”中包含着“生成”的意义。也就是说，美是在无比丰富的、处在不断流变之中的主体、客体以及两者的关系中生成的，而且美永远处在这一生成过程中。这集中体现在他的“多层累突创（Cumulative emergence）”说中。让我们玩味一下下面这段话：

> 美的创造，是多层次的积累所造成的一个开放系统：在空间上，它有无限的排列与组合；在时间上，它则生生不已，处在永不停息的创造与革新之中。而审美主体与审美客体的关系，则像坐标中两条垂直相交的直线，它们在哪里相交，美就在哪里诞生。自然物质层，决定了美的客观性质和感性形式；知觉表象层，决定了美的整体形象和感情色彩；社会历史层，决定了美的生活内容和文化深度；而心理意识层，则决定了美的主观性和丰富复杂的心理特征。[2]

这段话是对美的“多层累突创”说的扼要概括。限于篇幅，这里不对蒋先生的论述展开具体分析，只想指出，蒋先生已明确地说明：美是在主客观各个层次各个方面诸多因素的化合中，在各种因素的相济相糅中生成的。他说：“所谓多层累的突创，包括两方面

---

〔1〕 朱立元. 当代中国美学“第五派”. 见美学与实践. 广西师范大学出版社，1999. 73.

〔2〕 蒋孔阳. 美学新论. 见蒋孔阳全集：第3卷. 安徽教育出版社，1999. 157.

的意思：一是从美的形成来说，它是空间上的积累与时间上的绵延，相互交错，所造成的时空复合结构。二是从美的产生和出现来说，它具有量变到质变的突然变化，我们还来不及分析和推理，它就突然出现在我们的面前，一下子整个抓住我们。”[1]这两层意思，都是就美的“形成”、“产生”和“出现”即生成论角度而言的。他所说的空间上的“积累”与时间上的“绵延”，都是处于过程之中的，“突创”是量变到质变的“突然变化”，也是处在运动状态中的，也因此，作为“多层累突创”生成的美是一个未完成、无终点的开放系统。由此可见，蒋先生所说的“创造”，所说的“美在创造中”，特别是这个“中”，体现着对形而上学思维方式的突破，它说明美本身是一个过程，而不是一个静止的对象，“美在创造中”就是说美处在不断的生成之中，是各种因素积累而生成的。

对于美的这种永无止境的生成性，蒋先生以一种客观的眼光和充满辩证的思维精辟地概括道：

> 从天文学的观点来看，整个天体（包括地球在内）和宇宙，都在不断地生长和消灭，不断地变化，不断地创造。作为人类社会现象之一的美，也在不断地变化和创造。天下没有固定不变的美。社会生活中的美，固然随着时代与社会的变化而变化；就是自然界的美，也随着自然条件及其与人的关系的变化而不断地变化。不仅这样，甚至同样的审美对象，也将因为与人的审美关系不同，而不断地改变其性质与样式，不断地以新的面貌呈现在我们的面前。[2]

---

[1] 蒋孔阳.美学新论.见蒋孔阳全集：第3卷.安徽教育出版社，1999.148.
[2] 同[1].147.

这就是"美在创造中"这一命题的核心内涵。它不仅扬弃了"美是什么"这个形而上学的问题,同时也扬弃了"什么是美"这一带有经验论色彩的提问方式,而且把人类盲人摸象式得到的各式各样对美的片面认识化合为一个整体。把美理解为一个生成过程的思想,不再执意把美抽象为一个单一的本质性的实体或者概念,美成为一个化感通变的真正开放的存在,美学也成为一个真正开放的学科。因为在这样一种对美的认识中,人类生活实践中的一切因素都可以成为美之生成的原因。这就是为什么美的事物能够"生动,活泼,充满生命"。[1]

不仅如此,蒋先生还进一步把上述关于美的生成论思想提升到方法论的高度,对传统的本质主义方法论提出了反思和质疑:

> 正因为这样,所以我们探讨美的本质问题,应当打破传统美学的一些观念,把美看成是某种固定不变的实体,无论是物质的实体或精神的实体;把美看成是由某种单纯的因素所构成的某种单一的现象。与此相反,我们应当把美看成是一个开放性的系统,不仅由多方面的原因与契机所形成,而且在主体与客体交相作用的过程中,处于永恒的变化和创造的过程。美的特点,就是恒新恒异的创造。[2]

按照这种生成论的方法和思路,美的现实性与整体性就得到了真正的体现。在形而上学的思维模式中被割裂了的二元分立的因素在生成论思想中被整合到了一起,成为一个不可分割的整体。"美既有内容,又有形式;既是客观的,又是主观的;既是物质的,

---

〔1〕 蒋孔阳.美学新论.见蒋孔阳全集:第3卷.安徽教育出版社,1999.158.
〔2〕 同[1].147.

又是精神的;既是感性的,又是理性的。它是各种因素多层次多侧面的积累,我们不能把美简单化,也不能固定化。美是一个在不断的创造过程中的复合体。"[1]这是蒋孔阳美学理论中生成论思想的最重要体现。

另外,虽然美处在不断的生成中,但美总是体现为具体的个别事物的美。这就不可避免会产生这样一个问题,即不断生成的美如何呈现为我们当下所感受到的具体的相对静止的美。蒋先生仍然是用美是一种"突创"的理论来解决这个问题的。他说:"美的形成,是多种因素多种层次的相互作用,相互积累;而美的出现,则像母鸡孵小鸡一样,不是一脚一爪地显露出来的,而是一下子突然破壳而出。正因为这样,所以我们说它是一种突然的创造。由于是突然的创造,所以我们感受美的时候,首先带有直觉的突然性。"[2]请注意,他在这里没有孤立地离开主体抽象地谈论美,而仍是在主客体的关系中来把握美的。一方面,作为对象的美处在不断的生成之中;另一方面,就每一个审美主体而言,美这种生成都是当下、具体、个别的,是诸多因素在某一瞬间的多样统一后的绽出。因此,说美是多层积累中的"突创",这一论断实际上就包含着这样一层含义:美是"当下"生成的,是审美主体与审美客体在自身的某种状态下,在某种外在条件下,在审美活动的过程中,在诸多条件汇合在一起的某个"当下"中生成的。蒋先生说:"美的创造过程,就是各种因素,各种细节,各个部分,相互矛盾冲突,相互联系转化,然后由量变到质变,所形成的形象的整体。"[3]这

〔1〕 蒋孔阳.美学新论.见蒋孔阳全集:第3卷.安徽教育出版社,1999.157.
〔2〕 同[1].158.
〔3〕 同[1].159.

是蒋先生从生成论角度来思考求解美的本质问题的另一重要尝试。

上面是笔者对蒋孔阳先生四个关于美的命题，特别是“美在创造中”这一命题所包含的生成论思想的粗浅理解和体会。诚然，蒋先生在此未给“美”下一个囊括中外、涵盖古今的全称判断式定义，但其重要性却远远超过为美作一个结论式界定。因为，这一生成性思路实际上开始超越形而上学的现成性（静止、固定化、一成不变）思维，从非现成性的角度，从发展变化，从“当下”的角度来思考包括美的本质在内的一系列美学的问题。这是蒋孔阳美学思想中最具启发性的思想。

在突破形而上学思维方式的道路上，蒋孔阳先生倡导的生成性思维方式给我们开拓了新的方向，他大声疾呼道：“宇宙在创造中，人生在创造中，美自然也在创造之中。让我们打破关于美的形而上学的观点，从变化和运动当中，从多层次的结构当中，来探讨和研究美吧！”〔1〕

第四节

蒋孔阳的实践美学（三）：人是世界的美

十多年前，笔者曾把蒋孔阳美学思想的哲学基础概括为实践论。现在看来，这一概括虽没有错，但还不够完满、确切，有时容易

〔1〕 蒋孔阳. 美学新论. 见蒋孔阳全集：第3卷. 安徽教育出版社，1999. 159.

产生误解。比如长期以来，哲学、美学界的主流观点仅从认识论角度理解实践论，这就往往忽视了实践论的存在论（通常译作“本体论”）这一更加根本的维度，从而容易遮蔽蒋孔阳美学思想中更深刻的方面；又比如这一概括不易将蒋孔阳美学思想与李泽厚的主体性实践美学（又称“人类学本体论美学”）区分开来，人们常常把蒋孔阳、李泽厚的美学思想一道纳入“实践美学”的大范围之中，笔者自己在很长时间内也是如此，其结果是，对以李泽厚为代表的实践美学无论是批评还是辩护，也都常常连带到蒋先生的美学理论，其实，两者的美学思想还是有着很大区别的，尤其在哲学根基上，李泽厚的实践论尚未跳出认识论的框架，而蒋先生的实践论则已超越认识论向存在论深入，即走向实践论与存在论的结合。

海德格尔在《存在与时间》一书中，通过对存在之意义问题的探讨，对整个西方形而上学特别是近代以笛卡尔为代表的“知识形而上学”传统的根基进行了彻底的检验。什么是存在者的存在？如果存在的意义问题没有被厘清，那么任何存在判断都是没有根基的。这样一来，作为形而上学之基础的主体与客体二元对立的认识论就是值得怀疑的。因为这种认识论把人与世界设定为现成存在的主客体关系，“把这个‘主客体关系’设为前提”，设为某种“不言自明”的东西。然而，海德格尔则认为“它们仍旧是而且恰恰因此是一个不祥的前提”，因为它“把这种关系理解为现成存在”，人（此在）与世界在“实际性”上被分割为“现成存在”的两个“存在者”——主体与客体，两者在分立、对立的“前提”下，“一个‘主体’同一个‘客体’发生关系或者反过来”。在海德格尔看来，这种预设的前提在存在论上是错误的，而且正“由于存在论上不适当的解释，在世（笔者按：即在世界之中存在）却变得晦暗不明了”，造成“人们一任这个前提的存在论必然性尤其是它的存在论意义滞留在晦暗之中”。因此海德格尔说：“笛卡尔发现了‘我思故我在’，就认为已为哲学找到了一个可靠的新基地。但他在这个‘基本的’开端处没有规定清楚的正是这个思执的存在方式，说得更准确一些，就是‘我在’的存在意义。”〔1〕无疑，必须首先厘清存在的意义问题，但应当从何处下手呢？海德格尔认为，存在总是某种存在者的存在，不可怀疑的不是“我思”这个主体，而是作为存在问题之提问者对存在在先的领会，因而这一提问者（人）作为存在者之一具有存在论上的地位，海德格尔称之为此在。他认为“各种科学都是此在的存在方式，在这些存在方式中此在也对那些本身无须乎是此在的存在者有所交涉。此在本质上就包括：在世界之中存在。因而这种属于此在的对存在的领会就同样源始地关涉到对诸如‘世界’这样的东西的领会以及对在世界之内可通达的存在者的存在的领会了”。〔2〕海德格尔认为此在的存在论就是其他一切存在论所源出的基础存在论，而这种基础存在论就在此在的生存论分析之中。在此，海德格尔提出了此在的存在论的基本命题，即此在“在世界之中存在”（“在世”）。他首先强调这一命题与二元论相反，从其“复合名词的造词法就表示它意指着一个统一的现象”，而非主客二分式的；其次，他又指出，此在“在之中”不是人（身体物）在世界“一个现成存在者‘之中’现成存在”，而是“意指此在的一种存在机制，它是一种生存论性质”，是此在“把世界作为如此这般熟悉之所而依寓之，逗留之”，因而

〔1〕 海德格尔．存在与时间．三联书店，1999．28．
〔2〕 同〔1〕．16．

是“融身在世界之中”，所以“此在”与“世界”决非“现成共处”、“比肩并列”的两个“存在者”；再次，他用“此在生存论上的基本机制的亮光朗照”“此在在世”命题，揭示出此在“能够领会到自己在它的‘天命’中，已经同那些在它自己的世界之内同它照面的存在者的存在缚在一起了”，换言之，“这个此在具有在世界之中的本质性机制”。通过这种此在的生存论分析，诸存在者被带上前来，存在者之是什么也被揭示了出来。这是对思维与存在、主体与客体二元对立的一个重大超越。

以此在的生存论取代主体与客体的二元对立，这是一条新的道路，一种新的存在论(Ontology)。对康德来说，哲学的耻辱在于它从来没有成功地证明一个外部世界，而海德格尔认为哲学的真正的耻辱是企求这样一个证明，因为当我们企求这样一个证明的时候，我们已经处在一种对世界的领会之中。此在在世界中，此在生存着，这就意味着不存在孤零零的绝对主体，也不存在与此在决然对立的客体，此在在时间、空间中在世并将诸存在者带上前来，它们相互去蔽而又相互遮蔽，存在主体与客体之间不可跨过的鸿沟被生存、被共同在世消解了。

以此为出发点，让我们再来看一看蒋孔阳美学理论的另一重要命题——“人是世界的美”。

我们能够在无限的世界与人生之中感受到美，体验到美，是因为“人是世界的美”。蒋先生在引用了莎士比亚《哈姆雷特》中的这一句台词后指出，“有了人，世界才有美。世俗的美是人创造的，离开了人，世界再没有美”，因为“美是对人而言的，我们不能离开人来谈美”。[1] 这个浅显朴素的真理虽然曾遭到“自然派”、“客观派”美学家的长久攻击，但它的真理光辉却越来越明亮，越来越多的人接受了这一明白无误的道理：离开人，离开人的具体的审美实践活动，就无所谓美。

需要指出的是，蒋先生的这个命题——“人是世界的美”，并不是强调美的主观性，而是揭示出：美是在人与现实的特定关系中生成和存在的；美的存在，美的意义，美的发生与创造，无不处在人的生存世界之中；只有在这个生存世界中，美之为美才得以绽露、显现出来。这也就是说，我们的“生存世界”的层次结构、各个环节、各个要素，以及它们之间适时的统一与绽出，决定着美的生成。蒋先生指出：“美是人在对现实发生审美关系的过程中诞生的。人是这一审美关系的主体，美就是对人而言的。‘世界的美’，不在于自然，而在于人。美不是自然现象，而是社会现象。”[2]因此，人的生存世界是美的本原。

我们之所以反对形而上学思维方式下审美主体与审美对象的二元对立，是因为世界上根本不存在绝对的无条件的审美主体，也不存在绝对的无条件的审美客体，那被从生成之流中截取下的静止的固定的主客体是没有根基的。我们反对这种人为制造主客二分的做法，就必须为它们寻求和确立根基，这个根基就是人的生存世界。所谓确立根基，就是把审美主客体、审美关系，都置回到人的现实世界中，置回到人们的生存活动即人生实践中，置回到具体的当下的审美活动中，从具体的生存世界的层次、结构、环节、要素

---

〔1〕 蒋孔阳. 美学新论. 见蒋孔阳全集：第 3 卷. 安徽教育出版社，1999. 160－161.

〔2〕 同[1]. 166.

来思考美和美感的生成。把美和美感置回到无限丰富的生活之中，这无疑是为其在存在论上做奠基工作。这项工作刚刚开始，蒋先生为我们指出了道路。这就是“人是世界的美”这一个命题所蕴含的第一层深意。

这个命题的第二层深意是：人是美的中心。美在生成中，但美因何而生？为谁而生？生存世界总是指人的世界，既然美是在人的生存世界中生成的，那么它只能是为人而生，人是美的目的。诚如蒋先生所说：“美的各种因素必须围绕着一个中心转。这个中心是什么呢？这就是人。美离不开人，是人创造了美，是人的本质决定了美的本质。人总是通过自己的实践活动，来把自己的本质力量在客观现实中实现出来，使现实‘成为人自己本质力量的现实，一切对象对他说来成为他自身的对象化’。正是在这个意义上，我们说：美是人的本质力量对象化。”〔1〕

笔者认为，蒋先生在这里强调人是美的中心并不是主张美是主观的，而是认为仅仅说生存世界是美的本原还不足以完全解释美的原因与本质，它仅仅为美学研究确立了一个起点。我们说美处在一个不断生成的过程中，那么这究竟是一个什么样的过程呢？无论是“生成”还是“过程”都不是抽象的，它总是和人的具体的生存实践活动联系在一起的。说美是多种因素多层积累的突创，这种突创实际上是在多种因素和多层积累进入了人的生存实践活动中后才可能产生的，或者说，这些因素和积累只有成为了人生实践活动的一个环节或因素后才有可能发挥自己的作用与影响。人生实践活动无限丰富，美来自其中的人的本质力量的对象化过程中。

---

〔1〕 蒋孔阳. 美学新论. 见蒋孔阳全集：第3卷. 安徽教育出版社，1999. 176.

这就要求我们对人的本质力量，对“对象化”活动的诸多环节，对“对象化”活动中美如何生成等问题进行深入具体的分析与研究。这是实践存在论美学的重要课题。

还需要说明一点，“人是世界的美”强调人是美的中心，并非鼓吹“人类中心主义”。所谓“人类中心主义”，我们认为，主要是指在对待、处理人与自然界的关系时，把自然界纯然当做手段、工具，以及无休止征服和剥夺的对象而仅服务于人的眼前短暂的利益的那种粗暴倾向。而“人是美的中心”与之完全不同，它丝毫不贬低自然，而是在存在论基础上力主超越人与世界（含自然）、主体与客体的二元对立，达成两者的和谐共处。海德格尔的现象学存在论赋予人（此在）以生存论上的优先地位，是因为只有人才能提出存在的意义问题，而不是把此在抬高到所有存在者之上的“最高存在”的位置，所以，与“人类中心主义”不相干。蒋先生的“人是世界的美”虽然不同于海德格尔的存在论，但有相通之处，即他实际上已开始把人的生存实践活动引入到本体论（存在论）的思考视野中，并以此为根基解决美学的基本问题。强调人是美的中心也正是在美的存在仅对人有意义、仅在一定条件下向人显现这一意义上说的。这从另一侧面表明蒋先生实际上是在为实践美学的进一步发展寻求新的存在论根基。

此外，就美学而言，在人生实践中，作为人的对象化活动方式之一的审美活动，其最直接、最重要的成果就是产生了艺术。据此，蒋先生把艺术作为美学研究的主要对象。对此，笔者十分赞同，理由是：我们虽然反对静止地孤立地研究美和审美，也反对把美和美的事物等同起来，但这并不是说对美和审美的反思可以脱离现实世界的具体存在物；一切美都是在当下特定语境中生成的，所以所有的美的事物都是相对的,但美又离不开具体、特定、个别的事物。蒋先生认为应当以美的事物中相对稳定而又最为集中、典型的艺术作为美学研究的主要对象,因为"人类的审美活动及其所面对的审美现象,极其广阔,绝非艺术所能局限。但是,它们却都能通过艺术反映出来。自然的美,社会生活的美,心灵的美,思想感情的美,等等,无不集中地反映到艺术中来。正因为这样,所以以艺术作为美学研究的主要对象,既可以防止美学对象的漫无边际,又可以把人类审美活动和客观存在的种种审美现象,都纳入美学研究的范围"。[1] 这个论点很有说服力。

这样,美学在这里就成为一个以人为中心,以艺术为主要对象,以人生实践为本原,以审美关系为出发点,以创造—生成观为指导思想和基本思路的理论整体。这个理论整体体现出一种突破形而上学思维方式的尝试,也是为美学的一种新的存在论作了奠基。人的生存世界和人生实践活动构成了美学的存在论根基,这一奠基活动把美从彼岸的"本体"世界、从抽象的永恒世界带回到具体的人生实践和无限丰富的审美现象中来,把创造—生成的思路引入美学研究中,从而把美理解为一个过程,这就开启、突破了追寻"美本身"的传统美学之门,也是对西方形而上学体系中的"本体论"的突破——美总处在生成的过程中,没有什么一成不变的永恒的美的本体。

这也是对认识论美学的一种突破。在审美主体与审美客体二元对立的思维方式中,审美主体如何反映和认识审美客体是美学理论追究的主要问题,一旦我们认识到无论审美主体还是审美客

---

〔1〕 蒋孔阳.美学新论.见蒋孔阳全集:第3卷.安徽教育出版社,1999.41.

体都是在人生实践活动中生成的，都是在具体的审美活动中生成的，那么这种对立本身就不是现实存在，就遭到了消解，而在具体审美活动中现实地同时生成的审美主体与审美客体则是相生相融、共存共荣的，它们之间的相互作用反过来又推进了审美活动的现实展开。

在人生实践中存在，在人生实践中相生，通过人生实践活动，人的本质力量对象化活动，人、世界、艺术、美被统一到一个不断生成流变的过程之中。这是蒋孔阳美学思想的精华所在，也是其在新世纪依然具有真正的活力和生命力的原因所在。随着对蒋孔阳美学思想的不断研究和回味，我们发现在蒋先生的美学思想中确确实实体现了一种活泼泼的东西，包含着一种对以形而上学思维方式构建起来的美学的初步突破。尽管这种突破还只是一个起步，对许多问题的论述还没有充分展开，但这无疑是建设新世纪中国美学的一条突破之路。

第五节

蒋孔阳的实践美学（四）：美感论

长期以来，当代中国美学基本上在认识论哲学框架下运行和发展，这恐怕是一个不争的事实。上世纪五六十年代通过美学大讨论形成的四大派，其学术主张虽然各不相同，但基本思路都没有摆脱主客二分的认识论框架。然而，20 世纪 90 年代以后，情况发生了重要变化，一部分美学家开始寻求突破认识论的传统思路，提出了各自的新见解。蒋孔阳先生是其中之一。但是,这种变化只是局部的,并没有引起美学界的广泛注意。至今学界仍然有人笼统地把当代中国各派美学的哲学基础全都归结为认识论或知识论。然而,在探讨美学学科的出发点并为美学定位时,蒋先生已经自觉地把人对现实的审美关系与认识关系严格区分开来了,实际上已在一定程度上突破和超越了知识论的哲学框架。这种突破也体现在他的美感论中。

蒋先生把审美关系作为其美学理论的出发点,把美和美感作为构成审美关系的相反相成的主客体双方来把握。如同把作为审美对象的美放在主客体关系中加以审视一样,他也把美感放在主客体关系中加以考察。他在"美感论"一开始就对美感作了如下的总体性概述:

> 如果说,美是人的本质力量的对象化,是人的本质力量在客观对象上的自由显现,那么,美感则是这一本质力量得到对象化或者自由显现之后,我们对它的感受、体验、观照、欣赏和评价,以及由此而在内心生活中所引起的满足感、愉快感和幸福感,外物的形式符合了内心的结构之后所产生的和谐感,暂时摆脱了物质的束缚后精神上所得到的自由感。[1]

在此,美感是与美相比照而存在的,与美构成相辅相成的关系。"一方面,它随物婉转,随物滋生和消灭,是客观的美的反映",这是说美感离不开它所感受的审美对象。需要指出的是,这里的"反映"并非认识论(反映论)上的理性把握与认识,而是对作为对象的美的感性的"感受、体验、观照、欣赏和评价",其中的"体

---

〔1〕 蒋孔阳.美学新论.见蒋孔阳全集:第3卷.安徽教育出版社,1999.269.

验”最集中体现了美感的本质。而“另一方面,它又受到心理结构和心理因素的影响,是一种内心的活动和精神上的一种状态”。[1]这是讲的主体在“审美”时的心理精神层面的活动与状态。在蒋孔阳看来,美与美感在这两个层面上都互相依存,缺一不可,美感“离不开美,但范围要比美更为广阔、丰富和复杂。这就好像光,虽然来源于火,但却不等于火,而且要比火更为丰富和广阔一样”。[2]这个火与光之喻把美与美感的相互依存但美感比美更丰富、复杂、多样、变化的关系揭示得非常贴切、准确。

需要强调的是,上述比喻已经明显地将美感与美的关系从认识论的思路中超拔了出来:美感已不再是对美的客观认识和“反映”,而是对美的心理层面的感受和体验;在认识论视野下的美感只能对纯粹客观的“美”加以认识和反映,在范围上不可能超过作为对象的美,而只能“小于”美,而在蒋先生审美关系说中的美感,则比美更丰富、广阔,换言之,“大于”美。

更重要的是,蒋先生将其美学理论中关于“美在创造中”的思想也贯彻到美感研究中来了:一是他所说的“创造”中包含着“生成”的意义,也就是说,美是在无比丰富的、处在不断流变之中的主体、客体以及两者的关系中生成的,而且美永远处在这一生成过程中;二是他谈论美始终围绕着主客体之间的关系,围绕着审美主体与审美客体的关系,而不是孤立地探讨美的创造,换句话说,他是在美与美感的相互关系中研究美的。具体说来,他论述美的创造,不仅从审美客体方面的“自然物质层”和“社会历史层”入手,

[1] 蒋孔阳.美学新论.见蒋孔阳全集:第3卷.安徽教育出版社,1999.269.
[2] 同[1].269.

而且突出了审美主体方面的“知觉表象层”和“心理意识层”的作用，实际上，他把美和美感看成是同时、同步创造出来的，既不能分割，又不分先后。

据此，蒋先生提出了美与美感相互创造、互为因果的“循环”说。他说，“美本身在不断地创造中，它既有客观的原因，也有主观的原因，美感就是创造美的主观原因。这样，美感又成了创造美的原因之一。它们二者相互循环，我们很难说，有了美就产生美感”，[1]也可以说有了美感才产生了美。不要小看了这个“循环”说，它正是冲破认识论哲学框架的一个“突破点”，且看：

> 从哲学的认识论和思维的逻辑顺序来说，是先有存在后有思维，先有物质后有意识，先有美后有美感；但从生活和历史的实践来说，我们却很难确定先有那么一个形而上学的、与人的主体无关的美的存在，然后再由人去感受和欣赏它，再由美产生出美感来。我们只能说：美和美感都是人类社会实践的产物。在实践的过程中，它们像火与光一样，同时诞生，同时存在。[2]

显然，蒋先生放弃了哲学认识论的思维逻辑，而尊重“生活和历史的实践”，认为美和美感是在人类实践过程中同时诞生与存在的。换言之，两者只存在于人与现实的审美关系中，只在审美关系形成中同时现实地生成。这样，美感就超越了传统美学中被看做对客体美的符合、反映的认识论意义，而获得了与“美”在关系中共存共进的定位。

---

[1] 蒋孔阳. 美学新论. 见蒋孔阳全集：第3卷. 安徽教育出版社，1999. 270.

[2] 同[1]. 270.

蒋先生把美感置于主客关系之中加以探讨的另一个表现,便是从理论上阐明美感与美在实践中如何同时生成、同步发展。他在从发生学角度讨论人类美感诞生的根本原因时,依据马克思的观点,认为美感最初形成于人类制造、使用工具的物质生产实践,即形成于人的本质力量的对象化或客观地展开的劳动活动,形成于使“自然界人化”的实践活动。马克思说:“只是由于人的本质客观地展开的丰富性,主体的、人的感性的丰富性,如有音乐感的耳朵、能感受形式美的眼睛,总之,那些能成为人的享受的感觉,即确证自己是人的本质力量的感觉,才一部分发展起来,一部分产生出来。……人的感觉,感觉的人性,都是由于它的对象的存在,由于人化的自然界,才产生出来的。”〔1〕因此,包括美感在内的人的“五官感觉的形成是迄今为止全部世界历史的产物”。〔2〕遵循马克思这一“实践唯物主义”思想,蒋先生对人类美感的历史生成,从物质劳动实践入手,围绕着人的本质力量的对象化和包括主体自然在内的整个“自然的人化”的双向互动关系,进行了比较详细的论述,指出:

> 人通过制造和使用工具的劳动实践,把主体的意识如目的、愿望、聪明、才智等,灌注到客体的对象中去,从而使对象成为主体意识的自我实现,或者对象化。就在这对象化的同时,人观照和欣赏到自我的创造,感到了自我不同于动物并超越动物的本质力量。这时,他所得到的,不仅是物质实用上的

〔1〕 马克思. 1844 年经济学哲学手稿. 见马克思恩格斯全集:第 3 卷,人民出版社,2002. 305.

〔2〕 同[1].

满足,同时也是心理上和精神上的满足。于是,美感就诞生了。[1]

而随着人的物质劳动实践的不断发展,美感也不断向更高阶段发展。他说:

只有当人类制造的工具进一步发展,提高了征服自然的能力,从自然的必然中解放出来,超越了自我的限制和自然的限制,这时,他方才能够把生命的创造力量和本质力量,自由地在客观对象中展现出来,既感到了自我与外界的和谐,又感到了自我的解放和自由。只有这时,他们的美感才不仅是满足感、愉快感和幸福感,而且同时还是和谐感和自由感。这是美感发展的最高阶段。只有充分发展了的人,也就是真正自由了的人,才有这样的美感。[2]

蒋先生的上述两段话告诉我们:第一,美感的最终根源在人类的物质生产实践,在自然的人化或者人的本质力量的对象化活动。美感在人类实践中产生,也随实践的发展而发展。第二,美感的生成是与作为其对象的美不可分割的,两者是同时诞生的。因为人的美感诞生于对其自身本质力量对象化或自我创造的对象的心理上、精神上的满足,这个主体自由地创造的“对象”就是美,所以,可以说美感诞生时它的对象就成为美的;反过来也可以说当美作为人的本质力量对象化诞生时,美感作为将自身对象化了的主体的心理感受和体验也才真正生成。换言之,美感与美必定是也只能是同时生成的。第三,美感与美一样,也处在永恒的创造和变

〔1〕 蒋孔阳. 美学新论. 见蒋孔阳全集:第3卷. 安徽教育出版社,1999. 273.

〔2〕 同〔1〕. 277.

动中，永远不会结束，蒋先生下的结论是："美感的诞生，可能有一个起点，但从历史发展的观点来看，它却没有终点。它像长河一样，永远向前流去。"[1]蒋孔阳这一美感与美共同在实践中生成、又在实践中发展的观点，既是其审美关系说的具体应用，清晰地表现出他通过审美关系而非认识关系把握美感的基本思路，也是其生成论而非现成论思想在美感论中的鲜明体现。

也许有人会说，直接从创造、使用工具的物质劳动实践出发论证美感的诞生，似乎不合美感的个体性、丰富性、相对性等特征，失之于笼统。其实，要真正揭示美感形成的多样、具体、复杂的原因，还需要对一系列中介环节加以论述，对此，蒋先生说得很明白，"从美到美感，这当中有许多中介环节，离开了这些中介环节，有了美并不一定能够产生美感"。[2] 不过，人类美感形成的最终、最原初、最根本的原因，只能是制造和使用工具的物质劳动实践，因为这实际上也是人脱离动物界，最终由猿变成人的根本原因。

蒋先生的"美感论"超越认识论的另一重要表现在于：基本上不谈论美感与美（审美对象）的反映、符合等认识性关系；也很少孤立地谈论美感所包含、揭示对象的规律、真理的理性认识内容。这是与传统美学理论的重要区别。

蒋先生的"美感论"，主要从美感的生理基础与心理功能两方面展开论述，尤其把重点放在心理学研究上。即使在谈及与认识论密切相关的知觉、表象、思维（理解）等要素时，也力图将认识性因素转换为主客体之间的"心物感应"或体验上，而非反映和认

[1] 蒋孔阳．美学新论．见蒋孔阳全集：第3卷．安徽教育出版社，1999．282．
[2] 同[1]．270．

识。比如，“美感论”虽承认知觉“把感性形象提升到一定的理性认识上来认识”，“是感性与理性的统一”，但同时又指出，美感经验中，当感性形象通过感知变为内心“表象”，进而当知觉和表象从客观转向主观、转向人的感性的心灵世界时，“我们的美感活动转过来把人的主观感情赋予客观世界，使客观世界从沉睡中惊醒起来，充满了生命，变成了人化的世界。就在这个人化的世界中，知觉和表象像魔术师的魔杖，处处点石成金，把本来生野的对人的感情没有反应的自然，变成充满了人情味的、与人的感情相呼应的自然”。这种“心物感应”，“主要是通过知觉和表象对于客观世界的‘感应’，来达到心物之间的交流”。[1] 这样，知觉与表象就从认识论的冰冷框架中解脱出来，成为“从现实生活通向美感世界的桥梁”。

再如，“美感论”论及思维与理解因素时，也不强调思维的认识功能，而是强调思维与理解参与、帮助美感形成的作用。蒋孔阳指出，思维在美感中有三个助力作用，即了解、熟悉、感受外界的符号和信息，有美的专业知识的辅助，对美感的开掘、研究和深化；又分析了美感思维不同于抽象逻辑思维的特点，揭示了它的直觉性、联想性和想象性、偶然性和突然性以及神秘性等一系列非理性、非逻辑特征。对这些特征的论述，蒋先生基本上不是在认识论层面，而是在感受、体验层面展开的。这一点与传统美学的认识论思路也是大不相同的。众所周知，从鲍姆加登创立“美学”、把美定位于“感性认识的完善”始，一直到黑格尔“美是理念的感性显现”说

---

〔1〕 蒋孔阳. 美学新论. 见蒋孔阳全集：第 3 卷. 安徽教育出版社，1999. 303－304.

止，都未跳出认识论思路，且都把美感置于理性认识的控制之下。从叔本华、尼采到克罗齐、柏格森、弗洛伊德、狄尔泰等，则打破了理性主义认识论框架，把直觉、直观、无意识、生命体验等非理性心理因素引入美学，开始打破认识论美学一统天下的局面。比如，狄尔泰就把“体验”看成“事实上可以包含比任何反省所能显示的更多的心理关联，它将生命从未被意识照亮的深渊中提升出来”，〔1〕他甚至认为“体验”不仅是一种非理性的认识，而且“宗教思想家、艺术家和哲学家都是在体验的基础上进行创作的”，因而，“体验为宗教、艺术、人类学和形而上学提供了基础”，〔2〕这就在某种程度上把“体验”提升到本体论高度了。而蒋先生论美感时，一是强调其“感受性”与情感性，是“感觉器官对于美感的感受和欣赏”，是感性的，而非理性的；二是强调其体验性，且看他对美感由多种心理要素综合作用的心理过程的精彩描述：

探讨美感的心理功能，主要就是探讨感情在“心物感应”的过程中，不同的层次和不同的表现。感情的最初层次，是心接于物，这是感受与直觉；对外物的初步概括和在内心的初步抽象，这是知觉与表象；然后转化为信息，触类旁通，于是有了记忆和联想；然后，感情愈来愈深入，随物婉转，浮想联翩，于是又有了想象和幻想；在感情奔放之时，不仅情浪滚滚，而且有沉思，有观照，有理解，有思想的闪光和飞跃，这时便出现了思维和灵感；最后，人的生命作为一个整体，他的全身心的感

---

〔1〕 狄尔泰．对他人及其生命表现的理解．见李超杰．理解生命——狄尔泰生命哲学引论．中央编译出版社，1994．95．

〔2〕 同〔1〕．113．

觉都融入到审美欣赏的美感活动中，形成了通感。[1]

这个过程，基本把认识功能排除在外，实质上就是一种审美体验的复杂心理过程，是“美感体验”论的具体展开和深化。

从蒋孔阳的“美感论”来看，无论在逻辑结构上，还是在论述美感欣赏活动的心理功能和心理特征上，都已突破了认识论的框架。

首先，从其“美感论”的逻辑结构看，就已经超越了认识论。第一章论美感的诞生；第二章谈美感的生理基础；第三章起几乎全部探讨美感的心理方面的问题，第三章总论美感的心理功能；第四、第五章分别论述美感的表层和深层特征；第六章则落实到美感教育对人的心理气质和精神面貌的影响。其中当然不可能不涉及美感与认识的关系，但毫无疑问主要是研究美感的心理功能和机制。这样一个研究内容和重点的转移，实际上是把美感研究的重点从认识论角度转移到心理学角度上了。

其次，蒋先生在研究美感的心理功能时，强调了感情这个非认识性的感性因素，而把其中的有关认识方面的问题放到了次要地位上。他说，“美感虽然是人的各种心理功能的综合表现，它应离不开理智和意志，但无疑的，感情占据着主要的地位，发挥着主要的作用”，这就把感情看成美感的核心功能了；而纯粹的理智和意志，在他看来，如果不和感情发生关系，就进入不了美感，或者说与美感绝缘，只有借助感情，理智与意志才有可能进入美感，所以他说“理智和意志，到了美感中，都化作了感情”。因此，他把感情作

---

〔1〕 蒋孔阳.美学新论.见蒋孔阳全集：第3卷.安徽教育出版社，1999.298－299.

为美感论研究的中心课题，指出“探讨美感的心理功能，主要就是探讨感情在‘心物感应’的过程中，不同的层次和不同的表现”。[1] 这样，他就把美感心理功能中的认识因素（理智）降低到非常次要的地位，而突出了感情这个非认识因素。

再次，蒋先生在对美感的诸主要心理要素和功能，即感受与直觉、知觉与表象、记忆与联想、想象、思维与灵感、通感逐个展开论述时，也很少涉及认识论问题。正因为蒋先生突出了感情在美感中的中心地位，所以他重点论述了与感情而不是与认识密切相关的若干心理功能，主要是：（1）感受与直觉。他认为，感受是“美感的起点”，“有感受，就有感情”，感受是心物感应的过程，“心应于物，情随之生”；[2]而“在对美的感受中，我们的心理功能最初表现为直觉”，直觉“不涉及事物间的关系、概念，而只专注在事物本身的形象上”，[3]即不涉及认识。（2）知觉与表象。他认为知觉是直觉的发展，但已不同于直觉，开始有了概念活动，承认它与认识有关系，但同时指出它“始终离不开感性形象，所以它又不是清晰的概念的认识”，这是它能够转化为美感的关键；而当外在感性形象转化为内心形象时，便出现了表象。表象虽然也与认识相关，但它与感性形象联系更加密切。在美感活动中，主体“主要是通过知觉和表象对于客观世界的‘感应’，来达到心物之间的交流”。请注意：这里，蒋孔阳讲的是主客体之间的“感应”关系，而不是“认识”关系，可见他是有意淡化了知觉和表象的认识功能，而强化了它同感情、形象的联系。（3）记忆与联想。蒋孔阳认为

[1] 蒋孔阳. 美学新论. 见蒋孔阳全集：第3卷. 安徽教育出版社，1999. 298.
[2] 同[1]. 299.
[3] 同[1]. 301.

这两者“进一步开拓了美感的时间和空间”。记忆与感情密切相关,“能把过去的经验复活过来”;而联想则“把相关的经验联系起来”。[1] 蒋孔阳在论述联想主要通过与感性形象和感情的关系在美感生成中发生作用的同时,也注意到“联想涉及概念”,[2]但他借助对近似、相似、对比等联想的具体分析肯定了联想主要还是依靠把各种感性形象联系在一起而促进美感形成的。(4) 想象。想象当然不是理智,不是认识。与众不同之处在于蒋先生把想象界定为“感情的逻辑”,由于“美感的活动,就是一种感情的活动”,[3]所以,想象在美感中的作用自然是至关重要的。(5) 思维与灵感。蒋孔阳承认美感中有思维和理解,与认识相关。他说,“美感是感觉和感情,而不是思维和理解。但思维和理解,却有助于感觉和感情”,[4]因此也有助于形成美感。不过,他在分析了思维在美感中的三个作用后,突出强调了美感中思维的特殊性:“美感的思维,不是抽象的逻辑思维,而是与具体的形象相结合,并渗透了感情的形象思维。”[5]更有意思的是,蒋先生把灵感与思维放在一起讨论。如果说思维同理智、认识有较多联系,那么灵感则与直觉、想象联系更多,并且有很大的偶然性和突然性。但是往深里想,灵感应该是与形象思维有着密切的关系。可见,蒋先生的着眼点还是感情和形象,而不是理性、思维和认识。(6) 通感。通感显然主要是一种感性活动,这里不再论述。由上面六点可见,蒋先生

〔1〕 蒋孔阳. 美学新论. 见蒋孔阳全集:第3卷. 安徽教育出版社,1999. 309.
〔2〕 同[1]. 310.
〔3〕 同[1]. 311.
〔4〕 同[1]. 314.
〔5〕 同[1]. 316.

的“美感论”分析美感的心理功能时主要突出其感情、感觉、想象、形象等非逻辑、非认识性的感性因素，而淡化了其理智、思维等认识性因素。

至于蒋先生对于美感的四个表层心理特性（形象的直觉性、注意的集中性、感觉的完整性、想象的生动性）与五大深层心理特征（生理与心理、个性与社会性、具象性与抽象性、自觉性与非自觉性、功利性与非功利性这五对矛盾的统一）的具体分析，限于篇幅，这里就不再一一介绍了。

总的看来，蒋孔阳先生通过对美感或欣赏心理结构的深入探讨，“一方面，说明了美感的多样性、丰富性和复杂性；另一方面，则说明了美感的心理活动，充满了矛盾，它是一种多元矛盾的二重奏”。[1] 由此可见，蒋孔阳正是按照心理学的而非认识论的思路，以辩证思维的方法，“把矛盾的对立面统一起来”研究美感，从而把我国当代美学的美感研究向前推进了一步。笔者认为，这是对单纯认识论美学理论的初步却成功的突破，其意义不应低估。

第六节

对蒋孔阳实践美学的评价

从上面的分析可以看出，蒋孔阳先生的美学思想在超越主客二分思维方式、突破认识论美学的理论框架和摆脱本质主义研究

〔1〕 蒋孔阳. 美学新论. 见蒋孔阳全集：第3卷. 安徽教育出版社，1999. 359.

思路等方面已经开始迈出重要的步子，于今日美学发展提供了可贵启示，是一种通向未来的美学。

遗憾的是，某些学者至今仍较为随意甚至武断地回避这一点。比如章辉博士。近几年来，章辉博士一直在从事批判“实践美学”的工作。总体而言，章辉博士对实践美学持全盘否弃的态度，并一再强调实践美学在新时代已不合时宜。不过，笔者认为章辉博士对实践美学、包括对实践美学的几位代表人物有太多根深蒂固的误读，这都使得他对实践美学的许多批评过于随意，很难令人信服。其发表于《江汉论坛》(2006 年第 6 期)的《蒋孔阳:实践美学的总结者与终结者》一文(以下引文凡出自此文的，不再注明)就集中体现了这种随意和误读。章文对蒋孔阳实践美学“终结者”的宣判和诘难，就基本是建立在对蒋孔阳美学思想的曲解与偏见之上的。

章文的第一个误读是，未看到蒋孔阳的“审美关系”说对主客二分论的初步超越。

章文对蒋孔阳美学思想的第一个批评是针对其“审美关系”说，理由是，蒋先生把审美关系作为美学研究的出发点，但“在审美关系中主客体是对立的。但主客对立的审美关系如何能产生主客统一的审美活动?”在章文中，我们还可以发现多处这样的指责，如“蒋孔阳美学思想理论的推演从主体和对象的两分开始”，“审美关系以主体和客体的对立为前提”，“美感产生于主客体的对立”等等，这就把主客二分的帽子硬套在蒋先生头上了。这是明显的曲解。

首先，如前所述，蒋先生把人与现实的“审美关系”看做美学研究的起始点本身，实际上已经隐含着超越主客二分的意图和努力。他没有像许多人那样先在地设定固定不变的审美客体和审美主体的存在,然后在此基础上寻求在主客体之间建立起审美关系;而是在审美关系中考察审美主、客体,事实上肯定了"审美关系"逻辑在先的原则。

蒋先生认为,人对现实的关系可以有许许多多种,审美关系只是其中一种特殊的、在特定条件下形成的。按照这一思路,人与对象在所处的不同关系中,具有完全不同的身份,成为完全不同性质的主、客体,只有在审美关系中,人与对象才现实地生成为审美主、客体。这就是说,从逻辑上看,只有在种种关系中先确定了审美这种特定关系,才有处于这种关系中的每一方(审美主、客体)的现实生成和存在。蒋先生把审美关系作为美学研究的起点,实际上为审美主、客体双方的生成和存在确立了规约性前提:我们必须也只能在"审美关系"中展开言说,谈论美、美感及审美主、客体等美学基本问题。一个人只有当他以审美态度凝神观赏一个对象时,他才作为审美主体而存在。所以,任何先在的、固定不变的审美主体都是不存在的;同样,任何客体,如果没有被人作为美、作为审美对象而观赏,那么它充其量只能作为一个物、一个客观实在(体)而存在,却并不能作为审美客体而存在。换言之,只有当客体和主体进入特定的审美关系时,它们才成为现实的审美客体和审美主体。这实际上已肯定了在因果逻辑上审美关系对美和美感的在先地位,即肯定了生成论的"关系在先"的逻辑原则。这就是蒋先生初步突破形而上学主客二分思维方式的立足点,同时向我们洞开了一种新的生成论的美学思维方式。由此可见,章文对蒋孔阳美学思想中"审美关系以主体和客体的对立为前提"的指责是对蒋先生观点的曲解,是想当然的,毫无根据的。

由此可见，与当代大部分美学学派、包括大部分持实践美学观点的学者不同，蒋先生既不是把美（美的本质），也不是把美感（审美经验）作为美学研究的出发点和主要对象，而是把人对现实的审美关系列为美学研究的出发点。表面上，这似乎只是具体研究对象的不同，但实际上这种研究起点和对象的改变涉及思维方式和哲学根据的巨大差别，恰恰表现出蒋先生开始了对主客二分思维方式的某种超越。

其次，如前所述，蒋先生在论述人与现实的审美关系是美学研究的出发点时，还突出地强调这种关系的变动性与复杂性。他说："无论作为关系主体的人，或是作为关系客体的现实，以及它们所构成的关系，都既不是简单的，也不是固定不变的。它们都各自具有多层次的结构，多方面的变化。"[1]而且，正因为整个人与现实的关系是处在永恒的变动中，"因而人对现实的审美关系的特点也不是固定的、形而上学的。随着人对现实的审美关系不断地变化和发展，[2]大千世界的美的东西也不断地变化和发展"，人的美感同样也不断地变化和发展。这就明确无误地揭示了变动性和生成性乃是审美关系以及在这种关系中生成的审美主客体双方所具有的一个根本特性。它显然包含和孕育着一种突破主客二分的形而上学思维抽象的思想。这也证明了用主客二分来归纳、批评蒋先生的审美关系理论，是违背实际、断章取义的。

章文的第二个误读是，未看到蒋孔阳美学思想突破认识论美学框架的尝试。

---

〔1〕 蒋孔阳. 美学新论. 见蒋孔阳全集：第3卷. 安徽教育出版社，1999，5.

〔2〕 同[1]. 16.

章文对蒋先生“创造美学”思想的另一点重要批评是指责他“把审美活动与认知活动等同”了,其理由：一是“因为认识了现实对实践的肯定,认识了人的本质力量的优越性而感到美,因此,创造美学在一定程度上是把审美活动与认知活动等同了”;二是蒋先生把认识论的自由与审美的自由等同了,说“创造美学认为,实践对现实的认识和改造实现了自由,审美自由也由此产生,这种自由观与李泽厚、刘纲纪等人一致,但这种自由只具有现实的有限性,它根本不同于审美活动的超越性和无限性”。我们认为,这种论断完全歪曲了蒋先生的原意,是把这种经章博士歪曲了的观点强加到蒋先生头上,然后加以随心所欲的批评。下面对这两点指责分别作出澄清:

首先,蒋先生在提出审美关系的发生时就明确区分了审美活动与认知活动。他认为,人与客观现实之间,可以因为人的不同态度而形成并具有多种多样的不同关系,其中比较主要关系的有三种:“实用的态度是一种实用的关系,科学的态度是一种认识的关系,而美感的态度则是一种审美的关系。”这已经明确地把认识关系与审美关系区别开来了;他还说明,“所谓审美的关系,就是作为主体的人,通过欣赏或创作活动,在客体的对象中,去发现、感知和鉴赏它的美以及它的其他的美学特征”,[1]显然,人和对象正是在现实的审美活动(“欣赏或创作活动”)而不是认知活动中同时生成为审美主、客体,对象成为美,主体则去“发现、感知和鉴赏”而不是认识这个美。这里,审美活动与认知活动被区分得一清二楚,只要不是抱有偏见的人,都不会、也不应当指责蒋先生“把审

〔1〕 蒋孔阳.美学新论.见蒋孔阳全集:第3卷.安徽教育出版社,1999.8.

美活动与认知活动等同”起来。

固然，蒋先生谈到人类最早的审美意识产生于与认知有关系的劳动实践，更谈到人的劳动的目的性（意图、意志），指出人“要在劳动中实现自己的目的。他按照一定的目的来改造世界，使之更符合自己的心意。当客观世界符合了主观的心意，于是就产生出一种满足感和愉快感。这种满足感和愉快感，就是人类最早的审美意识”。这种最早的审美意识的产生当然与人的整个实践活动也包括认识活动密不可分，但这并不是混淆审美活动与认知活动，而是在揭示人的审美意识如何在实践活动中，在与现实的各种实用关系中逐步发生、逐步独立出来的历史过程，这种审美的意识和感情“虽然从实用当中产生，但它在实用的性质之外，另外具有审美的性质。原始人爱美的本质和天性，就是这样产生出来的”。[1] 这实际上是从人类学角度揭示出人如何通过劳动实践，从实用的人历史地生成为审美的人（主体）的。这样一种对审美关系发生学的历史唯物主义的描述，与“混淆审美活动与认知活动”有一丁点儿关系吗？我们还要顺便指出，章文作为批评蒋先生混淆审美活动与认知活动的根据的对“认识”的理解——“因为认识了现实对实践的肯定，认识了人的本质力量的优越性而感到美”——也十分可疑，这里所谓的“认识”跟哲学认识论的认识含义大不相同，其实就是上文所引蒋先生说的实践结果符合人的心意而产生的“满足感和愉快感”，这基本上是一种感觉，而不是认识。以此理由指责蒋先生，不但张冠李戴，而且表明作者连对认识、认知的基本含义都没有搞清楚，也表明其对批评对象缺乏认

---

[1] 蒋孔阳. 美学新论. 见蒋孔阳全集：第 3 卷. 安徽教育出版社，1999. 11.

真、严肃的研究，往往先将自己对对象的曲解强加给对象，然后横加挞伐。这种态度是极不可取的。

此外，蒋先生对审美关系特点的概括同样表明他对审美活动与认知活动的严格区分。例如，他说“审美关系是人作为一个整体来和现实发生关系，人的本质力量能够得到全面的展开。人的本质力量是多方面的，包括马克思所说的‘视觉、听觉、嗅觉、味觉、触觉、思维、直观、感觉、活动、爱’等等在内”，这里多种多样“人的本质力量”当然包括认知，但远比认知广泛得多，也主要不是认知，而且，它们只有在全面展开、作为一个整体来和现实发生关系时，才形成审美关系；再如，他还认为人“是通过感觉器官来对现实进行审美活动的”，“其所发生的关系，主要的就不可能是理智上的认识、意志上的行为”，而只能主要“是人对现实的一种感情关系”，在审美中，人的理智、认知和意志等因素都转化为情感与现实发生关系并具体展开。[1] 以上两点，同样把审美关系与认知关系清楚地区分开来了。

其次，蒋先生并没有混淆认识论的自由与审美的自由。他虽然认同审美自由来自实践，跟认识论的自由即对客观规律和必然性的认识、掌握和实践中的运用有密切联系，但他对并没有将两者混为一谈。他肯定审美自由要以认识论的“外在的自由”为基础，“但仅仅有外在的自由还不够”，“还得有内心和人格上的自由”，“如果一个人内心不自由，不能自觉地实现自己的自由意志，他就不可能成为真正意义上的审美主体。他也不可能真正进入审美的

---

〔1〕 蒋孔阳. 美学新论. 见蒋孔阳全集：第3卷. 安徽教育出版社，1999. 14－15.

心态”。[1] 这里,审美的自由更多来自“内心的自由”和“自由意志”,而不是对客观规律的认识。对审美这种发自内心的“更深一层的自由的含义”,蒋先生又从内容和形式两方面展开具体的阐述:一方面,“从内容上看,我们欣赏美的对象,不是要满足物质的需要,而是要自由地展示人的本质,取得精神上的自由和满足”,通过美的对象“反映我们心灵的愿望”,以表现出“我们的心灵是自由的”;另一方面,“从形式上看,美的形式要受对象的物质属性的限制”,但是,“美的形式并不在于物质形式本身,而在于通过某种物质形式自由地表现出或者制造出心灵的形式”。十分清楚,蒋先生的这两方面说明,证明他心目中的审美自由不但不同于认识论的自由,而且恰恰是对认识论自由的内心超越和精神升华,是超越现实利害、趋向无限的自由。这一点在蒋先生对美感内涵的论述中也表现得很明显,他说美的形象“除了能够给我们带来愉快感、满足感、幸福感和和谐感之外,还应当能够给我们带来自由感。比较起来,自由感是审美的最高境界。”[2]

由此可见,章文把“审美自由与实践自由是同一的”观点强加在蒋先生身上是毫无道理的。恰恰相反,我们认为,蒋先生的审美自由观已经开始突破和超越了认识论的自由(章文关于“实践自由”的提法不准确)观。

蒋先生不仅没有将审美活动与认识活动相等同,而且在一些重大问题上开始了对认识论美学的突破。如前所述,蒋先生使“美感”超越了传统美学中被看做对客体美的符合、反映的认识论

---

〔1〕 蒋孔阳.美学新论.见蒋孔阳全集:第3卷.安徽教育出版社,1999.205.
〔2〕 同[1].211.

意义，获得了与“美”在关系中共存共进的新定位。

章文的第三个误读是，未看到蒋先生的美论已开始摆脱本质主义思路。

章文还就蒋先生的美论提出以下诘难：“蒋孔阳提出了‘美是人的本质力量对象化’，‘人是世界的美’，‘美在创造中’等几个命题，这与哲学美学的逻辑要求不符。哲学命题应该达到思维的最抽象层次，几个命题并列，表明其美学理论并没有达到对美的本质的最高规定。”显然，章博士并未真正理解蒋先生美论的深意：如前所述，蒋先生已经开始怀疑究竟能不能仅仅用一个抽象命题给出美的本质的最高规定这样一种本质主义的研究思路。他从不同角度、用几个命题并列来讨论美的多方面、多层次的特质，表明他关注的重心已不是寻求“美的本质的最高规定”，为美下一个放之四海而皆准的、永恒不变的定义。恰恰相反，在此，蒋先生借助这多种命题并置的方式实际上正是尝试突破本质主义的思路。

蒋先生指出，“从古到今的美学著作，都在研究美。但是，什么是美呢？这个问题，初看起来，十分简单”，但事实上，“几千年来的美学思想史，可以说都是对于美这样一个极其普通的问题，进行追问的结果”。[1] 但是，这些追问几乎都是在本质主义思路中展开言说的，因此，它们也都是对“美是什么”这一本质主义问题的回答。这些答案无非是或倾向于给“美”作一个完整的界定或全称判断式的定义，即章文所谓的“美的普遍规律和本质”。

我们注意到蒋先生的提问方式却是“什么是美”，而非传统的“美是什么”的思维套路。从“美是什么”转换为“什么是美”，表

〔1〕 蒋孔阳. 美学新论. 蒋孔阳全集：第3卷，安徽教育出版社，1999.56－57.

面看起来似乎只是提问方式的改变，其实，这种变化意味着思维方法的重大变革，那就是显示出一种突破“一得”现成论、趋向生成论的多元倾向。

如前所述，在“美论”的前十一章中，蒋先生把西方美学史上从不同角度、“关系”入手界定美的本质的观点逐一加以辨析、评述，具体来说，就是把美置入与美的东西、形式、愉快、完满等一系列的关系之中来考察。这事实上就是将这些命题从“美是什么”的本质主义思路中解放出来，放置于“什么是美”中进行“还原”。这样的分析论述，一方面证明所有这些美学都只是对美的某一方面、某一层次、某一环节的说明，而不能包括美的全部本质，从而否定了单一、不变的美的本质说；另一方面则对这些论证的局部合理性给予了肯定，认为它们都是美在不同条件下的不同显现方式。

显然，蒋先生在此实际上是在思考美的生成条件，思考在审美关系中产生出美所需要的可能的条件。因此，问题在此转换成为了“美是如何生成的”这样一个事实上关乎“美的存在”的问题。蒋先生因此也就放弃了给美下一个完整、全面地概括“美的本质的最高规定”的定义这样一种本质主义的追究方式，而努力从生成论角度思考美。他说：“我们探讨美的本质的时候，首先应当看到美的多样性和复杂性，从多种层次多种侧面来探讨美的形成和创造。”[1]可见，章文所指责和要求蒋先生的，恰恰是蒋先生自觉放弃的。

在《美学新论》中，蒋先生用了整整四章的篇幅，以及“美在创造中”、“人是世界的美”、“美是人的本质力量的对象化”、“美是

[1] 蒋孔阳. 美学新论. 蒋孔阳全集：第3卷，安徽教育出版社，1999. 150－151

自由的形象”这四个命题正面展开对美的本质的论述。后面两个命题的提法,表面看起来依然是传统的定义式,但在“什么是美”成为生成论前提的规约下,这些命题本身显然已经不可能归结为“美是什么”的本质主义提问方式所概括出的定义。此外,四个命题同时并举这种做法本身,就已经突破了本质主义命题统一性、单一化的诉求,体现出多元化、多样化的趋势。而且,在蒋先生的论述中这四个命题是不分主次、相提并论的,命题之间的深层内涵也是相互贯通、彼此依存的,这就扬弃了传统定义的排他性。这种多种命题并置的做法,充分显现了蒋先生美论的多层次性、多向度性和开放生成性。

在这四个命题中,“美在创造中”集中、明确地说明“美”的这一生成特性:美在“创造”,美在创造“中”,这种表达都鲜明而形象地说明美本身是一个过程,而不是一个静止的对象。“美”因此始终也只能处在不断的变化之中,并由各种因素积累生成。

也就是说,在蒋先生看来,“美”是复杂多变的、生成性的,我们这些研究、思考的“美”的研究者也应相应地改变研究思路,放弃那种将美视为“某种固定不变的实体”的实体化思维方式,放弃把美看做“由某种单纯的因素所构成的某种单一的现象”、作单一化研究的路数,因为这种思维方式和研究思路正是长期以来钳制着我们思想的主客二分的思维方式和现成论的研究思路。蒋先生在此所倡导的恰恰是其思想中已经清晰可见的开放式、多角度的生成论思路。

综上所述,章文对蒋孔阳美学思想所有主要批评都是站不住脚的。在我们看来,在超越主客二分和现成论的思维方式、突破认识论美学的理论框架、摆脱本质主义的研究思路等方面,蒋孔阳美学理论迈出了重要的步子，不但没有过时，而且在新世纪仍然具有旺盛的生命力，是一种通向未来的美学，对于我们今天建设、发展美学学科有着重要的启示作用；蒋先生不但不是实践美学的“终结者”，反而是实践美学乃至整个当代中国美学的开拓创新者之一。

章文在最后还责问蒋先生的实践美学中“审美的理想性和超越性表现何在”，我想用蒋先生自己的话来回答。蒋先生说：在现实中，“正因为人受到这样多的限制和束缚，有这样多的不自由，所以，要求从限制和束缚中解放，要求自由，就成了自有人类文明以来，历代共同的理想和愿望……人类对自由的向往和斗争，就成了永不熄灭的火焰，照亮了人类前进的道路，使人类不断地从匍匐在地的动物，站立起来，成为顶天立地的大写字母的人。美就是反映和歌颂这一自由的光辉的形象”。[1] 这就是审美的理想性和超越性。

最后，必须提一下的是，章文于 2006 年 6 月发表，此后仅三个月，章博士的专著《实践美学：历史谱系与理论终结》出版了。值得玩味的是，该书突然把原来戴在蒋先生头上的“实践美学终结者”的帽子摘掉了，转套到了张玉能教授头上。[2] 如此快速地更换戴帽子对象，令人瞠目结舌。我们不禁感到困惑：在此，学术界提倡的理论上的严肃性、一贯性在他哪里怎么不见了呢？当然，这里只能按其先发表的文章为据进行理论商讨，但愿没有违背章辉博士的本意。

---

〔1〕 蒋孔阳. 美学新论. 蒋孔阳全集：第 3 卷，安徽教育出版社，1999. 206.

〔2〕 章辉. 实践美学：历史谱系与理论终结. 北京大学出版社，2006. 77 – 85.

第二章

实践存在论美学的哲学基础

上述分析显示，在当代中国，实践美学仍有改造的余地。如果对“实践”的理解超越认识论范畴，转向本体论或存在论（Ontology），实践美学就可以获得新的生命，并能在新世纪得到继续发展。如果再努力将实践美学与中国古典美学思想结合起来，那么当代美学建设将会有所推进。

我们的想法是，吸收和继承蒋孔阳先生以实践论为基础、以创造论为核心的审美关系理论，超越主客二元对立的思维方式，突破认识论美学的局限，促使认识论美学向存在论美学方向转化。具体来说，就是以马克思的实践论和存在论为理论基础，吸收西方实践哲学与存在哲学的思想资源，在本体论层面上，把实践概念与存在概念在马克思主义唯物史观的基础上结合起来，然后依照实践存在论的思维框架来解说各种审美现象。

这就涉及实践存在论美学的哲学基础问题。实践存在论美学尽管仍以实践作为美学研究的核心范畴，却突破了主客二元对立的认识论，转移到新的存在论哲学根基上了。实践存在论美学理解的实践，是广义的人生实践。它固然以物质生产作为最基础的活动，但还包括人的各种各样其他的生活活动：既包括道德活动、政治活动、经济活动等，也包括人的审美活动和艺术活动。本章就来厘清实践存在论美学的哲学基础。

第一节

“实践”范畴再解读

很长时间以来，国内哲学界、美学界的主流意见认为，实践指的是人类能动地改造和探索现实世界的客观物质活动，特别是主体人类有目的、有意识地征服和改造客体自然的物质生产劳动。李泽厚就是这种主流意见的主要代表。从《批判哲学的批判》开始，他在解释马克思关于实践的看法时，就一直强调实践就是物质生产劳动，他认为“制造和使用工具”是实践的基本含义和根本标志，主张“是 Practice 而不是 Praxis，才是马克思主义哲学的基本范畴”，[1]强调“不能把实践等同于五官感知或语言活动，也不能把实践看成包罗万有甚至文化批判也在内的主观活动，应还它以具体的客观历史的规定性，揭示它的主要内核，这才是真正的实践观点”。他认为：“实践论所表达的主体对客体的能动性，也即是历史唯物论所表达的以生产力、生产工具为标志的人对客观世界的征服和改造，它们是一个东西，把二者割裂开来的说法和理论都背离了马克思主义。”[2]这就不但把实践等同于物质生产，而且把对实践的这种理解等同于马克思主义，好像不同意对实践的这种理解或对实践的其他各种不同理解，都是背离了马克思主义。

---

〔1〕 李泽厚. 李泽厚十年集：第 2 卷. 安徽人民出版社，1994. 379.

〔2〕 同[1]. 465.

我们认为,这种看法恐怕过于武断,也过于简单化了。马克思主义实践范畴的含义是否仅仅局限于物质生产劳动?到底应如何准确、全面、完整地理解马克思主义的实践范畴?这些都需要我们进一步深入探讨。

一、西方传统思想中的实践观是马克思主义实践范畴形成的前提

马克思主义的实践范畴不是从天上掉下来的,也不是马克思主义经典作家从"无"中独立创造出来的。马克思主义本身是从西方传统思想文化的根基上发展起来的,是整个西方传统思想文化不可分割的一个有机组成部分,并且是其中一个富有革命性和创造性的组成部分和新的发展阶段。同样,马克思主义的实践范畴也是在继承、改造了西方传统思想中有关实践的大量思想、理论资源的基础上形成和发展起来的。所以,我们对马克思主义的实践范畴的理解与阐释,决不能离开整个西方传统思想文化,特别是其中有关实践的思想、理论资源而孤立地进行;而应该将它放在西方有关实践的传统思想、理论中加以考察,即考察它与传统实践观念、理论之间的联系,这是准确、全面、完整地理解马克思主义的实践范畴的前提。

在马克思主义产生以前,西方的实践观念和理论已经有很长的历史和丰富的资源,这里仅作简要的概述。实践,西文有三个词语表示:Practice、Practise、Prakitik,三者都源自于古希腊文 Praxis。Praxis 出现很早,在早期古希腊文献中就已使用。据有关考证,Praxis 的最原始含义是指一切有生命的东西的行为方式和运动方式,它可用于一切生物和生命体,包括上帝、众神、宇宙、星星、植

物、动物和人,甚至有生命体的器官,以及政治共同体,等等。[1]

实践作为哲学概念始于亚里士多德。亚里士多德在《尼各马可伦理学》中,明确了"实践"一词的宇宙论意义和生物学意义,并把它定位于伦理领域和政治领域,规定为本身即是有目的的人类行为,尤其是人的伦理行为和政治行为。自此,实践才作为哲学范畴出现在历史上。亚里士多德初步提出三个概念:一是知识(Episteme),即推论性的、普遍适应的理论知识;二是技术(Techne),即制作和生产上的实用性的技艺;三是实践智慧(Phronesis),即关于处理人与人之间关系的道德知识。亚里士多德的主要想法是把知识与实践智慧区分开来,而不是在理论与实践之间作出分隔。事实上,在他那里,"理论"一词主要指观察和沉思。而"观察"和"沉思"实际上也是人的一种活动方式。按他的观点,理论和实践不仅并无对立,反而,理论是实践的一部分,是一种最高层次的实践。亚里士多德的实践哲学实际上是伦理政治哲学。他坚信,生活以善德为本,善就在人的伦理政治生活中,就在人的实践行为中,"实践是使灵魂获得平衡状态的具体的活动"。[2]他特别把作为伦理、政治行为的实践与作为制作的生产作了明确区分。他一方面承认,实践与生产都趋向目的,目的即善。他说:"每种技艺与研究,同样地,人的每种实践与选择,都以善为目的。"[3]另一方面,他从目的与趋向、目的与活动的关联方式上,找到了实践与生产的根本分隔。这个分隔就是:"制作的目的外在

〔1〕 张汝伦.历史与实践.上海人民出版社,1995.95.

〔2〕 亚里士多德.尼各马可伦理学.商务印书馆,2003.38.

〔3〕 同[2].3.

于制作活动，而实践的目的就是活动本身。"[1]也就是说，生产以制造产品为目的，目的外在于趋向，体现在活动的成果即产品上。实践不同，它本身就是目的，而不是达到目的的手段；实践的目的内在于趋向而不假于外求，不是作为外在目标悬于活动与趋向之外。这就必然造成如下事实：一切生产都根据产品论好坏，过程本身沦为手段，生产的价值意义全依活动成果来裁决，成果也就比活动重要。实践则只求自身"做得好"，"行为得好"，因为它是自身即为目的的活动，目的与活动直接同一，目的追求无需指向外在结果，而只需落实在活动自身，活动是重于成果的。由此，亚里士多德断言："实践不是一种制作，制作也不是一种实践。"[2]这实际上把实践概念与作为制作的物质生产活动概念明确地区分开来了。他还进一步揭示出实践的内在根据和基本法则都在人自身的德性和理性，"德性是同感性和实践相联系的"；[3]而且强调，实践既展示着人的道德的政治的行为，表现着人作为一个整体的性质或品质，又培养着德性，建构着德性，实现着德性，并决定着人的存在状态，"实践的事务主要是与伦理的政治的目的性的行为和活动相关的事务"，"我们是怎样的就取决于我们的实现活动的性质"。[4]

亚里士多德给我们的启示是：第一，在西方传统思想中，实践概念从古希腊开始就主要不是指物质生产活动，而是指伦理、政治行为和活动；第二，在古希腊，实践与理论的关系不是对立关系，而

[1] 亚里士多德. 尼各马可伦理学. 商务印书馆，2003. 173.
[2] 同[1]. 171.
[3] 同[1]. 27.
[4] 同[1]. 49，37.

是对等关系。实践不只是认识的一个环节,更是人的存在方式,因而不只从属于认识论,更属于存在论(本体论)。而且,理论作为活动看,也是人独有的一种存在方式,因而也可以包括在实践的概念中,实践远大于、高于理论,

理论与实践的分隔,是近代思想史的产物。近代科学主义把理论绑在技术的转轮上,使技术成为衡量理论的价值尺度,这才产生了理论应用于实践、理论与实践相对立等一类问题。比如,德国古典哲学就是从理论与实践的对立关系中来理解实践的。康德批判哲学的整体框架就是依据理论与实践二分模式建构起来的。他把纯粹理性区分为理论理性与实践理性,并在两者之间划分开一条不可逾越的鸿沟。费希特也明确提出理论理性和实践理性的概念。谢林《先验唯心论体系》明确设定了一个从理论哲学到实践哲学再到艺术哲学的逻辑过程。黑格尔在其《逻辑学》中,把"真的理念"(理论)和"善的理念"(实践)作为通向绝对精神的两个环节。可见,理论与实践在德国古典哲学体系中是统领全局的一组对立范畴。

但是,德国古典哲学家对实践范畴的理解,基本上还是继承了亚里士多德以来的看法,即把实践主要理解为伦理、道德、政治行为和活动。比如,康德的实践哲学就与亚里士多德的实践哲学有明显的承继关系,两者的共同之处多于不同之处:首先,他们都把实践定位在与人的存在和生活直接相关的道德领域,而不是自然领域。亚里士多德以实践概念指陈人的伦理政治行为,康德则以实践概念指陈人自己立法、自己执行的道德活动,两者都着眼于道德层面界说实践。其次,他们都把实践哲学的思考中心定位在人如何依靠理性的引导来实现善的理想,实现人类正确生活的方式

和目的,而不是单纯求得物质财富的增长,满足人的生物层面的欲望需求。但是,康德的实践哲学比亚里士多德有新的重大的推进。他提出了两种实践概念的区分。他首先挑明,流俗对实践概念有一种普遍的误解和误用,就是把现象领域即认识领域内的活动与物自体领域即道德实践领域内的活动混为一谈,都称为实践。“迄今为止,在以这些术语划分不同的原则,又以这些原则来划分哲学方面,流行着一种很大的误用”,“即人们把按照自然概念的实践和按照自由要领的实践等同起来”。[1] 按康德的规定,这两种实践存在着根本差异,不能混淆。“按照自然概念的实践”只涉及现象领域和认识论,涉及人与自然之间的关系和自然规律,表现为改造自然的活动;“按照自由概念的实践”则属于物自体领域和本体论,涉及人与人之间的关系、人与社会之间的关系和行为规范,体现为依循和运用道德法则处理人类自身关系的实践活动。康德说:“如果规定这原因性的概念是一个自然概念,那么这些原则就是技术上实践的;但如果它是一个自由概念,那么这些原则就是道德上实践的。”[2]这里,康德的意思是,真正属于本体意义的实践,作为理性存在者的基本方式的实践,乃是“按照自由概念”的道德实践。“按照自由概念”意味着实践的因是自由因,即理性为自己立法,实践的果是自由果,即个体凭自由意志自觉执行道德法则。康德指出:“如果我们假定纯粹理性在自身中包含着一个实践的、即足以规定意志的根据,那么就有实践的法则;但如果不是这样,则一切实践原则就会是准则而已。”[3]至于“按照自然概

〔1〕 康德.康德三大批判精粹.人民出版社,2001.394.
〔2〕 同[1].395.
〔3〕 同[1].

念的实践”,那只能算做技术上的生产,认识论意义上的实践,人作为自然存在者的基本方式。它的因果性只不过是自然的因果必然性。显然,康德心目中真正的实践就是属于本体意义的、“按照自由概念”的道德实践,而竭力防止实践滑向满足人的生物性需要欲求的活动中去,滑向流俗对实践概念的理解,即“按照自然概念”的技术生产来理解实践。当然,这里也透露出另外一个信息:近代以来,随着自然科学的发展和工业革命的推动,把实践主要理解为物质性的技术生产的看法已经相当普遍,成为“流俗”见解,以至于需要康德来纠正。

黑格尔的实践概念首先是从绝对精神推演出来的。他认为,实践归根结底乃是善的理念。“这种包含于概念中的,相等于概念的,把对个别的、外在的现实之要求包括在自身之内的规定性,就是善。”[1]也就是说,实践即是主体的要求向外在现实的转化过程,是个别性和概念的普遍性的辩证统一过程。在论述这一过程时,黑格尔提出,人的能动性不仅表现在人的认识可以由现象到本质深化,而且表现在人能按照对事物本质的认识进行改造客观世界的实践,“善(实践)趋向于决定当前的世界,使其符合于自己的目的”。[2] 其中,黑格尔特别重视工具。他认为,手段是比外在的目的性的有限目的更高的东西;——锄头比由锄头所造成的、作为目的、直接的享受更尊贵些。工具保存下来,而直接的享受却是暂时的,并会遗忘的。人因自己的工具而具有支配外部自然界的力量,然而就自己的目的来说,他都是服从自然界的。[3] 同时,

〔1〕 黑格尔.逻辑学:下卷.商务印书馆,1976.523.

〔2〕 同[1].412.

〔3〕 见列宁全集:第38卷.人民出版社,1979.202.

主观的目的必须通过劳动工具才能转化为客观现实，人通过劳动工具才能支配自然界。在此，黑格尔更重视被康德所忽视的那种人利用工具改造自然的生产实践。不过，黑格尔对实践的理解比较宽泛，他有时把实践理解为包括吃喝在内的人的比较低级的感性欲望活动。他曾经把人与外在世界的关系分为三种：实践的、认识的和审美的，其中实践的关系是指“对外在世界起欲望”的比较低级的感性活动，即以感性个别事物的身份消灭（吃或使用）掉外界个别事物的具体感性存在，以满足感官的自然、生存的需求。[1] 黑格尔的伟大之处在于并不贬低这种比较低级的实践，他承认人类与周围世界之间首先发生的是“自然需要”或“感性需要”，即“饥，渴，倦，吃，喝，饱，睡眠”，肯定这种感性实践保证人类的生存与延续，是人类追求自由的第一步，但是他也指出这种感性实践还是不自由的，“这种满足在内容上还是有限的、狭窄的”。[2]

黑格尔的实践范畴在美学中集中体现为人的对象化的思想。黑格尔认为，自然界事物只是直接的、一次的，而人作为心灵能复现他自己，因为，人首先作为自然物而存在，其次还为自己而存在。只有通过观照自己、认识自己、思考自己，人才是心灵。他提出，人复现自己、认识自己有两种方式，一是“认识方式”，一是“实践方式”。关于“实践方式”，黑格尔指出：“因为人有一种冲动，要在直接呈现于他面前的外在事物之中实现他自己，而且就在这实践过程中认识他自己。人通过改变外在事物来达到这个目的，在这些外在事物上面刻下他自己内心生活的烙印，而且发现他自己的性

〔1〕 黑格尔. 美学：第1卷. 商务印书馆，1979. 45.
〔2〕 同［1］. 126.

格在这些事物中复现了，人这样做，目的在于要以自由人的身份，去消除外在世界的那种顽强的疏远性，在事物的形状中他欣赏的只是他自己的外在现实。”[1]在这里，人在外在事物中复现自己的冲动，就是实践的冲动、对象化的冲动；而对象化的冲动，也就是自由的冲动。这里的实践就不仅仅局限于生产劳动，而是比较广义的人的对象化和自由的获得。人通过实践，把自身对象化，在外在事物和环境上刻上自己内心生活的印记，使事物、环境成为现实的、足可安居的“家”，人也就获得了真正的自由。黑格尔认为，美就是人在实践中的对象化，或者说，人在实践中的自我实现和环境的人化。这是从实践中探索美的生成、探索审美活动的生成的深刻的美学思想。

与黑格尔相比，费尔巴哈人类学新哲学的实践观反而有所倒退。虽然他对实践概念的理解与德国古典哲学的其他代表人物有大体相同的一面，即把理论与实践作为相反相成的两个方面来看待，如他说过，“理论所不能解决的那些疑难，实践会给你解决”；[2]但是，这里他并没有真正把实践作为检验真理的标准，而且，他心目中的实践与康德、黑格尔的看法不尽相同，并不是指对象化的劳动或道德行为等社会实践，而只是指人的实际的、现实的、自然的生活，如他所说，自己的《基督教的本质》一书内容是病理学或生理学的，但“它的目的却是一种治疗或实践的”，[3]这便是实例。而且这种实践主要包含人的两种“类”的活动：一是人与人之间日常琐碎、平庸的交往，小商人的贩卖、牟利活动，等等，人

---

〔1〕 黑格尔.美学:第1卷.商务印书馆,1979.39.

〔2〕 费尔巴哈哲学著作选集:上卷.商务印书馆,1984.248.

〔3〕 西方哲学原著选读:下卷.商务印书馆,1985.467.

与人之间的意见一致也被当做实践;二是与黑格尔所谓满足感性欲望的低级实践相类似的吃喝之类,他说,“吃和喝是普通的、日常的活动,因而无数的人都不费精神、不费心思地去做”,“吃和喝是一件大家喜爱的必要工作”。[1] 但是,在黑格尔那里,吃和喝还具有保证人类的生存与延续的基础性地位,他天才地猜测到人首先要吃喝、生存,然后才有可能从事各种各样的精神活动,包括艺术和审美,因而具有历史唯物主义的萌芽因素;而费尔巴哈的吃和喝只不过是满足人的自然需要的生理活动而已。所以,马克思批评费尔巴哈的唯物主义是直观的唯物主义,它“对对象、现实、感性,只是从客体的或者直观的形式去理解,而不是把它们当作感性的人的活动,当作实践去理解”,相反,他“对于实践则只是从它的卑污的犹太人的表现形式去理解和确定”。[2]

马克思的实践范畴,就是在这样一个有关实践问题的思想理论传统和背景下形成的,并以此作为建构自己的实践唯物主义哲学的思想资源和理论起点。

二、马克思实践范畴的理论视野

在具体论述马克思的实践范畴的含义之前,我们首先要看一看马克思的实践观念与西方传统思想理论之间的联系以及他思考实践问题的理论视野。

首先,我们认为,马克思对于实践范畴含义的把握大体上是承继了上述西方传统的思想理论特别是德国古典哲学,当然也有重

〔1〕 西方哲学原著选读:下卷.商务印书馆,1985.488.

〔2〕 马克思恩格斯选集:第1卷.人民出版社,1995.54.

大发展。这种承继主要表现在以下六个方面：

第一，把理论与实践作为相反相成的两个方面来看待，看成是对立统一的关系，这在《1844 年经济学哲学手稿》中有明确表述。

第二，《1844 年经济学哲学手稿》把实践广义地看成人的本质力量的对象化或自然的人化，而不仅仅是物质生产劳动。这明显地吸收了黑格尔有关实践是人的对象化的思想。

第三，这种人的对象化的实践观念本身也是广义的，它既包含人改造自然的物质生产劳动，也包含道德、政治等社会活动。比如马克思说："不仅五官感觉，而且连所谓精神感觉、实践感觉（意志、爱等等），一句话，人的感觉、感觉的人性，都是由于它的对象的存在，由于人化的自然界，才产生出来的。"[1]这里"实践感觉（意志、爱等等）"显然是指道德、政治等社会活动，而且"实践感觉"的提法既受到费尔巴哈的影响，也与康德的"实践理性"正好相对应。

第四，更加引人注目的是，马克思在此把人的五官感觉、精神感觉、实践感觉三者作了区分。这似乎暗示我们，精神感觉是不同于道德、政治等社会实践感觉的一种精神性的感觉，艺术、审美活动的感觉应该属于这种精神感觉。

第五，马克思把以上三种感觉都放在广义的实践即自然的人化的范围里考察，实际上也告诉我们，实践不仅指物质生产劳动，而且应当包括道德、政治等社会活动，也包括艺术、审美等精神生产活动（或精神劳动）。

〔1〕 马克思.1844 年经济学哲学手稿.见马克思恩格斯全集：第 3 卷.人民出版社，2002.305.

第六，马克思在《关于费尔巴哈的提纲》中明确地把实践界定为人的感性活动。他在批评包括费尔巴哈在内的一切旧唯物主义的主要缺点时指出，他们对事物、现实、感性，只是从客体或直观的形式去理解，而“不是把它们当作感性的人的活动，当作实践去理解”；〔1〕又说，费尔巴哈“把感性不是看作实践的、人的感性的活动”，〔2〕批评这种“直观的唯物主义，即不是把感性理解为实践活动的唯物主义”。在这三处，实践都等于人的感性活动。更加有说服力的是，马克思明确地指出，“社会生活在本质上是实践的”。〔3〕这就十分清楚地告诉我们，社会生活的方方面面其实都应该纳入实践的范围，而不只局限于物质生产劳动这一个方面。对于马克思的这些论述，只要不抱有任何偏见的话，应当有助于我们对实践概念作更加全面、完整的理解。

当然，马克思的实践观同时还对西方传统思想理论的实践观念作了根本性的改造，有着重大的发展。马克思是从超越传统的一种新的理论视野着眼来探讨实践的范畴的。这种新的理论视野主要体现为以下五个方面：

第一，马克思把传统思想所贬低的物质生产劳动即康德所谓的“遵循自然概念的实践”提升到实践范畴的核心、主导的地位。这既是对康德、黑格尔唯心主义实践观的反拨和超越，也是对费尔巴哈自然的、直观的唯物主义的超越和克服。

第二，他把实践定位为新世界观的全部理论基石。马克思在《关于费尔巴哈的提纲》中指出：包括费尔巴哈在内的一切旧唯物

〔1〕 马克思恩格斯选集：第1卷．人民出版社，1995．54．

〔2〕 同[1]．56．

〔3〕 同[2]．

主义的主要缺点是"对事物、现实、感性,只是从客体的或者直观的形式去理解,而不是把它们当作人的感性活动,当作实践去理解,不是从主观方面去理解",而唯心主义则发展了人的能动性,"但只是抽象地发展了,因为唯心主义当然是不知道真正现实的、感性的活动本身的"。这一论述揭示了马克思同费尔巴哈、黑格尔的重大差异。在费尔巴哈那里,一切都诉诸感性直观,即一方面把现实世界看成人通过感性直观可以直接把握、认识到的纯粹客观的、真实的对象,另一方面又把人看成纯粹自然的、肉体的、生理的主体,即感性的人,连接主客体的只是消极被动的感性直观,而不是真正现实的、感性的活动即实践,"费尔巴哈想要研究跟思想客体确实不同的感性客体:但是他没有把人的活动本身理解为对象性的[gegenständliche]活动";而在黑格尔那里,则把一切都归结为绝对精神、意识,他虽然强调了主体人的能动的对象化活动及其意义,却把这种能动性主要局限于抽象的精神劳动,而对现实的物质生产劳动则比较忽视,所以他同样"是不知道现实的、感性的活动本身的"。[1] 而在马克思那里,无论是人、社会、历史还是自然界,一切都从实践、从人的感性活动出发加以理解。实践是马克思哲学的理论基石。正是在这个意义上,马克思、恩格斯自称为"实践的唯物主义者"。[2]

第三,他把实践确立为人、人类社会存在发展的总根基。我们知道,费尔巴哈也谈人,但他所谓的人,仅仅是自然界的一部分,只是直观地摆在那里的感性存在物。这不难理解,因为费尔巴哈给

〔1〕 马克思恩格斯选集:第1卷. 人民出版社,1995. 54.

〔2〕 同[1]. 75.

自己规定的哲学任务,"就是将哲学从'僵死的精神'境界重新引导到有血有肉的、活生生的精神境界,使他从美满的神圣的虚幻的精神乐园下降到多灾多难的现实人间,就是将人从他所深陷的泥坑中拯救出来";〔1〕至于"人之所以为人"的问题,不在他的思考之列。我们还知道,黑格尔也谈人和社会,但他所谓的人,是心灵,是自我意识,是绝对精神。他所谓的社会,是绝对精神由逻辑而历史地推演出来的。马克思既超越费尔巴哈,又超越黑格尔,以真正的实践为整体根基来理解人和人类社会的存在及发展。他指出,"整个所谓世界历史不外是人通过人的劳动而诞生的过程,是自然界对人来说的生成过程",〔2〕"全部社会生活在本质上是实践的"。〔3〕人和社会都以实践的方式历史地生成出来,甚至连自然界中最简单的可靠的感性的对象也只是由于社会发展,由于工业和商业往来才提供出来的。

第四,他把作为人的感性活动的实践理解为人的存在方式。虽然费尔巴哈也谈人的感性活动,但是如前所述,他所说的人是纯粹自然的、肉体的、生理的、感性的人,他所谓的感性活动是私人化的吃、喝、住、穿,满足情欲,享受对象,是单个人孤立的自然性行为、需要、欲求、情绪等等,他把人看成人自己的最高本质和上帝,他说:"对人来说,人就是上帝,这就是至高无上的实践原则。"〔4〕而马克思则不同,他所说的人在现实性上是一切社会关系的总和,

〔1〕 费尔巴哈哲学著作选集:上卷. 三联书店,1959. 184.

〔2〕 马克思. 1844 年经济学哲学手稿. 见马克思恩格斯全集:第 3 卷. 人民出版社,2002. 310.

〔3〕 马克思恩格斯选集:第 1 卷. 人民出版社,1995. 56.

〔4〕 费尔巴哈哲学著作选集:下卷. 三联书店,1959. 315 - 316.

是从事实际活动的、现实的、社会的人，是“处在一定条件下进行的、现实的、可以通过经验观察到的发展过程中的人”，而“不是处在某种幻想的与世隔绝、离群索居状态的人”。因此，马克思所说的人的感性活动，是本体论（存在论）意义上的实践，亦即人生在世的存在方式。

第五，他把实践确定为统一的哲学范畴。马克思之前，德国古典哲学家就在谋求建立统一的实践概念。康德就力图以反思判断力统一“遵循自然概念的实践”与“遵循自由概念的实践”，但由于现象界与本体界之间的鸿沟过于深阔，以致这项工作一无所成。在马克思那里，“这种活动、这种连续不断的感性劳动和创造、这种生产，是整个现存感性世界的非常深刻的基础”。生活世界本就生成于实践活动，奠基于实践、统一于实践。实践就是人在世界中生存的感性活动，因此，这种感性活动或称劳动（包括物质劳动和精神劳动）便是马克思所建构的统一的实践概念。

以上五点就是马克思实践观超越、突破、发展了西方传统的思想理论、特别是德国古典哲学的实践观，开辟了独特而创新的理论视野。从这一理论视野出发，我们才有可能比较准确、完整地理解和阐释马克思的实践观概念的内涵。

三、马克思的实践概念的内涵

实践是马克思哲学的真正内核。正是在这个意义上，我们可以把马克思的哲学称为实践唯物主义。这个实践唯物主义哲学诞生在德国古典哲学的终结处。

此前，康德把现象与物自体两分，设物自体于认识的彼岸和道德实践的此岸，视之为道德实践的范导性假设；从而，在康德那里，认识便归于有限,与现象界的因果必然性搅在一起,实践便进入无限,成为本体之域。黑格尔一反康德,认为实践是有限的,认识才是无限的,世间不存在认识无法把握的对象,物自体应当回到认识领域中来,不再作为实践理性所信仰和遵循的范导性假设。这样,在黑格尔那里,实践不再高于认识,而成了理论认识通往真理的一个环节。费尔巴哈又反黑格尔,他把全副精力放在拯救感性上,把感性从神性天国回置现实人间,落实为感性的实践。但费尔巴哈所谓的实践,其实就是私人化的吃、喝、住、穿,满足情欲,享受对象,就是本能行为、需要、欲求、情绪等自然性活动。

马克思的实践唯物主义哲学就是在这种语境下创生、形成和发展起来的。最初,马克思在《1844 年经济学哲学手稿》中提出劳动概念,把劳动理解为对象化活动和感性活动,虽受黑格尔与费尔巴哈的影响,但又有根本区别:黑格尔理解的对象化是精神的外化和自我复现,马克思理解的对象化是切切实实的人与自然关系中的生存活动;费尔巴哈理解的感性活动是纯粹利己主义的现成的自然性活动,马克思理解的感性活动是人向人的历史生成和自然界向人的历史生成。到了《神圣家庭》,实践取代了劳动,其涵盖面扩延到工人的生产劳动、市民社会中的工商业经营,以及革命阶级的社会变革。《关于费尔巴哈的提纲》进一步将实践发展为"革命的实践",并提出"全部社会生活在本质上是实践的",[1]从根本上清洗了德国古典哲学的影响。在此,实践不仅是人直接改造自然的物质生产活动,而且成为人们改变整个世界(主要是现存的社会制度和社会关系)的全部活动,包括政治、道德、宗教以

〔1〕 马克思恩格斯选集:第1卷.人民出版社,1995.56.

及其他各个领域中的社会斗争和活动，也包括艺术、审美等在内的精神生产活动。所谓“革命的实践”就意味着上述广阔的实践领域都需要、也可能进行改变世界的革命。到了《德意志意识形态》，这种广义的“革命的”实践理所当然地进一步被理解为整个现存感性世界的基础。《共产党宣言》更加明确地把解释世界和改变世界描绘为一个宏大的实践方案。到《资本论》时，马克思以实践本体论的思考方式，把资本主义社会作为一个有机体进行深入的分析研究，从实践哲学的高度指明资本主义社会向共产主义社会过渡的历史必然性和合理性。

由此可见，马克思关于实践概念的大致思路和基本走向：在前期，他比较多地从人与自然的关系入手理解实践；在后期，他更多地从人与社会的关系着眼理解实践。但无论在前期还是后期，他对于实践的理解都是广义感性活动，都不局限于单纯的物质生产劳动；同时他的实践观在根本上都关注人（主要是无产阶级）的基本生存状况，都强调彻底改变现存社会制度和社会关系的革命实践。

需要强调的是，马克思的实践观与以往有重要区别，它凸显了实践的生成性与构成性。马克思之前，近代哲学本着本质在先的原则，寻找永恒的始基、本原、本体、本质、本性，从某种固定的原始的状态来解释人的存在与发展，来审察人的实践活动和行为，人被理解为前定的既成的本质主义的个体，具有先验的主体性和超越性。从笛卡尔的“我思”，到康德的“理性存在”，再到黑格尔的“自我意识”，都是遵循着这一思路来看人的。这样，实践也就随之被理解为先验主体的自我实现活动，从康德、费希特的“道德行为”，到谢林的“历史活动”，再到黑格尔的“对象化”，都打上了这一烙印。马克思所说的实践乃是否定现存事物、改造世界的活动,是创造的、开放的、未完成的和具有无限可能性的人类存在方式和发展方式。在实践活动中不但世界不断生成、开显和变动,而且人不断改造自身而向人生成,同时,人与世界双向建构。“不仅五官感觉,而且连所谓精神感觉、实践感觉(意志、爱等等),一句话,人的感觉、感觉的人性,都是由于它的对象的存在,由于人化的自然界,才产生出来的。”[1]诚然,马克思说过“主体是人,客体是自然”,[2]但他所说的主体客体都不是现成给定的,都不是固定不变的“抽象一般”,而是在实践中生成,在具体、历史的社会关系中构成的。同时,马克思讲主体,多数情况下是指主体性,而并非在实体意义上使用的概念。主体是人在实践中形成的人格定型。主体性是实践自身的性质,即指实践作为社会历史活动和现实活动的属人性。因而,不是主体决定着主体性活动,相反,主体性活动展开的深度和广度决定了主体的历史形式;不是主客体统一产生实践,而是实践产生主客体统一。这是马克思实践唯物主义的主客体关系观与认识论的主客体关系观的根本不同之处。

在马克思的实践哲学中,实践与物质生产劳动的关系如何?两者是同一的关系,还是矛盾的关系,甚或是包容的关系?这常常是学术界讨论、争鸣的焦点问题之一。

我们的观点在前面的论述中已经有明确的表达,那就是:首先,在马克思那里,实践是总体概念,它表达的是人的历史性社会性存在方式,即人在与世界的相互建构中历史地社会地生成,确

---

〔1〕 马克思.1844年经济学哲学手稿.见马克思恩格斯全集:第3卷.人民出版社,2002.305.

〔2〕 马克思恩格斯选集:第2卷.人民出版社,1995.3.

证、显示自身的基本方式，亦即人的存在何以可能的问题。换言之，马克思的实践概念首先是存在论概念，对它应当而且只能作广义的理解，而不能与物质生产劳动之间画等号。其次，如果说实践是总体概念，那么物质生产劳动则是分体概念，它是在人与自然的关系上体现出来的人的存在方式，它从人与自然关系的角度回答人的存在何以可能，而且这种人与自然的关系在根本上还受制于人与人的社会关系。所以，物质生产劳动与实践两者之间的关系是一种包容关系：物质生产劳动从属于实践，是实践的一种最基础的形态和最重要的组成部分。这也就是说，物质生产劳动是马克思对实践的一种规定，并且主要是对实践的种类、范围方面的局部规定；而不是对实践的内涵和本质的全部规定。

事实上，马克思是从实践的总体视野来看物质生产劳动的。

其一，他论述物质生产劳动，人对自然的征服改造，根本旨意不在于回答人的肉体生命如何活着的问题，不在于解答人如何夺取生活资料维持肉体生命存在的问题，而在于解剖人（主要是无产阶级）生存的苦难境遇，进一步揭露、批判资本主义时代的异化状态，即把吃喝的生命机能欲望当做唯一的终极目的的存在状态，揭示物质生产劳动作为人的存在方式的本真状态和理想状态究竟是怎样的。简言之，马克思是从人的存在方式和社会关系来理解和论述物质生产劳动的。所以，他在《1844 年经济学哲学手稿》中，大量的篇幅就在分析私有制下的异化生存，分析物质生产劳动中的人与自然的关系以及由这一关系体现出来的社会关系。至于肉体生命、肉身存活、新陈代谢这些生物科学式的问题，则语焉不详；即便谈到，也还是从人的存在方式着眼，从人的生存与自然关系的角度来理解，所凸显的是人在与自然的关系中生存的这一存在论事实。例如,他说:“人(和动物一样)靠无机界生活,而人和动物相比越有普遍性,人赖以生活的无机界的范围就越广阔。从理论领域来说,植物、动物、石头、空气、光等等,一方面作为自然科学的对象,一方面作为艺术的对象,都是人的意识的一部分,是人的精神的无机界,是人必须事先进行加工以便享用和消化的精神食粮;同样,从实践领域来说,这些东西也是人的生活和人的活动的一部分。人在肉体上只有靠这些自然产品才能生活,不管这些产品是以食物、燃料、衣着的形式还是以住房等等的形式表现出来。”“人靠自然界生活,这就是说,自然界是人为了不致死亡而必须与之处于持续不断的交互作用过程的、人的身体。”[1]这段话,显然是一种存在论分析,而非生物学描述。它揭示的是人与自然的原初相关性,借用海德格尔的语言表达,人融身于自然,自然是人的生存环节,是人在世界中存在不可缺少的生存环节。理解这一点,我们必须确立起一个认识:人与自然的存在关系,决不等于人与自然的肉身关系,存在不等于活着,存在方式也不等于求活方式。

其二,马克思论述物质生产劳动,思考重心不在生产流程,不在产品完成的技术操作,不在产品质量的好坏,即不在亚里士多德所说的“生产”,而在于过程本身所具有的目的和意义。换言之,他是把物质生产劳动当做自身即是目的、自身即有意义的活动,当做亚里士多德所说的“实践”来看待和理解的。那么,物质生产劳动自身所认定的目的和意义是什么呢?那就是人的对象化和对象

---

〔1〕 马克思.1844年经济学哲学手稿.见马克思恩格斯全集:第3卷.人民出版社,2002.272－273.

的人化；就是人与自然的双向建构；就是人自身的生成、发展、完善，自然界的丰富性不断展开；就是人向人的诞生，自然向人的生成；就是“由于人的本质客观地展开的丰富性，主体的、人的感性的丰富性，如有音乐感的耳朵、能感受形式美的眼睛，总之，那些能成为人的享受的感觉，即确证自己是人的本质力量的感觉，才一部分发展起来，一部分产生出来”；[1]就是“人的实现或人的现实”。[2] 一句话，在马克思那里，物质生产劳动不是为了生存，而是本身即生存，即人在世界中的存在方式、生成方式、确证方式、显示方式。它本身即是目的，本身具有本体论的意义。

这表明，物质生产劳动在马克思的实践哲学中，原本就包含着存在论的维度，原本是作为人的存在方式来理解的。只是长期以来，学界只从认识论上来思考它，把它视为主体对客体的征服和改造，导致其本体论意义的消解和作为人的存在方式这一本然维度的遮蔽。

据此，我们认为，李泽厚对马克思实践范畴的解释至少是片面的、简单化的。如前所说，马克思的实践概念包含非常广泛的内涵，也包括非常多样的表现形态。它不单指物质生产劳动，也指变革社会、政治、道德制度的革命实践，还指感性个体的生存活动，即广大的人生实践。把马克思的实践概念局限于物质生产劳动，把革命实践和广大人生实践排除在外，乃是对马克思实践哲学的一种误解。

从美学角度看，我们认为，必须超越把实践单纯理解为物质生

---

〔1〕 马克思.1844 年经济学哲学手稿.见马克思恩格斯全集：第 3 卷.人民出版社，2002.305.

〔2〕 同[1].298.

产劳动的狭隘观念,在物质生产、革命实践和个体生存实践的总体关联中寻找审美活动的根基。就是说,以马克思的统一实践概念为基础去探究美学问题,真正为美学找到存在论的哲学根基,这也许更加贴近马克思实践哲学和实践美学的本真含义和面貌。

第二节

“本体论”范畴再解读

20 世纪 80 年代中期以来,随着海德格尔基本本体论对我国学术界影响的扩大,以及海内外新儒学的复兴和传播,我国的美学研究也正在发生着深刻的变化,研究的重点正在悄悄地从认识论向本体论方向转移。与此相应,“本体”和“本体论”等术语在美学论著中出现的频率也明显增大。然而,值得注意的是,在为数不少的论文、著作中,人们常常可以发现对“本体”、“本体性”、“本体论”等概念和术语的误解、误释或误用,并因此而造成对许多基本理论问题的理解和论述上的混乱。这对于当代美学的发展显然是不利的。

为了使美学的本体论研究得以健康发展,有必要对目前研究中的一些谬误予以澄清,并揭示其根由。本节拟就此作一初步尝试。

一、关于“本体”、“本体论”范畴的误释

近年来有关“本体”、“本体论”、“本体性”等术语的误释、误

用相当普遍，不独发生在美学界，哲学界也时有发生，哲学界的误释又反过来对美学界产生误导。现在略举以下数端，并稍作评述。

第一种是把“本体”误作为“文艺作品本身”之意来使用，常与“作品”一词连用（即“作品本体”），而且常常与创作主体、接受主体两个主体概念对立起来使用。笔者自己也曾有过这种误用。

第二种是把“主体”与世界万物（包括美、丑等精神事物）的“本原”或“本性”混淆起来，从而把“本体论”等同于“本性论”、“本原论”。这种理解更为普遍，一些文学评论文章在分析作品主题时，一些哲学、美学论文在探讨事物的终极根源时，常在此意义上使用“本体”或“本体论”。甚至连一些权威性的辞书也未能免除这种误解。例如，《辞海》“本体论”条目说：“哲学中研究世界的本原或本性问题的理论。”再如，《哲学大辞典》在“本体论”条目中也称：“大体上说，马克思以前的哲学所用的本体论有广义狭义之别，广义指一切实在的最终本性……因而研究一切实在的最终本性为本体论。”又如，有的美学论文在批评别人没搞懂何为“本体论”的同时，却也说本体论以后“又发展为关于世界的本原的研究”。这种误解、误用同中文翻译（即用“本体”、“本体论”来翻译 Being 和 Ontology）不确切关系极大。初始的这种翻译不确切及后来的约定俗成，造成了种种望文生义、依据中文字义来想象和发挥的误读。

第三种是把“本体论”与西方所谓的“宇宙论”混淆起来。如《哲学大辞典》在讲到“狭义”本体论时说：“从狭义讲，则在广义本体论中又有宇宙的起源与结构的研究和宇宙本性的研究，前者为宇宙论，后者为本体论。”诚然，这里似乎把本体论与宇宙论作了区分，实际上只是把广义的宇宙论分为起源、结构的研究和本性的研究两个方面，而把后者纳入本体论。这种区分并不符合西方哲学发展的实际，而且在语言上也是把“本体”与“本性“混为一谈，虽然这两个词在中文中相当接近或至少有部分意义相重叠。把“本体”与“本性”相混淆，又导致一些论著把文学艺术的本体论研究误以为主要讨论文学、艺术的本性、本质的问题，即“何为艺术”的问题；进而又以为过去的文艺理论中有关文艺本质的探讨和定义都是艺术本体论。这样一来，所谓艺术本体论就等同于艺术本质论了。这种误解在当前美学界也相当普遍。

第四种是把本体性与过程性、体验性、自足性、根本性等意义相混淆，把本体论研究的范围搞得模糊不清。如有的专门批评实践美学在本体论方面失误的论文，虽然列举、分析了实践美学的种种不当，但并未明确指出它在本体论方面有何失误。从文中三处用到“本体”字样的情况看，该文作者对本体的理解似乎前后并不很一致。如该文批评“美是人的本质力量对象化”的命题把“本质力量与审美活动对立起来，认为这样做的结果并不具有本体性、存在性”，理由是该命题把人的本质力量看成是先在的东西，而非看成在审美活动中展开、实现的过程。显然，作者在此把人的本质力量展开的过程性等同于本体性了，因为据其说实践美学否定了这个过程性，因而也就丧失了本体性。该文另一处批评实践美学把审美活动限定于主客二分的认识论层次上，把审美情感“变为认识的对象”，“而不是体验的对象”，实质是“否定审美的本体性，从认识的角度为审美的本质定位”。这里我们可以体会到，该作者心目中的“本体性”，既包含相对于认识性的“体验性”，又包含独立自足、不附属于认识的“自足性”之意，还包含本体论应为审美本质定位的“本质性”含义。该文再有一处总结性地批评实践美学人为设定二元结构,“无论如何也无法达到逻辑的自足,相反却陷入了二律背反的悖论,本体论自身也走向了非历史性、非敞开性、非自足性”,认为这正是一种“无根的追问”。很清楚,在此,作者把本体论看成是自足的、根本性的理论设定,本体是根本,它不来自其他,其他却来自它。

在笔者看来,以上几种对本体性、本体论的理解似乎都未抓住本体论的基本意义,因此它对实践美学“本体论之误”的批评就未能击中要害。倒是另一篇综述文章对该文的观点作了发挥,说实践美学在人和人生活的世界之外,另有一个类似上帝的先设的“自然”,然后“得到人化”,因此,“虽然实践美学宣布自己的实践本体论,其实又是以人的本质为本体,或以自然为本体”,“实践论美学继续把美学看成是一门寻问美的抽象化本质即美的本体的学问”。笔者要说明的是,这一概括已非其所述论文原有的话语,而是综述者自己的发挥、引申,在发挥中,表露出综述者自己对本体和本体论的理解,即认为本体是事物的本原和抽象化本质,本体论就是研究这种本原、本质的学问。这种理解比之它所综述之文,要明白很多,但在笔者看来,还是一种本体论的误解。

第五种是把哲学本体论与当代西方生存哲学或存在主义哲学的联系一刀切断。仍是上述综述论文,对笔者关于“哲学本体论的核心问题应是人的存在问题”的观点提出批评,认为关于人的存在问题的探讨,“在哲学上属于生存哲学或国内更常说的存在主义哲学”,不应与哲学本体论“混淆在一起”,并一再强调只要对西方美学、哲学有些了解,就“不应”出现这种“疏误”。但在笔者看来,只要对当代西方生存哲学稍有了解,就不应无视本体论哲学与当代西方存在论哲学之间的血肉联系,就不应出现把包括海德格尔存在论(海氏称为“基本本体论”)在内的现代西方本体论哲学排除在哲学本体论之外的近于荒谬的“疏误”。

二、“本体”、“本体论”范畴的历史发展

以上种种有关本体论问题的误解和误用,给当前美学研究带来了一些混乱,不利于理论探讨的深入。因此,有必要追本溯源,首先对本体、本体论等概念的历史发展作一简要的回顾。

“本体论”(英文 Ontology,德文 Ontologie)这个词,据现存资料,最早是由德意志经院哲学家郭克兰纽(Rudolphus Goclenius)于1636年首先使用的。他将希腊词 on(ον 即 being)的复数 onta(οντα 即 beings,德文 Seiende 意谓“存在者”、“在者”或“是者”)与 logos(λογοσ,德文 Logos 意谓“学问”、“道理”、“理性”、“论证”等)结合在一起,创造出新词 ontologie,可译为“存在学”或“存在论”。1647年,另一位哲学家克劳堡(Johann Clauberg)又将 onta 与希腊词 sophia(“智慧”、“知识”)结合,创造出同义新词 ontosophie,也是“关于存在的学问、知识”之意。稍后,法国哲学家杜阿梅尔(Jean Baptiste Duhamel)也使用了这个词。在他们那里,此词指专门研究存在本身及其规定的学问,属形而上学的一个重要部分。

而最早为“本体论”(Ontologie)下定义的则是德国理性主义哲学家沃尔弗(Christian Wolff),黑格尔曾引述过这个定义,现转引如下:

> 本体论,论述各种关于“有”(ον)的抽象的、完全普遍的哲学范畴,认为“有”是唯一的,善的;其中出现了唯一者、偶

性、实体、因果、现象等范畴;这是抽象的形而上学。[1]

这个定义对本体论作了重要的界定:(1) 本体论是专门研究"有"(ον 即 being)即"存在"(或译"在"、"是")和"存在者"的学问;(2) 本体论研究的对象是"有"或"存在"的各种普遍的哲学范畴,其中包括唯一者、偶性、实体、因果、现象等范畴;(3) 本体论认为"有"或"存在"是唯一的、善的,因而是最基础、最根本、最普遍、最高的范畴,其他范畴均可从中推演出来;(4) 本体论是抽象的以逻辑方法构造的哲学,属形而上学的一个重要部分。这些界定表明沃尔弗比之前三位更早使用本体论一词的哲学家对该词的理解更全面、准确、深刻。应当说,沃尔弗是借用"Ontologie"一词对西方哲学史上关于存在的研究作了一个系统的理论总结和逻辑概括,使原来被淹没在其他许多哲学问题探讨中的存在论研究鲜明地凸显出来。自此以后,西方哲学关于本体论研究的对象、内容、范围就十分明确,很少被人误解。直到今天,沃尔弗的本体论定义仍具有相当的权威性和有效性。[2]

本体论(Ontologie,Ontology)一词虽发明、界定于 17 世纪之后,但本体论的研究历史早在古希腊就已经开始。最早为本体论奠定基础的,当属柏拉图的《巴曼尼德斯篇》。我国希腊哲学研究专家陈康不满意"本体论"的中译法,曾改译为"万有论",并明确指出:

---

〔1〕 黑格尔. 哲学史讲演录:第 4 卷. 商务印书馆,1978. 189.

〔2〕 如 1989 年出版的第 15 版《不列颠百科全书》(英文版)中"Ontology"条目就明确地说:"研究 being 本身,即一切实在性的基本特性的一种学说。……这个术语在近代哲学中的知名则是由于德国理性主义者沃尔弗,他把本体论视为导致有关 beings 的本质必然真理的演绎法。"

> 万有论(Ontologia,旧译“本体论”,但不精确)成为一学科始自亚里士多德;但本篇(笔者按:指《巴曼尼德斯篇》)已为这个学科奠定基础。它指出来,“是”(ουσια)分为一切的“有”(οντα),“割裂为最可能小的和最可能大的以及各种各样‘有’”,那么万有有一共通点,即分有“是”……[1]

这里需要作一些说明。第一,这里希腊文“ουσια”与“ον”一样,是系动词“ειμι”的动名词形式,相当于英文“being”,陈康译为“是”,也可译为“有”、“存在”、“本体”等,笔者采用“存在”的译法;“ουσια”的词性是动名词,是从系动词“ειμι”或其不定式“ετυατ”(相当于英文 be 及其不定式 to be)演化过来的,系动词“ειμι”原本就包含“是”、“有”、“存在”等意义;而陈康先生译为一切的“有”的“οντα”则相当于英文中的“beings”,它是“ον”的复数形式;“ουσια”(译为“本体”、“实是”、“实有”或“是”、“有”、“存在”等)的词性原本为分词(“ειμι”的现在分词形式是“ονσα”),但亦名词化了,所以在语法上指“分有”系动词“ειμι”(be 动、名双重意义的词);同样,“ον”也有名词、分词双重功用,故陈康此处译为“有”,也可译为“是的”、“是者”、“存在者”等。第二,ον(“是者”、“存在者”)在语法上“分有”了“是”(“存在”,ουσια、beings),兼具了系动词的功用,而在哲学范畴上也“分有”了“是”(“存在”)的意义,也即“存在者”范畴是从“存在”范畴中“分”出来或推演出来的。第三,“本体论”或“万有论”主要是研究“存在”(being)和统称为“存在者”(“是者”,beings)的各种范畴之间关系的学问,陈康正是据此而把柏拉图的《巴曼尼德斯篇》

---

[1] 柏拉图.巴曼尼德斯篇.陈康译注:注 252.商务印书馆,1982.181.

看做西方本体论的始作俑者的。

根据以上理解，笔者认为陈康关于《巴曼尼德斯篇》为本体论奠定了基础的结论是有道理的。因为，在《巴曼尼德斯篇》中，柏拉图首次把“存在”和诸“存在者”作为理念看待，并通过探讨“存在”与诸“存在者”在理念层次上的关系，修正了它早先关于理念单一性的观点，提出理念之间也应是相互“分有”或结合的新观点，完善了他的理念论。柏拉图以原爱利亚学派的巴曼尼德斯关于“存在是一”的假设为出发点，又借巴曼尼德斯之口进一步提出“如果‘一’存在”和“如果‘一’不存在”的假设，并由此作了八组推论。这里柏拉图把“一”设定为理念，分别假设“一”与其他理念结合或不结合时所导致的结果。他先假设在“如果‘一’不存在”的命题中如若“一”是孤立的、绝对的，它便不能与其他理念范畴相结合，由此推论，人们关于“一”就说不出其他任何规定性来，它只是纯粹的“一”，与“存在”无联系的“一”，无法“分有”“存在”的“一”，而这样的“一”不是“存在”，也就根本不是“一”，所以也无法被认识。据此，“一”作为理念就无法被认识，理念论就难以成立。柏拉图又从相反方面作推论，假设上述命题中“一”不是绝对的、孤立的，而是与其他理念，首先与“存在“结合的，其推论便是：如果“一”存在，它就“分有”了“存在”；这样的“一”是存在的，与纯粹的孤立的“一”不同；它是与“存在”结合的“一”，是“分有”了“存在”的“一”；这样的“一”本身就包含着“多”的规定性。柏拉图并由此推论出“一”之中结合着“一”与“多”、“部分”与“整个”等十三组理念和范畴来。这样，“一”的理念就存在并能被认识了。经过这一论证，柏拉图的理念论得到了修正。柏拉图这一论证对创立本体论意义重大。在命题“如果‘一’存在”（ευειεστιυ,

英文 if one is)中,柏拉图首次把系动词“是”或“存在”(εστιν 相当于 is,为动词 ειναι,相当于 to be 的直陈式第三人称单数形式)也即把动名词 ον(being)提到理念的高度来讨论,正如瑞恰生(W. J. Richardson)所说,“在柏拉图那里,这个词表达了诸存在者与‘存在’,即理念之间的关系”。[1] 在推论中,柏拉图承认理念可以相互“分有”和结合,首先任何理念都存在,所以“分有”“存在”,也因此他把所有理念统称为“存在者”,这样他就把理念论进一步上升到存在与存在者关系及相关范畴的抽象推理和逻辑演绎的本体论高度。

至于把本体论建设为一门学科,使之成为形而上学中最重要的组成部分的,自然应当归功于亚里士多德。亚里士多德在其《物理学》、《范畴篇》、《工具篇》等论著中建立起他的本体论思想,在稍后的《形而上学》中更是将这种思想系统化,形成了其本体论学说或学科。在该书卷三、卷四、卷五中都有关于本体范畴的讨论和哲学本体论研究对象、范围的论题。亚里士多德虽未提出“Ontologie”(“本体论”或“存在论”)这一词,但他明确提出,“有一门学术,它研究‘实是之所以为实是’,以及‘实是由于本性所应有的禀赋’”,它与“把实是切下一段来”研究其性质的“专门学术”不同,它是“寻取最高原因的基本原理”,从“实是之所以为实是”中寻求“第一原因”。[2] 在此,“实是之所以为实是”(ιο ον η ον,相当于 being as being)也可译为“存在之所以为存在”。亚里士多德实际上已为本体论定了位:第一,把本体论上升

---

〔1〕 海德格尔:经由现象到思想(英文版).11.
〔2〕 亚里士多德.形而上学:第4卷.商务印书馆,1959.56.

为一门与“专门学术”不同的普遍性学术，从而把本体论上升到学科高度；第二，确定了本体论研究的范围与对象：一为“存在之所以为存在”，二为存在的出于基本性（不为他物决定）的禀赋、特性；第三，本体论研究的目的是寻求存在之所以为存在的最高或第一原因的基本或普遍原理，而所谓第一原因，是说存在为第一、最终、最基础的原因，任何其他因素不能派生它而只能由它产生。

亚里士多德并对“存在”的普遍性作了说明，正式提出了“存在”（ουσια 或 being，吴寿彭中译本译为“本体”）概念。他认为，一切事物都可被称作“是”（存在）。其许多含义都关涉一个原理（起点），“有些事物被称为‘是’者，因为它们是本体，有的因为是本体的演变，有的因为是完成本体的过程，或是本体的灭坏或缺失，或是质，或是本体的制造或创生，或是与本体相关系的事物，又或是对这些事物的否定，以及对本体自身的否定。（为此故，我们即便说‘非是’也得‘是’一个‘非是’）”。这段话里用系动词“是”（ειμι，即 be）贯穿，而“本体”（ουσια，即 being）也即“是”的动名词形式，一切事物都可归结到“是”（或“存在”）上来，所以应有一门学科主要研究“是”或“实是”（“存在”），研究“实是之所以为实是”，这就是“本体之学”，“哲学家们就得去捉摸本体的原理与原因”。[1] 在论述“本体论”的范畴系统时，亚里士多德更明确地把所有范畴都称为“是者”（“存在者”），他说：“主要诸‘是’的分类略同于云谓的分类（范畴），云谓有多少类，‘是’也就该有多少类。”[2]这里“云谓”即“范畴”，“是”译为“是者”或“存在”更妥。

〔1〕 亚里士多德. 形而上学：第4卷. 商务印书馆，1959. 57.
〔2〕 同[1]. 94.

亚里士多德还概括了四种“本体”(存在)的形式:(1)“不为别的主题作云谓而别的事物却为它们作云谓”的“单纯物体”;(2)能使事物成为“实是”(存在)的原因的“那些内在事物”;(3)事物中作为“范限与标记”使事物成为独立个体的那个部分;(4)“怎是”,其公式即定义。他并从中归纳出“本体”的两个基本意义:“(甲)凡属于最底层而无由再以别一事物来为之说明的,(乙)那些既然成为一个‘这个’,也就可以分离而独立的。”[1]

亚里士多德的“文体之学”把追问“实是(存在)之所以为实是(存在)”作为核心和基本内容,并把“本体”作为“存在之所以存在”的基本依据与原理,从而在所有“是者”中突出了本体的地位。这样,他就创立了西方第一个本体论学科。以后,中世纪经院哲学的神学本体论(关于上帝存在的证明)至笛卡尔的二元本体论、再到黑格尔《逻辑学》关于理念的本体论推演,都是对亚里士多德本体论思想的发展与完善。这里要说明的是,本体论虽在亚里士多德手中形成学科,但并不完善,还未与古希腊的宇宙论、世界本原论等划清学科界限。按照沃尔弗及后来西方哲学家关于本体论的界定,本体论内容上是关于存在(“是”)之学,在方法上是用纯逻辑方法进行的范畴推演与原理、体系的构造,并不涉及具体的、现实的、物质的对象,也不是“关于世界”的学说,或是对世界根源、“第一原因”的追寻。譬如康德说先验哲学“是通过一个不考虑可能给予的对象而只指示一般对象的、全部概念和原理的体系(本体论)来进行的”,[2]就是明证。黑格尔的《逻辑学》就是一部典

[1] 亚里士多德. 形而上学:第4卷. 商务印书馆,1959. 95.

[2] 康德. 纯粹理性批判. 见M. 穆勒尔英译本1966年版.

型的本体论著作，它从存在（“有”，sein，即 being）范畴开始，层层推演出逻辑学的全部范畴、概念或规定性系统，并把这些范畴系统划分为存在论、本质论和概念论三大部分，这正是关于“存在”的、用纯逻辑方法构造的范畴体系。但在亚里士多德那里，还不纯粹使用逻辑构造的方法，正如有的学者所精辟指出的，“他把语法学、逻辑和经验的方法混杂在一起”，如说本体是可以充当主语的语词的范畴，本体不表述其他范畴，而其他范畴都是表述本体的，就属语法学论证；又如把本体看做土、水、火等单纯物体，或独立存在的个别事物，诸种性状只能依附于这种独立事物，便是用经验的方法。[1] 这种混淆，特别是与经验方法的混淆，就造成了本体论与自然哲学、宇宙论、世界本原论等的混淆，也造成了今天人们对本体论的某些误解。譬如早期希腊哲学不少拘于自然哲学或某种单纯物质（体）本原论，认为世界、宇宙的终极根源是土或水或火这样一类物质实体，亚里士多德把这种思想也看做一种“本体之学”，实质上把本体论的范围无限扩大了，把本体论的形成时间也大大提前了。而这，正是当今哲学界、美学界对本体论产生误解的一个重要原因。如前所述，有的美学论文说本体论“以后”又“发展为关于世界的本原的研究”便是犯了双重误解：一是在时间上的误解，西方哲学史上“关于世界本原的研究”远远早于本体论研究，而不是由本体论“发展”出来的；二是对学科内容、对象、方法的误解，把本体论看成“关于世界”的研究，而非关于存在的纯逻辑范畴、原理、体系的构造，这与该文前面对本体论的正确界定是

〔1〕 俞宣孟．东西方哲学比较研究：“本体论”．上海教育出版社，1994．104．本节对俞宣孟关于“本体论”的不少见解表示赞同，并在观点、材料上多有吸收、采用。

自相矛盾的。又如，一些学者把古希腊的自然哲学称为"物质本体论"，也是不对的，本体论是不涉及具体的物质对象的，把具体物质本原概括为本体论，本身就是逻辑上的悖论，自相矛盾。

三、本体论的现代复兴

西方的本体论研究在笛卡尔之前一直是形而上学的最重要的课题和内容。自笛卡尔开启了近代哲学的新路子后，认识论研究上升到形而上学的中心位置，本体论研究的地位在降低。但是，20世纪以来，随着现象学和存在主义哲学的崛起，特别是海德格尔的存在论哲学的问世，本体论研究重新又获得普遍重视，本体论在形而上学中的地位重新得到提高。笔者认为，这标志着本体论的现代复兴。因此，前面提到的当前美学研究中的第五种误解，即把海德格尔等人的存在主义或"生存论"哲学与本体论截然分开，显然犯了常识性错误。

海德格尔在《存在与时间》这部巨著开首就集中讨论"存在意义的问题"。他首先从"存在"是最普遍的概念、"存在"概念不可定义和"存在"是自明概念等三方面论证了"突出地重提存在问题的必要性"；接着论述了"存在问题在本体论（即'存在论'）上的优先地位"，提出："任何存在论（笔者按：Ontologie，即本体论），如果它不曾首先充分澄清存在的意义并把澄清存在的意义理解为自己的基本任务，那么……归根到底它仍然是盲目的，并背离了它最本己的意图"；[1]然后，又论证了"存在问题在存在者状态上的优先地位"，他用"此在"（Dasein）一词特指"存在着的人"这样一种

〔1〕 海德格尔. 存在与时间. 三联书店，1999. 13.

特殊的存在者，指出其独特处在于"在它的存在中与这个存在本身发生交涉"，"对存在的领会本身就是此在的存在的规定"，"它在存在论层次（笔者按：即'本体论层次'）上存在"。[1]

海德格尔着重分析了此在的"生存论"（Existenzial）性质。他说："此在总是从它的生存（Existenz）来领会自己本身"，"生存只是被当下的此在自己以抓紧或者耽误的方式决定着"，因此，有必要"对此在作出生存论上的分析"，也因为"只要生存规定着此在，对这个存在者的存在论分析就总需要对生存论建构作一番事先的考察"。[2] 显而易见，海德格尔的本体论（存在论）一是把"此在"（人的存在）作为探讨的中心或置于优先地位；二是对"此在"的本体论探讨是以对它的"生存论"分析为基础的，在此意义上，生存论是本体论的基础与核心，两者是完全一致的，决不像有的学者把两者完全分割开来甚至对立起来，却批评别人把两者"混淆在一起"；三是海德格尔进一步把对此在（人的生存）的生存论分析看做一切本体论（存在论）的基础，并把他自己的本体论研究称为"基础存在论"（Fundamental Ontologie，亦译"基本本体论"），指出："其他一切存在论所源出的基础存在论必须在对此在的生存论分析中来寻找。"[3]

一部《存在与时间》，可以说基本上就是对"此在在世"即此在的生存论或生存状态的系统考察。全书结束时，海德格尔把此书的工作总结为"生存论时间性上的此在分析工作与基础存在论上的一般存在意义问题"的探讨，即"在生存论存在论上着眼于本真

---

〔1〕 海德格尔. 存在与时间. 三联书店，1999. 14.

〔2〕 同[1]. 15.

〔3〕 同[1]. 16.

生存活动与非本真生存活动的可能性从这两种生存活动的根据处出发而对实际此在的源始整体加以阐释”;由此他对哲学作出了新的本体论概括:“哲学是普遍的现象学存在论(笔者按:即本体论),它是从此在的诠释学出发的,而此在的诠释学作为生存的分析工作则把一切哲学发问的主导线索的端点固定在这种发问所从之出且所向之归的地方上了。”[1]

由此可见,海德格尔的存在主义(或生存论)哲学是一种典型的本体论哲学,它把存在的意义作为哲学研究的中心任务,把对此在的生存论分析作为贯穿始终的基本线索。可以说这是与黑格尔以前的古典本体论相区别的现代本体论,或本体论的现代形态。海德格尔的基础存在论(基本本体论)重新把本体论提升到哲学的基础和核心地位,甚至干脆把哲学定义为“现象学存在论(本体论)”,从而把西方哲学从笛卡尔开始的“认识论转向”重新拉回到本体论轨道上来。其后,伽达默尔的哲学阐释学、卢卡奇的社会存在本体论和哈贝马斯的交往理论,都延续了这一条现代本体论的思路,并对美学研究产生了深远影响。以海德格尔的生存论哲学为代表的现代本体论的崛起,是20世纪西方哲学的一大景观。把现代生存论或存在主义哲学硬行与本体论分割开来,排除在本体论视野之外,乃是一个极大的错误。

海德格尔本体论的现代视野,主要表现在把存在的一般研究集中到人的存在即此在的研究上。

首先,对此在的生存论分析,使海德格尔突破了笛卡尔以来主客二分的认识论思维模式,恢复了人与自然、世界、社会的统一。

---

[1] 海德格尔.存在与时间.三联书店,1999.492-493.

他批评笛卡尔的“我思故我在”确立了与自然、世界对立的人的“自我”和主体性，导致了主体与客体、人与世界的分离，最终导致人与存在的分离，即“存在的遗忘”；他对此在的生存论分析，是从揭示此在的基本生存状态“在世界中”入手的。此在与世界不是主体与客体的分立、对立关系，“此在在世”意味着此在与世界浑然一体、不可分离，世界不是在此在之外的实体，而是此在的生存状态或此在存在的敞开状态，“如果没有此在生存，也就没有世界在‘此’”；[1]此在也不是与世界对峙的“主体”，“首先‘存在’的或一直给定的从不是无世界的单纯主体”。[2] 这样，就彻底否定了笛卡尔以后的主客二分的思维模式，“此在在世”达到了人与世界的真正的统一。

其次，对此在基本生存状态的过程的揭示，也使海德格尔对人的存在的理解从抽象转为具体。在笛卡尔式的主客二分框架里，理性思维成为主体的本质和主体性原理，人被当成与客体、世界相分离的认知的、理性的主体，理性成为人的抽象本质。海德格尔从“此在在世”的生存机制出发，通过对日常生活中“常人”的“烦”、“畏”、“无”、“沉沦”、“死”、“良知”等生存状态的分析，昭示了此在由非本真存在向本真存在超越的可能性与道路。这样，就以非理性的态度消解了传统形而上学中的理性主体，避免了把人与世界对立起来的二元论倾向，并把人从抽象的“理性”本质的世界中解放出来，拉回到与世界一体的现实生存中，还原为具有七情六欲、生老病死等生活特征的具体人。这是对传统人本主义思想的

〔1〕 海德格尔. 存在与时间. 三联书店，1999. 414 – 415.
〔2〕 同[1]. 135.

批判与超越,也是对现代人本主义思路的开启。

总之,海德格尔的基本本体论中人的存在(此在)具有突出的优先地位,可以说其本体论的核心与基础就是对人的存在即此在的探究,并由"此在"进而追问存在的意义。这一本体论新思路对我们当前哲学、美学的研究极富启迪性。笔者据此提出了实践美学以实践为人的基本存在方式,故其哲学基础为实践存在论的观点。

四、翻译上的失误

当前美学研究中之所以会出现上述种种对本体、本体论范畴的误解和误用,如若追根溯源,恐怕最主要的原因是当初哲学翻译上的失误或误读,即用"本体论"译"Ontology"。而这种误译一旦被普遍接受、约定俗成,又与中国的语言习惯和哲学传统相结合,便产生了更大程度的误读与误解。

到底是谁第一个把"Ontology"译成"本体论",现已难考,但这个译名显然是按中国文化传统去读西方的形而上学时产生的误读与误译。这主要是因为中国古代哲学中并无专门探讨存在、存在者及其相互关系的逻辑推演这一部分。诚然,中西哲学中有相通的一面,即都有把哲学看成探究世界的终极本原和超越现象、经验界定的绝对本质的学问这样一种追求形而上的倾向。所谓"形而上者谓之道,形而下者谓之器。"[1]中国古代哲学中对"道"的寻求与西方 metaphysics(形而上学)的探讨,大方向一致。但是,中西形而上学的探讨只有部分重叠,如都有关于世界本原、本性、本

〔1〕 周振甫. 周易译注. 中华书局,1991. 250.

质的探讨，也都有关于人与自然的最根本、最一般的道理的论述；但有相当部分并不重叠，如中国的“道”论，探究天人之根本，把道作为统摄一切的最高、最普遍的概念，是中国形而上探究的最高、最集中的体现，这一点与西方的本体论在西方形而上学中的地位相近，但实质上却与西方本体论有着根本的区别：“道”论并不把“道”看成是与经验事实（万物）无关或独立于万物之外的精神存在或理念王国，而是认为“道”不离“器”，“道”就在万物中，就体现为万物的运动规律和原则，因而它只是用“道”的普遍概念说明实际经验事物；这与本体论把存在看成完全脱离经验事实的抽象范畴，把“存在”的探究看成是独立的纯概念、范畴的逻辑推演，即从最高、最普遍的“存在”范畴推演出各种较低、较特殊、具体的范畴，这样一种抽象的逻辑构造的原理与方法是完全不同的。换句话说，中国古代的“道”论绝对不是也不相同于西方的本体论，中国古代哲学（或形而上学）中不存在西方哲学意义上的那种本体论（存在论）。

受中国哲学熏陶的中国学者在翻译西方哲学中的“Ontology”这一词时，由于没有对中西形而上学的上述根本区别认识清楚，误把西方的存在论看成类似于中国“道”论的探究天人之根本的学问，因而用“本体论”一词去译之。“本体论”顾名思义是“本体”之学，而“本”、“体”二词均有根本、根据、本原、本质、本性等意，二词合用于一“论”，给人的印象便是探究宇宙、世界、天人之本质、本原、根据、第一原因等的学说，这就离开了“Ontology”（存在论）的本意。这样一种误译带来的后果是严重的，而且是双重的：一方面对西方的存在论哲学产生误解，进而导致对西方哲学史整体概括上的某些重大失误；另一方面导致对中国传统哲学的概括、解释也出现偏差,进而对中国哲学建构产生误导。

“本体论”这一误译及其约定俗成,导致国内学术界乃至哲学界的一些有影响的学者、辞书都对“本体论”作出了误解。前面已提到,不少哲学辞典都把“本体论”概括为关于世界本原或本性问题的理论;有的把本体论说成是“宇宙论”的一部分;还有的学者干脆把回答世界万物诸如“有没有一个统一的本体或本原,作为它们共同的根据?”“这个本体是物质的东西还是精神的东西?”本体和事物现象的关系是怎样的?”等问题的哲学理论称为“本体论”。[1] 这些望文生义的误释导致了一系列混淆:

第一,本体论与本质论(相对于现象)相混淆,任何学问只要是透过现象讨论事物的本质的,都属于本体论了。这就导致美学只要重点讨论美和艺术的本质,也被纳入美学“本体论”范围,这种情况已不是个别的,而是相当普遍的了。

第二,本体论与宇宙论或自然哲学相混淆,于是本体论从抽象逻辑构造降为宇宙、自然始基、本原的经验寻求,据此,本体论不是自柏拉图、亚里士多德始,而是从古希腊前苏格拉底的哲学家们那个时候起就有了。

第三,本体论与本原论相混淆,造成把文艺学、美学对艺术起源的发生学研究都看成本体论研究,艺术本体论成了艺术根源论。

第四,本体论与本根论相混淆,以本体为本根,如在概括文学艺术思潮时,往往把以何者为本根作为标准和尺度,把突出人的个性的思潮称为“人本思潮”,而把偏重于文字、语言、形式的思潮名

---

〔1〕 方克立. 论中国哲学中的体用范畴. 见中国哲学范畴集. 人民出版社,1985. 130.

之为“文本思潮”，并把关于这样一种文艺以何为“本”的探讨看成是艺术本体论的主要内容。

第五，本体论与哲学基本问题相混淆。恩格斯把西方哲学的基本问题概括为“思维对存在、精神对自然界的关系问题”，即“什么是本原的，是精神，还是自然界”的问题，并把哲学史上对此基本问题的不同回答划分为唯心主义与唯物主义两大阵营，有人据此把基本问题等同于本体论问题了。这里应当分清，基本问题不等于本体，对基本问题的回答也不等于本体论，西方哲学、美学中许多正面探讨这一基本问题的，无论唯物主义还是唯心主义，并不一定涉及本体论（存在论），而中国哲学、美学中也有关于这一问题的回答，更与本体论无关。

这些误解，特别是第五种误释，不但造成本体论研究本身的误解，而且必然会对西方哲学、美学史的总结和概括产生歪曲，似乎一部西方哲学史就是唯心、唯物两种本体论斗争、消长的历史，这是完全不符合历史实际的。

对“Ontology”的误解，也给中国传统哲学、美学的研究与20世纪中国哲学的自觉建构带来了误导。连我国有的大学者在这一点上也不免有失当之处。例如，有的学者把“存在论”译为“存在本体之真”，虽未全失“存在论”或“是论”之本意，但把存在论不同于宇宙论之处归结为万物之本体（本原、本根、“真际”、真理）的探究，即不拘泥于“物理”的探讨而专注于“本体之体会”，终究同西方存在论（Ontology）的内涵大不相同。再如，张岱年先生的《中国哲学史大纲》把中国哲学中宇宙论分为本根论与大化论两部分，认为前者相当于西方的本体论，后者相当于西方的宇宙论；又说

“关于宇宙哲学，西方分为‘本体论’和‘宇宙论’两部分”，[1]显然，是把本体论与宇宙论相混淆了，而且又把对西方哲学的这种误解搬到对中国哲学的解释上，实乃误上加误。

值得注意的是，20 世纪的一些新儒学大师或学者在建构现代中国哲学体系时也因“本体论”的误译而受到局限。例如，熊十力先生力主哲学以“本体论为其分内事”，[2]而他心目中的“本体论”乃是追寻宇宙实体、万物本原及吾人真性本根之学。[3] 他对“本体”范畴作了四个界定：万理之源、万德之端、万化之始；无对即有对，有对即无对；无始无终；显为无穷大用，既变又不变。[4] 并指出，“本体”虽不妄执于现实，不是“一物”，却也不超然独立于物外，而是万物之本根、本原、本质，故“一切物都是本体的显现”。[5] 与众不同的是，他把本体论与科学知识相对立，强调哲学与科学、修养与知识应加以区分；认为西方哲学是与科学一路的知识，偏重于现象、经验之真，中国哲学应求日常现象、经验“所以形成的原理、成实相之真”；[6]并认为中国哲学“比于西人独立知本”，西方哲学之“谈本体，只是猜测卜度，非睿智所照，故往往堕于戏论”。[7] 这里，显示出熊十力对西方本体论的生疏与隔膜，而他所倡导的本体论与中译西文 Ontology 的“本体论”毫不相干。这一“本体论”误解也阻碍了他在建构新哲学时取得新的突破，无

〔1〕 张岱年. 玄儒评林. 湖南人民出版社，1985. 2.
〔2〕 熊十力. 熊十力集. 群言出版社，1993. 286.
〔3〕 同[2]. 320.
〔4〕 同[2]. 281 – 282.
〔5〕 同[2]. 283 – 284.
〔6〕 熊十力. 体用论. 上海龙门书局，1958. 5.
〔7〕 同[2]. 293.

法真正去追问存在特别是人的存在的意义。再如,杜维明先生论述宋明儒家哲学时说,“如果没有一种本体论的观点,新儒家的道德哲学将缺乏自足性,它的社会观也将是没有根据的”,[1]这自然很对;但当他断言以社会伦理学为主干的宋明理学也建立在一种高度整体的形而上学层面上”,而这就构成其“本体论的基础”时,他对“本体论”也陷入了误解。按此理解,“本体论”即为道德哲学中的形而上学层面(一种“道论”?),这与西方本体论含义大相径庭;而企图在中国儒家哲学论中寻找本体论根据,本身又是以西方哲学硬套中国哲学,并不符合中国哲学的实际。而若想以此种思路、方法来复兴、构建当代中国新儒学(这是海内外新儒学倡导者们的目标),实际上永远也找不到真正的“本体论基础”。

上面笔者对“本体论”(Ontology)范畴在中国的误译、误读及其造成的影响作了初步的探源。但是,我们不得不面临着这样一种误读、误用的普遍化和约定俗成的现实,任何个人都无力阻止或改变这个现实。那么,究竟如何客观、全面地看待、评价这一类误读和误用呢?在实际操作中又如何应对这种误用呢?

笔者的建议是:第一,学术界共同努力,对“本体论”及相关概念作进一步的梳理,厘清其准确意义,达成一定的共识;第二,在哲学界,因为范围相对小一点,在用到“Ontology”概念时,尽可能采用“存在论”、“是论”或“万有论”等译法,而避免再误用“本体论”的译法,这纠正起来,也许不太难;第三,“本体论”、“本体”等概念、术语,由于已被学术界特别是美学界在其字面意义上广泛使用(误用),所以,遵从约定俗成的惯例,可继续保留和使用,如在本

[1] 杜维明.儒家思想新论.江苏人民出版社,1991.153.

原论、本质论、本根论等意义上继续使用。同时，也要在既成误读的现实基础上作合理调整，以解决两难问题，使误读的合理性得以保存，而误读的消极影响则能在一定范围内得到消除。笔者以为，这个建议虽主要针对对“本体论”的误解，却在一定程度上也可能适合于对其他学术概念的误译、误解问题的解决，至少在思路上也许能提供某些启示。至于是否行得通，还有待实践的检验。

第三节

马克思人学思想的现实尺度

探讨中国当代美学建设，离不开人学问题，应把它作为一个基础问题来思考。

确立马克思主义美学的人学基础，必须真正确立以人为本的根本理念，要承认人除了有具体的、变化的、社会集团（如阶级、阶层等）的人性外，同时还有一般的、共同的、普遍的人性；文学要为人类构筑良好的人性基础，就有必要、有权利、也有义务去表现这种一般的、普遍的人性。这个问题在当前我国美学界并没有取得共识。而这个问题不解决，马克思主义美学的中国化在很大程度上只能流于空谈。

首先，要明确“以人为本”到底是不是马克思主义的基本观点。长期以来，国内的主流看法是，“以人为本”是西方近代以来资产阶级人道主义或人本主义的主张，而不是马克思主义的观点。其理由是“以人为本”的“人”是抽象的、一般的人，同样，“人性”

也是抽象的、一般的、普遍的人性或人的一般的、普遍的共同性；而马克思主义则只承认现实的社会关系中的具体的人和具体的人性，即在阶级社会中只承认阶级（阶层和其他社会集团、群体）的人和人的阶级（阶层和其他社会集团、群体）性。近年来，随着“以人为本”进入党的十六大报告而成为主流话语的关键词之一、成为国家意识形态的战略目标之一后，理论界对这个口号（命题）也改变了正面反对和批判的态度，而采取了重新阐释的策略，即把“以人为本”的“人”解释为广大人民群众即“人民”，于是这个命题实际上变成“以民为本”了。但是，“以民为本”与“以人为本”之间可以画等号吗？符合马克思主义的原意吗？笔者看来，这个替换忽略了马克思主义人学理论内在地包含着人道主义和人本主义的基本原则，从而把马克思主义与人道主义、人本主义人为地对立起来，似乎人道主义、人本主义成了西方资产阶级的专利。笔者认为，这是我们认识“以人为本”思想的一大误区。

其实，马克思、恩格斯在创建马克思主义的时期就继承和改造了德国古典哲学、特别是费尔巴哈的人本主义思想。在一定意义上可以说，马克思主义社会革命理论一开始就是从“以人为本”的思想出发的。在《〈黑格尔法哲学批判〉导言》中，马克思明确提出应该“实现一个不但能把德国提高到现代各国的正式水准，而且提高到这些国家最近的将来要达到的人的高度的革命”。他对费尔巴哈的宗教批判理论作了革命性的阐发，指出“人的根本就是人本身”，“对宗教的批判最后归结为人是人的最高本质这样一个学说，从而也归结为这样的绝对命令：必须推翻那些使人成为被侮辱、被奴役、被遗弃和被蔑视的东西的一切关系”。[1] 在此,人就是最高目的、最高本质,社会革命就是为了彻底推翻压迫、奴役人的旧的社会关系,达到人和人类的彻底解放。如果说,近代资产阶级人本主义主要是针对中世纪神本主义、神权至上的抗争和批判,那么,马克思的人本主义则是对人类历史上最残酷地压迫、奴役人的现代资本主义社会关系的彻底批判和否定。在此,“以人为本”的批判性、革命性是毋庸置疑的。

问题的关键是马克思“以人为本”思想中的“人”究竟是普遍的、一般的人,还是具体的、阶级的人?其实,只要我们不带任何偏见,那么从上面引文中不难发现,马克思说的“人的根本就是人本身”、“人是人的最高本质”等,就是也只能是指普遍的、一般的人,而不是指具体的、阶级的人。换言之,马克思明确承认存在着普遍的、一般的人,当然,也顺理成章地承认存在着普遍的、一般的人性,即人的族类性或共同人性。

在此,需要澄清的是,既然马克思曾经批判费尔巴哈离开社会现实,把人仅仅理解为抽象的(自然的)人,又怎么能够说马克思承认存在着普遍的、一般的人和普遍的、一般的人性呢?且让我们看一看马克思是如何批判费尔巴哈关于人的观点的。他说:费尔巴哈“(1)撇开历史的进程,把宗教感情固定为独立的东西,并假定有一种抽象的——孤立的——人的个体。(2)因此,本质只能被理解为‘类’,理解为一种内在的、无声的、把许多个人自然地联系起来的普遍性”。[2] 显然,这里马克思并没有否定存在一般的

〔1〕 马克思恩格斯选集:第1卷.人民出版社,1995.9-10.

〔2〕 同[1].56.

人和人的一般本性,而是指出费尔巴哈的错误在于离开历史进程和社会存在,孤立地、自然地理解人和人的本质,费尔巴哈所指的人只能是纯然感性的自然人共同组成的“类”,这种人的“类”本质只能是所有感性自然人的共同属性的抽象。而马克思在《1844年经济学哲学手稿》(即《巴黎手稿》)中虽然也借用了费尔巴哈的“类”、“类本质”等术语,但却注入了社会、历史的内涵,从而与费尔巴哈有了本质的区别。马克思指出,“作为类意识,人确证自己的现实的社会生活”;〔1〕他一方面肯定“人直接地是自然存在物”,是“有生命的自然存在物”,〔2〕另一方面指出个人同时又“是社会存在物”;〔3〕针对费尔巴哈把人只看做许多作为自然存在物的个人及其共同自然属性的概括而与社会相分离的倾向,马克思强调:“应当避免重新把‘社会’当作抽象的东西同个人对立起来。个体是社会存在物。因此,他的生命表现……也是社会生活的表现和确证。”〔4〕由此可见,马克思这里所说的人虽然也是普遍的、一般的人,但却是自然性与社会性、个人与社会相统一的人,他所说的人的一般本性或普遍人性也是自然性与社会性、个体性与社会性的统一,与费尔巴哈所说的作为“人类个体”的人和作为“内在的、无声的、把许多个人纯粹自然地联系起来的共同性”的普遍人性,显然有着本质的区别。这正是马克思主义的人道主义、人本主义与费尔巴哈非历史、非社会的人本主义的根本区别。对此,我

〔1〕 马克思.1844年经济学哲学手稿.见马克思恩格斯全集:第3卷.人民出版社,2002.302.

〔2〕 同[1].324.

〔3〕 同[1].

〔4〕 同[1].

们不可不察。

那么，马克思是在何种意义上承认普遍的、一般的人和人性的呢？我们认为，一是相对于神和神性而言，这是马克思继承和发展了西方近代以来的启蒙思想传统，包括对近代人本主义思潮、特别是费尔巴哈人本主义思想的吸收和改造。二是相对于自然界特别是相对于动物而言，是强调作为族类（即社会）的人对动物的整体超越和质的飞跃。“以人为本”的“人”正是上述两种意义的综合。这里我们着重讨论后一种意义上的“人”。在马克思看来，人一方面是自然界的一部分，另一方面又通过实践活动既创造了人自身，超越自然界而成为社会的人，同时又改变自然界，使自然人化，成为人的自然。这样，实践就成为人与动物的分水岭，是人之为人的根本标志。关于这一点，马克思在《1844 年经济学哲学手稿》中作了极为深刻、充分的论述。

马克思曾经深刻地揭示出人与动物的根本区别在于两者的生命活动的性质不同，“动物和自己的生命活动是直接同一的”，而人的生命活动的“自由的有意识的活动恰恰就是人的类特性”，即实践活动。[1] 这里“人的类特性”就集中体现为人的实践活动，这就是人区别于动物的一般本质，因为只有人能够进行自由自觉的实践活动，而动物则不能。所以，“有意识的生命活动把人同动物的生命活动直接区别开来。正是由于这一点，人才是类存在物”。[2] 马克思还强调指出这是人的“精神本质，他的人的本质”。正是通过实践这种“自由的自觉的活动”，“人则使自己的生

〔1〕 马克思. 1844 年经济学哲学手稿. 见马克思恩格斯全集：第 3 卷. 人民出版社，2002. 273.

〔2〕 同[1].

命活动变成自己的意志和意识的对象”;人的这种自由、自觉的生命活动,实质上就是“创造对象世界”,“改造无机界”,是“人的类生活的对象化”,即人的本质力量的对象化;而正是通过这种自由、自觉的生命活动,“人才真正地证明自己是类存在物”,并且使“自然界才表现为他的作品和他的现实”〔1〕。更为重要的是,马克思还对人的生产(实践)活动与动物的生产的本质区别作了经典性的阐述。他说:“动物的生产是片面的,而人的生产是全面的;动物只是在直接的肉体需要的支配下生产,而人甚至不受肉体需要的影响也进行生产,并且只有不受这种需要的影响才进行真正的生产;动物只生产自身,而人再生产整个自然界;动物的产品直接属于它的肉体,而人则自由地面对自己的产品。动物只是按照它所属的那个种的尺度和需要来构造,而人懂得按照任何一个种的尺度来进行生产,并且懂得处处都把内在的尺度运用于对象;因此,人也按造美的规律来构造。”〔2〕这里,马克思不但从性质、范围、目的、产品等方面对人与动物两种生产的本质区别进行了深刻的比较,突出了人的生产(实践)高于动物的生产的最本质特征在于自由性,从而把自由自觉的实践活动上升到人之为人的类本质(人区别于动物的人的共同本质、一般本质)高度,把实践上升为人的基本存在方式的存在论(本体论)高度;而且由人的实践活动的自由性出发,提出只有人,只有有意识的、自由对待自己的生产活动和产品的人,才能够按照美的规律来进行构造,进行美的创造,这就在美学史上首次将审美和美的规律奠基于人的有意识的

〔1〕 马克思. 1844 年经济学哲学手稿. 见马克思恩格斯全集:第 3 卷. 人民出版社,2002. 273.

〔2〕 同〔1〕. 273 - 274.

生命活动即实践活动之上，为美学确立了实践存在论的哲学基础。这一点，对于马克思主义美学中国化无疑具有极为重要乃至根本的指导意义。

由上可知，马克思明确地肯定了区别于动物的一般的、族类的人的存在，并把自由、自觉的生命活动（实践）看做人的类本质或一般本质。换言之，人有着可以抽象的、区别于动物的一般的、普遍的、人的族类性和共同性，即人的一般本性或普遍人性。但有人认为这是马克思早期的不成熟的表述。我们认为不然，此处可以他的成熟著作《资本论》中的一段话语为佐证。马克思在批评英国哲学家边沁的"效用原则"时明确指出："效用原则并不是边沁的发明。他不过把爱尔维修和十八世纪其他法国人的才气横溢的言论平庸无味地重复一下而已。假如我们想知道什么东西对狗有用，我们就必须探究狗的本性。这种本性本身是不能从'效用原则'中虚构出来的。如果我们想把这一原则运用到人身上来，想根据效用原则来评价人的一切行为、运动和关系等等，就首先要研究人的一般本性，然后要研究在每个时代历史地发生了变化的人的本性。但是边沁不管这些。他幼稚而乏味地把现代的市侩，特别是英国的市侩说成是标准人。凡是对这种古怪的标准人和他的世界有用的东西，本身就是有用的。他还用这种尺度来评价过去、现在和将来。"[1]在此，马克思告诉我们：第一，"效用原则"并非边沁的发明；第二，效用只是相对于所发生效用的主体而言的，是对于特定主体的一种特定关系，离开了特定主体，无所谓效用和效用原则；第三，而要研究效用的具体内容，就必须对所发生效用的

〔1〕 马克思.资本论：第1卷.人民出版社，2004.704.注63.

特定主体的一般本性深入研究，因为特定效用只能产生于特定主体的本性，马克思以动物狗这种比喻性主体（非真正主体）为例，认为“假如我们想知道什么东西对狗有用，我们就必须探究狗的本性”；第四，据此作出“如果我们想把这一原则运用到人身上来，想根据效用原则来评价人的一切行为、运动和关系等等，就首先要研究人的一般本性，然后要研究在每个时代历史地发生了变化的人的本性”的重要推论，毫无疑问，这里的“人”是作为接受效用的主体的抽象、一般的人，这里的人性既有“人的一般本性”，又有“每个时代历史地发生了变化的人的本性”，这是马克思正面肯定存在着“人的一般本性”的确凿证据；第五，马克思批判边沁的核心观点，是认为边沁没有正确区别“人的一般本性”与历史变化着的人的本性，而是“把现代的市侩，特别是英国的市侩”打扮成“标准人”，即一般的人，把他们那种代表特定时期特定阶级、阶层狭隘利益的特殊的人性扩展为人的一般本性，并以此为处处时时适用的普遍原则和永恒尺度，应用于现实的方方面面和“过去、现在和将来”的一切时代。对边沁的批判从另一侧面证明马克思肯定了一般的人（但决不是边沁的“标准人”）和人的一般本性的存在，同时揭露了边沁把特定时期狭隘的具体的人性冒充为普遍的、永恒的一般人性（“人的一般本性”）的卑劣伎俩。

由此可见，承认一切时代存在着本质上区别于动物的普遍的、一般的人，存在着普遍的、一般的人性和人的类本质，即人的自由自觉的生命活动（实践），承认这就是人区别于动物的类的共同性或“人的一般本性”，乃是马克思主义的观点。而这一观点不应该被视为资产阶级和修正主义的观点来加以批判；当然在运用这一观点时，应当根据有关研究对象，将“人的一般本性”与“在每个时代历史地发生了变化的人的本性”结合起来研究。因此，从这个意义上说，马克思主义以人为本的观点，就是指以区别于神和动物的普遍的、一般的人为本，而不是什么以“民”为本（其实，“民”本身也是一个抽象的、一般的概念）。

也许有人会说，如果以普遍的、一般的人为本，马克思主义的人学理论岂不是丧失了革命的、批判的意义了吗？我们认为，这是一种严重的误解。如果我们结合马克思的异化劳动理论和科学社会主义学说来看其以人为本的人学思想，就不难理解它的巨大的革命意义了。

马克思的《巴黎手稿》并不是为肯定人的一般本质而讨论人的一般本质的。马克思是以一种极其宽广的宏观的历史眼光来审视整个人类社会的演进与人的解放和人性演变之关系及其内在规律的。其基本理路是：

人在实践活动中生成为人——出发点：未被异化的一般的人和人的一般本质和本性（自由自觉的生命活动）——私有制特别是资本主义私有制下的异化劳动造成人的异化（“私有财产即人的异化”[1]），使人的一般本质（本性）被异化（扭曲、肢解、分裂、畸形化、片面化、机械化等等）甚至丧失，如马克思所说“私有制使我们变得如此愚蠢而片面”，于是一般的人和人的一般本性也就不再存在——无产阶级的社会革命彻底推翻私有制、建立共产主义社会，就能够彻底解放全人类，也就把人从异化状态下解放出来，使被异化的一般人性得以重新复归，使人在更高的层次上重新

〔1〕 马克思. 1844 年经济学哲学手稿. 见马克思恩格斯全集：第 3 卷. 人民出版社，2002. 297.

成为具有自由自觉的生命活动的一般本性的一般的人。

这也是马克思从一般的人和人的一般本性出发向更高的一般的人和人的一般本性回归的历史逻辑："共产主义是私有财产即人的自我异化的积极的扬弃，因而是通过人并且为了人而对人的本质的真正占有；因此，它是人向自身、向社会的即合乎人性的人的复归。"[1]显然这种复归不是简单的恢复，而是在更高水平上的提升和发展，即马克思所说的"人以一种全面的方式，就是说，作为一个总体的人，占有自己的全面的本质"。[2] 这里，共产主义扬弃了人和人性的异化，扬弃了人性的扭曲和片面化，不仅恢复到起始阶段的一般的人和人的一般本性，而且提升到"总体的人"和"占有自己的全面的本质"的人的新高度，人的一般本性（普遍、共同人性）达到全面发展的更高水平。这是一个否定之否定的螺旋型上升的过程，是一部人类社会通过革命和批判逐渐迈向更高、更文明阶段的历史。联系到《共产党宣言》关于共产主义社会中"代替那存在着阶级和阶级对立的资产阶级旧社会的，将是这样一个联合体，在那里，每个人的自由发展是一切人的自由发展的条件"[3]的理想目标的表达，以及《经济学手稿（1857—1858）》中关于人类社会第三阶段（共产主义社会）是建立在个人全面发展和他们共同的社会生产能力成为他们的社会财富这一基础上的自由

---

〔1〕 马克思. 1844年经济学哲学手稿. 见马克思恩格斯全集：第3卷. 人民出版社，2002. 297.

与《马克思恩格斯全集》第42卷（人民出版社1979年版）的译文相比，此处"合乎人性的人"的译法更能体现马克思对一般的人和人的一般本性的肯定和认可。着重号为笔者所加。

〔2〕 同[1]. 303.

〔3〕 马克思恩格斯选集：第1卷. 人民出版社，1995. 294.

个性的论述，[1]可以清楚地看到，无论在前期还是后期，马克思都承认有“合乎人性的人”即合乎人的一般、普遍本性的一般的人存在，同时他把人的一般本性看成是“通过人并且为了人而对人的本质的真正占有”。概而言之，“一般的人和人的一般本性——私有制下人和人的一般本性的异化——共产主义即私有财产的扬弃，即一般的人和人的一般本性在更高阶段和层次上的复归”，这实际上是马克思从人的异化和异化的扬弃（人—异化—完整的人）的特定角度对人类历史发展规律的总体概括和宏观描述。

上述马克思的异化劳动理论关于“人—异化—完整的人”的历史概括，有着极为深刻的理论意义和实践意义。它提供了人的解放的伟大理想目标，并在这一理想的烛照下赋予人的一般本质以富有革命性的内涵。有的学者认为，马克思的“人的一般本性”其实“只是一个供推论用的预设的尺度”，“它同时建立在科学论证的基础之上，被作为历史发展的一个目标提出来的”，因为只有到了共产主义社会，才能实现“人的本质的现实的生成”。[2]这个观点是有道理的。因为前述马克思的异化劳动理论关于“人—异化—完整的人”的历史概括，确实有一个关于未来目标的明确指向，这就是向共产主义——对一切私有制的扬弃和在新的高度上向完整的人和普遍人性即人的一般本性的复归。这的确是一个理论预设，同时又是一个总结过去、引领现在、指向未来的理想性尺度。这个一般人性的尺度作为一种社会理想，同时具有对资本主义现实的强大的批判力量，以及烛照现实、引领人们走向人（个

---

〔1〕 马克思恩格斯全集：第46卷（上）. 人民出版社，1988. 104.

〔2〕 王元骧. 质疑文学评价中的“人性”标准. 见审美超越与艺术精神. 浙江大学出版社，2006. 185－208.

人和全人类)的彻底解放的共产主义社会的作用。因此,说这个预设尺度是“被作为历史发展的一个目标提出来的”观点可以成立,其革命意义也是显而易见的。但要说“一般的人”和“人的一般本性”“不是一个现实的尺度”,则说服力还不够强。如前所述,在“人—异化—完整的人”的历史发展序列中,前面这个“人”(一般的人和人的一般本质)既可以说是一种理论假设,同时也是对人在实践活动中脱离动物界历史地生成(人的自我创造)和发展的现实的理论概括和逻辑抽象。相对于神和动物界,这个普遍的、一般的人,这个以实践这一自由自觉的生命活动为一般本质、本性的人,是客观存在的,当然不是脱离具体、个别、现实的人而独立存在的(那只能是一种抽象的黑格尔式的虚构),而是存在于每一个现实存在的具体的个人身上的。正是前面这个一般的“人”作为一个理论预设和宏观尺度,成为了马克思对资本主义造成“人”全面异化的现实所进行批判的基本尺度和主要依据,也成为了后面这个理想的一般的“人”的立论基础。所以,它虽然只是一种理论预设,但其现实性和革命性却是毋庸置疑的,同样为实践存在论美学奠立了一大哲学基础。

第四章

实践存在论美学的发展历程

20 世纪 90 年代以来，学界对中国美学的老问题和新问题又展开了新论争，其中既出现了一些“向前看”、有建设性的论争，也出现了一些“向后看”、退回过去的论争。

就前者而言，早在 20 世纪 80 年代后期，刘晓波就以“感性—个体反对理性—集体”的方式拉开了对以李泽厚为代表的实践美学主流派进行批评的序幕，90 年代初，陈炎又开始对李泽厚的“积淀说”提出质疑，杨春时也提出超越实践美学、走向“后实践美学”的主张；潘知常等人则提出“生命美学”、“生存论美学”等来反对实践美学。与此同时，一批学者（包括笔者在内）对处于变化中的实践美学作具体分析，从各方面为实践美学中的合理因素辩护，也承认实践美学主流派的观点存在局限，需要改进和发展。这场美学大讨论表明，已经有越来越多的人不满于中国美学现状，试图超越现有美学研究模式，这预示着美学正酝酿着某种革新和突破的可能性。就后者而言，90 年代中期关于《巴黎手稿》“美的规律”的论争便是例证。在这场论争中，一些论者完全是从认识论的思路，从主客二元对立的思维模式来看待“美的规律”的。这更使我们感到，超越主客二分认识论思维方式已显得日益重要和迫切。

实践存在论美学正是在这些学术论争中逐渐发展起来的。本章着重于描画实践存在论美学的发展历程。

第一节

向前看的论争：实践美学之反思

20世纪90年代中后期发生的有关实践美学再反思的论争，是向前看的。因为总的来看，这场论争的一个共同点是，各方都认同，不管是整个当代中国美学还是实践美学本身，都在新的时代下需要进一步发展。所以，它不仅涉及了如何推进和发展中国当代美学的全局性问题，而且努力作出一种建设性的探索。在讨论中，各种不同主张都广泛吸收或运用了现象学、存在主义和解释学等西方理论资源，对美学问题作出了一些前瞻性构想，而且在思维方式或提问方式上，很多学者都提出必须突破认识论模式，打破主客二分的惯性思维。其实，这场争论的出发点就是对以前中国美学研究的状况进行批判性反思，并意识到了束缚中国美学发展的瓶颈所在，指出传统美学没有摆脱认识论的局限，把美当做了外在实体。因此，应该反思传统美学在方法论上的缺陷。尽管论争中很多观点仍有偏颇，但整个论争对于当前建设、发展中国美学是非常有意义的。

作为这些论争的参与者，笔者在当时较多地站在李泽厚的实践美学立场上为之辩护。此后数年，通过不断学习和思考，对实践美学的认识逐渐发生一些变化，逐渐意识到李泽厚实践美学的某些重要方面确实存在着缺陷。在本节中，作为对实践存在论美学曲折发展的见证，笔者把自己当时的主要想法坦露出来。这并不意味着现在仍原封不动地持这些观点，而只是说，它们真实地记录下了笔者一步步反思实践美学的思索历程。

一、关于积淀说

1993年第5期《学术月刊》曾发表陈炎《试论“积淀说”与“突破说”》一文。该文能在长期研究的基础上，对李泽厚的“积淀说”与刘晓波的“突破说”作重新审视和深入反思，显示出相当的理论勇气和思想敏锐性，打破了许久以来美学界和学术界的沉闷局面。

然而，对于此文的主要思想和论点，笔者当时有不同的看法，认为陈文在理论的归纳和概括上存在失误，导致整体立论的难以成立。

首先，陈炎为了突出他所批评的两种理论在当代美学发展中举足轻重的关键位置，而对当代美学史作了某种不符合事实的概括和叙述：“如果说50年代的美学大讨论有着什么重大成果的话，那就是‘积淀说’的建立；如果说80年代的美学大讨论有着什么引人注目的事情，那就是‘突破说’的出现。”众所周知，我国20世纪50年代美学大讨论的突出成果，是以吕荧、高尔泰为代表的“主观派”，以蔡仪为代表的“客观派”，以朱光潜为代表的“主客观统一派”和以李泽厚为代表的“实践派”这四大美学学派的形成。这四大美学学派是围绕美的本质、美感、美学的范围等美学基本问题展开争鸣并形成各派的理论思路、观点和格局的。这场大讨论的成果当然也包括李泽厚的“实践”论美学观点的提出。但是，第一，李泽厚的观点只是这场讨论所取得的“重大成果”之一，如果只提李泽厚一家，而不提其他三家，或只把李泽厚派的观点看成“重大成果”，而置其他各派观点于“重大成果’之外，认为不值得一提，都是不公正的，也是不合事实的。第二，李泽厚的实践论美学决不等于“积淀说”,“积淀说”在那个时候尚未形成,至多只具有某些萌芽。

陈炎似乎想告诉我们,当时四派中前三派都局限于认识论范围谈美学,唯李泽厚的实践论美学已超越认识论而具有历史积淀的意味。但是,这并不是事实。李泽厚的哲学、美学观,在“文革”前后是发生了重大变化的。20 世纪五六十年代,李泽厚把美的本质看成是实践对真理的感性肯定,说明他的实践观并未超脱认识论范畴,尚不具备“积淀”的含义。李泽厚最初提出“积淀说”,是在上世纪 70 年代末出版的系统研讨康德哲学的《批判哲学的批判》之中。他运用马克思《1844 年经济学哲学手稿》中自然的人化的观点,批判了康德对人与自然的人为割裂,在论及康德美学思想(最后一章)时指出:

> 通过漫长历史的社会实践,自然人化了,人的目的对象化了。自然为人类所控制改造、征服和利用,成为顺从人的自然……自然与人、真与善、感性与理性、规律与目的、必然与自由,在这里才具有真正的矛盾统一。真与善、合规律性与合目的性在这里才有了真正的渗透、交融与一致。理性才能积淀在感性中、内容才能积淀在形式中,自然的形式才能成为自由的形式,这也就是美。[1]

到了 20 世纪 80 年代,李泽厚在多方面应用并展开上述思想,使“积淀说”趋于成熟。因此,把李泽厚的“积淀说”的建立提前到 50 年代并认为是 50 年代我国美学最具有代表性的成果,是缺乏根据的。

---

〔1〕 李泽厚. 批判哲学的批判. 人民出版社,1984. 415.

同样,把刘晓波的"突破说"看成是我国美学20世纪80年代"引人注目"的新成果,也缺乏根据。80年代,是我国美学取得前所未有的大发展的时期,这一时期美学繁荣的基本特征是多元格局的形成和美学史研究的深化。李泽厚的"积淀说"也是这"多元"格局中的一元。其他如朱光潜晚年用实践论对其"主客观统一"论的修正,宗白华关于对中西美学传统的批判性综合的主张,蒋孔阳以实践论为基础、创造论为核心的审美关系说的系统化与完善,以及其他一些中青年美学家多种新说的提出,等等,都在这"多元"格局中占有一席地位。严格说来,刘晓波的"突破说"虽然亦是一说,但在多元格局中,似乎还达不到与上述诸说处于同一水平的层次。

其次,陈炎在对李泽厚"积淀说"批评的最主要之点上有失公允。其文章说:就"积淀说"的思想局限而言,"这种学说旨在说明某种文化意识和心理结构的独立性、历史必然性,而并非着重于强调如何改造和更新这种现存的'文化—心理结构',因此,它更适合解释历史,而不足以说明未来。因为所谓'积淀'只是历史留给我们的精神遗产";此外,文章认为李泽厚强调的主体性"始终是群体而不是个人",而个体对传统文化心理结构的突破与背叛是对"积淀"的更新与发展,"'积淀说'的最大缺陷,就在于忽视了这种'背叛'"。陈炎还将问题扩大到整个文化哲学领域,批评"由于一味强调'积淀',使李泽厚在文化问题上常常表现出一种温和的保守主义倾向"。

我们认为,以上的批评亦缺乏根据。李泽厚于1987年上半年出版的以"积淀说"为贯穿线的美学专著《美学四讲》对"积淀"与"突破"的关系有较为明确的阐述。我们之所以选择此书,一是因为它是李泽厚唯一一本系统的美学概论(原理)性著作,他在《序》

中说明此书"一应读者要求'系统',二践出版《美学引论》之早年承诺也",明确肯定了此书为一有"系统"的美学引论;二是因为此书是他"人类学本体论"或"主体性实践哲学"的美学应用,也是他的"积淀说"在美学领域中的推演与展开。因此,要评论李泽厚的"积淀说"美学,无视或忽视这本书是说不过去的。

《美学四讲》在论述"形式层与原始积淀"时,在着重论述形式层的群体(社会)积淀(传统)的同时,也指出了个体(天才)对这种积淀的突破:"艺术家的天才就在于去创造、改变、发现那崭新的艺术形式层的感知世界。记得歌德说过,艺术作品的内容人人都看得见,其含义则有心人得之,而形式却对大多数人是秘密。对艺术的革新,或杰出的艺术作品的出现,便不一定是在具体内容上的突破与革新,而完全可以是形式感知层的变化。这是真正审美的突破,同时也是艺术创造。"[1]在论及"形象层与艺术积淀"时,李泽厚更明确地指出艺术发展是积淀与突破的矛盾运动过程:"可见,艺术潮流和众多作品从再现到表现,从表现到形式美、装饰美,又由这些回到具有较具体、明确内容的再现艺术或表现艺术。此消彼长,此起彼伏,推移冲突,好不热闹。它们实际亦即是艺术积淀(内容积淀为形式,形成具体的形式,即由再现和表现到装饰)和突破积淀(由装饰风格、形式美再回到再现或表现)的运动过程,亦即人的情欲、生命由形式化始又突破形式化的永恒矛盾的过程。这也就是艺术与审美的'二律背反'的现实的和历史的过程。"[2]在讲到"意味层与生活积淀"时,李泽厚更是强调了偶

[1] 李泽厚.美学四讲.三联书店,1989.198.
[2] 同[1].235-236.

然的个体感性生命在“积淀”过程中的意义:“这意义不同于机器人的‘生命意义’,它不能逻辑地产生出来,而必须由自己通过情感心理来寻索和建立。所以它不只是发现自己,寻觅自己,而且是去创造、建立那只能活一次的独一无二的自己。”他进而大声疾呼:

> 于是,回到人本身吧,回到个体、感性和偶然吧。从而,也就回到现实的日常生活(every day life)中来吧! 不要再受任何形上观念的控制支配,主动来迎接、组合和打破这积淀吧。艺术是你的感性存在的心理对应物,它就存在于你的日常经验(living experience)中,这即是心理—情感本体。在生活中去作非功利的省视,在经验中进行情感的净化,从而使经验具有新鲜性、客观性、开拓性,使生活本身变而为审美意味的领悟和创作,使感知、理解、想象、情欲处在不断变换的组合中,于是艺术作品不再只是供观赏的少数人物的产品,而日益成为每个个体存在的自我完成的天才意识。个体先天的潜力、才能、气质将充分实现,它迎接积淀、组建积淀却又打破积淀。于是积淀常新,艺术常新,经验常新,审美常新;于是,情感本体万岁,新感性万岁,人类万岁。[1]

以上内容摘自李泽厚对艺术三个层次的“积淀”的论述,可以视为他具体展开艺术积淀的历史和逻辑维度时认真思考的基本问题之一,即艺术与审美的发展,既有赖于社会、群体、理性的积淀,又有赖于自然、个体、感性的突破,两者的矛盾运动才有传统的延伸与更新。

---

〔1〕 李泽厚. 美学四讲. 三联书店,1989. 250 - 251.

与《美学四讲》差不多同时出版的李泽厚所著的《华夏美学》，也从中华民族审美意识史的发展过程论及群体理性积淀与个体感性突破的关系，可作为李泽厚“积淀说”包含个体突破内容的一个旁证：“可见，这个似乎是普遍性的情感积淀和本体结构，却又恰恰只存在在个体对‘此在’的主动把握中……在大自然山水花鸟、风霜雪月的或赏心悦目或淡淡哀愁或悲喜双遣的直感观照中，当然也在艺术对这些人生之味的浓缩中。……在这感受、把握和珍惜中，你便既参与了人类心理本体的建构与积淀，同时又是对它的突破和创新。因为每个个体的感性存在和‘此在’，都是独一无二的。”[1]由此可见，批评李泽厚“积淀说”忽视个体感性生命的“突破”，也是缺乏根据的，据此而把“积淀说”说成是“向后看”的文化保守主义理论，也与事实有出入。

也许陈炎会说，以上所引材料发表在刘晓波的论文之后，未尝不可以说它们是李部分接受了刘的观点所作的修正与补充，因此，它们不属于“积淀说”本身的内容。然而，我们认为，其一，李泽厚上述观点并非在1986年刘文发表后才形成的，而是一贯的。早在《批判哲学的批判》中，他就全面论述了“大我”（人类集体）与“小我”（个体自我）的关系问题，一方面指出个体必然受制于社会群体，另一方面更强调，“应该看到个体存在的巨大意义和价值将随着时代的发展而愈益突出和重要，个体作为血肉之躯的存在，随着社会物质文明的进展，在精神上将愈来愈突出地感到自己存在的独特性和无可重复性”。[2] 可见，重视感性个体存在的独特性的

[1] 李泽厚．美学四讲．三联书店，1989．230－231．
[2] 李泽厚．批判哲学的批判．人民出版社，1984．433－444．

思想并非来自刘晓波的启示，而主要是李泽厚自己的。其二，退一步说，即使泽厚李真的是受到刘晓波的某些启示而对自己“积淀说”的某些片面性作局部的修正、补充，使之更趋于完善、成熟，亦属正常。我们不能只抓住其尚未完善时的观点猛批其“片面性”，而置其修正了的理论表述于不顾。

再次，作为陈文所“立”的第三部分（前两部分为“破”，分别批判李、刘的片面性），主要观点是对两者合理性的辩证综合，提出“在积淀基础上的突破”说。陈炎引述了从杜威经验主义、格式塔心理学到普里高津的耗散结构理论，来证明审美和文化的发展必须是积淀与突破的辩证统一，指出，“‘积淀’本身就蕴含着‘突破’的潜在力量，而‘突破’也只有在‘积淀’的基础上才可能真正实现”。这当然是完全正确的，也是笔者完全赞同的。然而，问题在于，这样一个基本思想并不新鲜，不但李泽厚已经在上世纪80年代明确提出，而且实质上，它是一个老而又老的、在原则上早已为德国古典哲学、美学所解决了的问题。黑格尔提出的质、量互变的思想，恩格斯后来又加以发挥，深刻揭示了量变（渐变）与质变（突变）的辩证关系。这一质量互变规律的核心内容是：事物发展是渐变（即“积淀”）与突变（即“突破”）的辩证运动，无论是物质还是精神事物，概莫能外。这就在哲学原理的最高层面上，揭示了包括审美、艺术和精神文化发展的基本规律。如此看来，陈炎的立论似乎仍然基本上是在文化哲学的高层次上论述“积淀”与“突破”的辩证关系，而缺少新的、更深入、更具体的开掘。

陈炎之所以会出现以上这些理论概括上的问题，是因为其未跳出刘晓波式的批判李泽厚的基本思路，而这一思路恰恰是一个理论的误区。刘批评李的“积淀说”，否认个体、感性、自然的“突破”，将其指责为“向后看”的理论，陈基本上就沿着这一“先入之见”去看李的“积淀说”，因此，对李的“积淀说”在理论概括上就不够准确、全面；与此同时，陈对刘的“突破说”的概括与评价也过高了，因为非如此，二“说”的对立就难以在同一层面上凸显出来，陈文也就失去了立论的基础。虽然，陈文对刘晓波“突破说”的批评是正确的，但一则来，“突破说”能否成为与“积淀说”平起平坐的理论对立面尚属悬案，二则是陈文未超越刘对“积淀说”的“突破”和批判。所以，陈文一旦进入刘设置的理论误区，便导致了上述种种理论概括和批判上的欠当与失误。

二、关于实践美学

1994 年，笔者又读到了杨春时的《走向“后实践美学”》一文，[1]当时既感到兴奋，又感到困惑。兴奋的是，这篇文章率先向当代中国最有影响的“实践美学”提出了责难，发起了挑战，并拿出了建构“超越美学”的设想与方案，杨春时的理论探讨的勇气和胆识令人钦敬和佩服；困惑的是，杨文许多论点似乎还缺乏深思熟虑。

其文章一开始，就对中国当代美学的历史发展作了如下的概括：“中国当代美学的发展经历了‘文革’前的‘前实践美学’阶段，新时期的‘实践美学’阶段，现在又进入了‘后实践美学’时期；‘后实践美学’，是中国美学超越‘实践美学’、走向世界、走向现代的阶段。”笔者觉得，这一概括不符合历史事实。

首先，用“前实践美学”来概括“文革”前的中国美学，与实际

---

〔1〕 杨春时. 走向“后实践美学”. 学术月刊. 1994(5).

不符。杨春时认为,上世纪五六十年代的美学大讨论,形成了以蔡仪为代表的“自然派”美学和以李泽厚为代表的“社会派”美学“两个主要学派”,并奠定了以后美学发展为实践美学体系和反映论美学体系对垒的“基本格局”。这种说法存在的问题很多:

第一,上世纪五六十年代的美学大讨论是在批判朱光潜“唯心主义美学思想”的过程中展开的,讨论的中心问题是美的本质的主客观属性问题。由此形成了四个而不是两个主要学派:一是以吕荧和高尔泰为代表的“主观派”;二是以蔡仪为代表的“客观派”(很少有人称之为“自然派”);三是以朱光潜为代表的“主客观统一派”;四是以李泽厚为代表的“客观社会派”,亦称“实践派”。这个概括符合实际,为参加讨论的各派所接受、认可。杨春时则略去了“主观派”与“主客观统一派”这两个重要学派,显然不符合历史事实。

第二,“文革”以前,中国美学界基本上是四派并立、互相批评、谁也压不倒谁的局面,虽然其中“主观派”影响较小、“客观社会派”赞成者较多,但决不能据此而改变四派并立的基本格局,更不能就把“客观社会派”单独拔出来,人为地扶升到主流地位,而把整个“文革”前的中国美学概括为以一派为主的“前实践美学”阶段。

第三,其实,李泽厚的“客观社会派”美学,在上世纪60年代已形成实践美学体系的理论框架。他以马克思主义的实践哲学为基础和出发点,用马克思《1844年经济学哲学手稿》中的“自然的人化”说来阐释美学的一系列基本问题。他说,马克思关于美的规律的论述,“说明因为具有内在目的尺度的人类主体实践能够依照自然客观规律来生产,于是,人类就能够依照客观世界本身的规律，来改造客观世界，以满足主观的需要，这个改造了的世界的客观现实存在的形式便是美，所以，是按照美的规律来造形。马克思……是从人类的基本实践——人对自然的社会性的生产活动中来讲美的规律”；李泽厚主张“从主体实践对客体现实的能动关系去探求美的本质”，认为“美的本质必然地来自社会实践”，“美是社会实践的产物”，“美的本质是真与善的统一，合规律性与合目的性的统一”，“就内容言，美是现实以自由形式对实践的肯定；就形式言，美是现实肯定实践的自由形式”；又说“自然美的本质、内容是‘自然的人化’，而自然美的现象、形式都是形式美”；稍后，李泽厚还从合目的性与合规律性的统一关系来分别论述“这种统一的各种具体不同表现形态”——美（优美）、崇高、滑稽、悲剧、喜剧等基本范畴；他还论述了物质生产实践与艺术实践的辩证关系。[1] 李泽厚这些实践美学基本思想在20世纪80年代初有所发展、完善和丰富，但基本思路、构架、体系没大变化，正如他自己所说：“关于美的本质，我还是1962年《美学三题议》中的看法，没有大变化。仍然认为美的本质和人的本质不可分割。离开人很难谈什么美。我仍然认为……要从马克思主义的实践观点，从‘自然的人化’中来探索美的本质和根源。”[2]因此，我们不能把实践美学学派以“文革”为界截然分开为“前实践美学”与“实践美学”两个阶段。实际上，“实践美学”在“文革”前已基本形成，并具备较完整的理论框架与体系。至于把“文革”前的四派都笼统纳入“前实践美学”这一大“口袋”中去，就更说不通了。

---

〔1〕 李泽厚. 美学论集. 上海文艺出版社，1980. 197－225.

〔2〕 李泽厚. 美学的对象与范围. 美学，1981(3).

第四，"文革"前的中国美学的确为新时期美学奠定了基本格局，但非杨春时所说的自然派与社会派的对垒而演变为实践美学与反映论美学的对立，而是由四派并立发展为新时期的多元并立。这里需要强调指出的是，中国当代美学一开始就是多元(四派)并立的，而不只是一派垄断或两派对抗。这是中国当代美学的一大特点，也是中国当代人文学科发展中罕见的可喜现象。

其次，20 世纪 80 年代的中国美学也不能简单地用"实践美学时期"来概括。杨春时把新时期(20 世纪 80 年代)美学概括为"实践美学阶段"的理由是，李、蔡两派在新时期分别建立了较系统的实践美学和反映论美学，而"在两种美学思想的论争中，实践美学具有无可争议的理论优势，因而成为普遍接受的美学理论"。这同样不符合历史事实。

第一，新时期美学在思想解放的大潮中获得了较大的发展，特别是 80 年代初围绕马克思《1844 年经济学哲学手稿》(即《巴黎手稿》)的讨论，使各派美学都有了进一步的发展。高尔泰发展了自己的主观论美学，他把哲学看成以人为中心的价值体系，把美看成人的一种生命自由感，认为美的实现主要是一种个体的审美体验，并提出了"美是自由的象征"的新命题；当有人认为主观派美学的影响已消失时，他大声疾呼主观派"没有消失"。蔡仪也参加了对《巴黎手稿》的讨论，但他对马克思的《巴黎手稿》持批评态度，认为是马克思青年时代不成熟的著作，其中历史观基本上还未超出费尔巴哈的人本主义的唯心史观，并全面批评了"实践观点的美学"，坚持自己的美在物的客观属性、美感是美在人头脑中的反映的"反映论"美学，并重申了他在 20 世纪 50 年代提出的"美的规律就是典型的规律，美的法则就是典型的法则"的"美在典型”说。朱光潜也把自己原先的“主客观统一”说与马克思的《巴黎手稿》中的实践观点联系起来,他在1980年发表的一篇文章中说,“马克思主义美学带来了一个最根本的转变,就是从单纯的认识观点转变到实践观点。……马克思主义美学却首先从实践观点出发,证明了文艺活动是一种生产劳动,和物质生产劳动显出基本一致性”。又说,《巴黎手稿》克服了以往美学的片面唯心和片面唯物,“证明了心与物都不可偏废”,他在引证了《巴黎手稿》关于音乐的美与能欣赏音乐的耳朵一段话后反问道:“照这样看,美是一种单纯的客观存在吗?美能离开美感而独立吗?想通了这个问题,过去的许多争论就显得很可笑了”。[1] 李泽厚的实践美学也在保持基本框架的前提下有了较大发展,这就是把“人化自然”分为外在自然与内在自然两个方面的人化,且把“人化”的历史过程用“积淀说”加以概括,这其中吸收、改造了康德的先验哲学与荣格的分析心理学等思想观点;最后又把这种“人化的自然”说与中国传统哲学、美学联系起来,上升为新“天人合一”说;他还把自己的美学理论称为“主体论实践哲学”或“人类学本体论哲学”的美学观。由此可见,新时期美学不只是两家美学,而是原有四派美学都有较大发展,这是上世纪五六十年代多元格局的延伸。

第二,除了原有四派外,新时期又涌现了一些有影响的、与四派不同的美学学派或观点,如施昌东先生的“美在生活”、“美是人类积极生活的显现(形象)”说;周来祥先生的“美在和谐”说;还有一些人提出的“美在积极的情感价值”说,“美在自由的显现”说;也有人从语义学角度对美的本质作不同层次的界定;甚至有人彻

〔1〕 朱光潜.朱光潜美学文集:第3卷.上海文艺出版社,1983.442-443.

底否定美本体的存在。这里特别要指出的是,蒋孔阳先生以马克思主义实践论为基础、以创造论为核心的审美关系说,在20世纪80年代迅速发展成熟,并与李泽厚的主体论实践美学或人类学本体论美学有了一系列明显区分,在美学界获得较多的肯定与支持,成为当代中国美学的新学派。在80年代中后期,一些中青年学者在吸收西方现当代美学新成果的基础上,也提出了与原有几派美学从思路、方法到范畴全然不同的新的美学理论构架,如系统美学、体验美学、生命美学、接受美学、审美活动论美学、心理学美学、语言美学、符号论美学等等。美学这种多元发展的格局是客观的历史存在。虽然在一段时期内,对李泽厚的实践美学赞同或部分赞同者较多,但决不能说,李派美学在多元并立的新时期美学中占有绝对的优势,也不能认为李派美学已被"普遍接受",因为即使在基本赞同李派美学的人中,绝大部分也有自己的理解、补充与发挥,且经常与李的具体观点有所不同。因此,把新时期远比五六十年代更多元驳杂的美学景观先"简化"为李泽厚的实践美学与蔡仪的反映论美学两家对唱,再以李的"理论优势"为由抽象成"实践美学"被"普遍接受"的一统天下,以其所谓的"主流"地位来概括整个80年代中国美学,这不尽符合历史事实。

再次,杨春时把20世纪90年代中国美学概括为"后实践美学时期",认为这是"走向世界、走向现代的阶段"。这里似乎暗示人们,"实践美学时期"的中国美学还未走向世界,还处在"前现代"阶段。对此,笔者仍不敢苟同。实际是,整个80年代正是中国经济上改革开放、文化上走向世界的重大转折时期。就以美学来说,在结束"文革"的封闭状态后,现当代西方美学众多思潮、流派、代表人物的美学思想被大量、集中地译介进中国,并逐渐为我国美学家所消化、吸收和借鉴；在应用西方美学观念、方法、范畴来改造、建构新的美学理论、学说的过程中，虽出现过一些生搬硬套、勉强“移植”的情况，但这种现象在吸收外来文化的开始阶段是不可避免的，且越往后越减少。这一过程，可以说是中国美学迅速“走向现代”，并直接与世界美学交流、对话的过程。当然，中国当代美学在国外影响较小，但这不仅是美学，而且是整个当代中国文化向国外特别是西方国家传播的滞后现象，其原因十分复杂，此处不论。只是需指出一点：中国美学决非自 20 世纪 90 年代才开始，而是整个 80 年代就一直在“走向世界、走向现代”。再退一步说，我国五六十年代美学亦并未远离世界与现代，因为，当时的世界还是东西方两大阵营，我国美学界当时的大讨论，实际上与苏联、东欧各国的哲学、美学讨论似乎不谋而合、遥相呼应，后者讨论中也出现自然派、社会派、实践派等分野，这只能说明，中国美学在那时也是与世界美学的一部分同步、接轨的，仅是与西方国家美学相隔而已。

之所以出现上述种种不合历史实际的判断，主要是因为“实践美学”中心论在杨春时心中起作用，虽然他现在已下决心要超越“实践美学”。他首先把 80 年代美学多元并立、竞相开放的繁荣局面人为地“筛选”、“简化”为两大派；再以一派的所谓“优势”而封立为“主流”派，并且描述为一派垄断局面，并把整个 80 年代中国美学用“实践美学阶段”来概括；第三步就由此立场出发往前追溯，把整个“文革”前的各派美学用“前实践美学”的大口袋包起来；最后则向后推移，把 90 年代(现在与未来)的美学，包括他正准备构建的“超越美学”，都笼统称为“后实践美学”(与一些青年学者“后新时期”、“后现代”等说法互相呼应)。这样的做法，方便则方便矣，却忽视了中国当代美学多元竞争、丰富驳杂的发展态势。

杨春时的“实践美学”中心论目的不在肯定“实践美学”,而在超越“实践美学”。强调 80 年代“实践美学”的主流地位,恰恰是为了论证 90 年代“实践美学”已过时,而包括其“超越美学”在内的“后实践美学”将取而代之、成为主流的必然趋势。所以,他从十个方面批评了“实践美学”的“历史局限性和理论上的不足”。这些批评,在当时的笔者看来,绝大多数并不符合“实践美学”的理论主张的本意,颇有一点强加于人之嫌。下面试作几点辨析。

由于杨春时对“实践美学”的批评不局限于李泽厚一家,而且实际上把其他一些坚持实践观点出发建构美学体系的学派、理论、观点也都一古脑儿扫进去了,所以,我们在下文中也要引及非李泽厚派的其他美学家的一些主张。

最根本的是,杨春时首先对实践美学从理论上作了不准确的概括,从而导致他对实践美学的一系列批评都出现偏差或无的放矢。他对实践美学的最重要的概括是把“实践”说成“实践美学的基本范畴和逻辑起点”。这至少是一大误解。其实,实践美学只是以马克思主义的实践论作为其哲学基础,实践范畴只是实践美学的哲学出发点,而非实践美学的真正“逻辑起点”,更不是“基本范畴”。李泽厚在谈及他的主体论实践哲学的美学观时说过,“马克思从劳动实践出发、社会生产出发,来谈人的解放和自由的人,把(审美)教育建筑在这样一个历史唯物主义的基础之上。这才在根本上指出了解决问题的方向。所以马克思主义的美学不是把意识或艺术作为出发点,而从社会实践和‘自然的人化’这个哲学问题出发”。[1] 显而易见,“社会实践”只是作为其美学理论的哲

[1] 李泽厚. 批判哲学的批判. 人民出版社,1984. 414.

学基础或哲学出发点，而非直接充当其美学的逻辑起点或基本范畴。李泽厚还说："在我看来，自然的人化说是马克思主义实践哲学在美学上（实际也不只在美学上）的一种具体表达或落实。就是说，美的本质、根源来自于实践，因此才使得一些客观事物的性能、形式具有审美性质，而最终成为审美对象。这就是主体论实践哲学的美学观。"[1]这里，实践范畴只是作为美和审美的最终根源即哲学根源出现的，所以，李泽厚很少直接称其美学为实践美学，而较多地称之为实践哲学的美学观或美学表达。换言之，实践范畴是作为其美学的哲学基础起作用的。他在展开这个观点时又说："就人类来说，它（指审美感知）是通过长期的生活实践（首先是劳动生产的基本实践），在外在的自然人化的同时，内在自然也日渐人化的历史成果。亦即在双向进展的自然人化中产生了美的形式和审美的形式感，只有把格式塔心理学的同构说建立在自然人化说即主体性实践哲学的基础上，使'同构对应'具有历史的内容和性质，才能进一步解释美和审美诸问题。"[2]此处"实践"仍然只是解释美和审美的哲学范畴和根源，其美学观仍以实践哲学为基础。因此，其美学不直接是实践美学，其哲学是实践哲学；确切地说，其美学是以实践哲学为基础的美学。与此相似，蒋孔阳的美学观也以实践为哲学出发点，以实践论为哲学基础，但其美学的逻辑起点却不是抽象的"实践"范畴，而是"人对现实的审美关系"。所以，杨春时在批判实践美学的一开始就把前提弄错，至少是弄偏了，由此而引发出一系列"靶子打偏"的问题。

---

〔1〕 李泽厚.美学四讲.三联书店，1989.63.

〔2〕 同［1］.60.

下面让我们看看杨春时对实践美学十点批评中的前四点批评意见：

杨春时指责的第一点是实践美学太"理性主义"，"把审美活动划入理性活动领域，从而忽略了审美的超理性特征"。这是杨春时误以为实践美学直接把"实践"作为美学基本范畴而推导出的观点。他认为"实践"是"理性化概念"，以此为中心的美学必然把审美活动也纳入理性活动范围。其实，以实践为哲学基础的实践美学，并不把有目的的、理性化的实践活动直接等同于审美活动，而只是从实践出发探寻美与审美的最终的哲学根源。李泽厚的美感理论总观点就是"内在自然的人化"，建立"新感性"，也即"性欲成为爱情，自然的关系成为人的关系，自然的感官成为审美的感官，人的情欲成为美的情感。这就是积淀的主体性的最终方面，即人的真正的自由感受"，"审美就是这种超生物的需要和享受"。[1] 此处，李泽厚把审美归结为"新感性"的建立而非理性活动（虽然其中积淀着一定的理性因素），而且他还强调了审美的"直觉性"，[2]这样杨春时的批评就成了无的放矢。

杨春时批评的第二点是实践美学有"现实化倾向"，"把审美活动划入现实活动领域，从而忽略了审美的超现实特征"。其实，这也是对实践美学的简单化解释，似乎实践是现实的，所以实践美学必然把审美活动现实化。但事实并非如此。实践美学只是从实践出发探讨美和审美的本质与根源，或者说只是把实践作为人的审美活动产生、发展的最终、最基本的根源，而并未把审美活动简

〔1〕 李泽厚. 美学四讲. 三联书店，1989. 121.
〔2〕 同[1]. 131.

单地等同于现实的物质生产实践活动,也未否认审美活动有超现实的一面。李泽厚在分析审美心理过程时,既注意到作为"新感性"的审美情感与日常(现实)经验之间的联系,又强调它的超现实性和形式意味。他说,"这个作为心理结构的审美情感已经不同于作为这种心理结构因素之一的一般情感",即日常的、现实的情感,而上升为"情感的逻辑形式",即超现实的"审美经验",[1]这种审美经验的特点之一是"总意识到自己处在非实用的状态","不作出实用、伦理的现实反应",[2]即超现实性。以实践论作为自己美学理论基础的蒋孔阳先生也认为审美活动既不能脱离现实,又不能等同于现实。他说,人对现实的审美关系的形成,离不开现实,"是人的本质力量在现实生活中的自我创造和自我实现",但它又有自由性,是对现实关系的超越,"赤裸裸地把真当成美,把人对现实的实用关系直接当成审美关系,这是不利于美的欣赏和创造的";[3]审美关系的特点是能从现实中的"他物的束缚"与"依赖"中"解放出来",从主、客体的种种"限制中解放出来,取得自由",首先是超越现实功利关系而获得自由。[4] 可见,杨春时的批评是不符合实践美学实际的。至于他指责实践美学企图通过实践创造一个审美的人和审美的世界那种"把现实审美化的倾向",更是带有某种曲解的成分。实践美学当然重视通过自然的人化使现实世界更美,使人自身的自然有更多的审美因素,但它从来也不幻想哪一天整个世界会完全成为"审美的世界",所有的人

[1] 李泽厚. 美学四讲. 三联书店,1989. 150.

[2] 同[1]. 136.

[3] 蒋孔阳. 美学新论. 人民文学出版社,1993. 108－109.

[4] 同[3]. 12.

完全成为纯粹“审美的人”，因为人在任何时代（哪怕物质生活再丰富）都不可能完全脱离现实、物质和实用功利的生活的限制。

杨春时批评的第三点是实践美学“强调实践的物质性”而“忽略审美的纯精神性”，“抹煞”从物质生产到审美的一系列“中介”，“直接用物质实践解释审美，犯有简单化的毛病”。这实在有点强加于人。李泽厚曾多次强调用实践解释美、审美，中间有许多复杂的中介环节，不可简单化。我们只需认真读一读他那较系统的美学专著《美学四讲》，再读一读蒋孔阳先生的《美学新论》，就不难发现，他们均不存在这种“简单化”的倾向，倒是杨春时在缺乏证据的情况下，作出这种轻率的断言，有“简单化”之嫌。而且，笔者想指出一点，杨春时说审美是“纯精神性”，倒是片面性的，因为审美活动无论如何离不开人的物质自然存在的基础这一面，它主要是精神、心理活动，但无论如何都需要物质性的生理感官活动的配合。蒋孔阳就专门讨论了“美感的生理基础”问题，明确指出：“对于客观世界的感觉，构成了美感的生理基础。各种颜色、声音、形状等形式因素，从生理上对于我们感觉的刺激，可以说是美感的起点。”[1]所以，把审美的精神性强调到完全否认其物质性因素的程度，就失之于偏颇了。

杨春时批评的第四点是实践美学“强调实践的社会性，仅仅从社会活动角度考察审美，从而忽略了审美的个性化特征”。这也不合事实。实践美学固然重视审美的社会性，但决非“仅仅”从此单一角度考察审美，因为从物质实践到审美实践（审美也有实践性）的确需经过许多中介环节，而且更需要从个性方面研究审

〔1〕 蒋孔阳. 美学新论. 人民文学出版社，1993. 269.

美。李泽厚这方面确实做得还不够,但他已看到这一点。他说,他的《批判哲学的批判》强调了人类的社会性,但"更强调"了个体自我存在,指出"应该看到个体存在的巨大意义和价值将随着时代的发展而愈益突出和重要,个体作为血肉之躯的存在,随着社会物质文明的进展,在精神上将愈来愈突出地感到自己存在的独特性和无可重复性";[1]他还认为,个体性在美学上尤为重要,"这在美学展现为人生境界、生命感受和审美能力(包括创作与欣赏)的个性差异。这差异具有本体的意义","它不只是发现自己,寻觅自己",而且是去创造、建立那只能活一次的独一无二的自己。所以,他大声疾呼:"回到人本身吧,回到人的个体、感性和偶然吧。"[2]蒋孔阳先生也指出,"美不仅具有社会性,而且具有个性",是"那种具有高度的精神个性的美"。[3] 美作为人的本质力量的对象化,由于"各人的秉赋、能力、技巧、爱好、信念等各不相同,他们所化进去的大千世界,也是林林总总,千差万别。因此,他们对象化,就各有自己的个性特点,充满了独特的情趣和风格";"由于对象化的个性化,它所创造的美就永不重复,恒变恒新"。[4] 实践美学的这些观点,怎么能说是"必然陷入无视审美个性化的盲区"呢?

造成杨春时作出上述不合事实的批评的一个重要原因,是其在方法论上进行简单化的抽象概括。他对实践美学的批评方法是:先把实践美学抽象为直接以"实践"作为基本范畴和直接用

〔1〕 李泽厚.美学四讲.三联书店,1989.46-47.
〔2〕 同[1].250.
〔3〕 蒋孔阳.美学新论.人民文学出版社,1993.151.
〔4〕 同[3].185.

“实践”解释一切审美问题的理论；再把由一般实践的普遍特性（理性、现实性、物质性、社会性）直接推导出审美活动的相应特性的简单化做法，想当然地说成是实践美学的观点（这是一种强加于人的虚构）；最后，对他自己虚构出的所谓“实践美学”的四个观点猛烈批判。他所指责的实践美学的所谓“简单化”倾向，恰恰是他的简单化“抽象”游戏人为制造出来的。其实质是，在简单化的抽象过程中，把实践美学的基本思路、理论概括、逻辑推演、论证阐述和具体观点都抽象掉了，变成“实践”概念在美学上的直接运作、推论和延伸。在此，一切中介都没有了，物质实践成为直接开启一切审美奥秘之门的万能钥匙。这种先把实践美学抽象成如此简单化的理论教条，然后再大批其“简单化”的做法，岂非有点“战风车”的味道？

这种简单化抽象的方法论，在他的第十点批评中暴露得更为明显。他批评实践美学“存在着以一般性取代特殊性的倾向，因而不能揭示审美的特殊本质”，原因在于“实践范畴的局限”；在此，他集中批评了“美是人的本质力量的对象化”的命题“过于宽泛”、过于一般化。这里，他从“实践范畴的局限”直接推论出实践美学的局限（一般性），仍然是想当然的简单化推论。其实，实践范畴本身作为实践哲学的基本范畴，本身无所谓“局限”与否的问题；运用实践观点从哲学本原上阐释美和审美问题，也无所谓“局限”与否的问题。所以，杨的批评仍存在简单化抽象的毛病。

关于“美是人的本质力量的对象化”命题，李泽厚已明确宣布放弃了，[1]蒋孔阳先生仍然在用。但是，判断一个命题是否太宽

〔1〕 李泽厚. 美学四讲. 三联书店，1989. 72.

泛、一般，不仅仅要看命题本身的话语方式，更重要的是要看人们对这一命题的具体论证和阐释，看这一命题所包涵的具体内容与意义。杨春时说，经过历史实践，整个世界都成了人的本质力量的对象化，“不独美为然”，因此上述“美”的命题未揭示“美的特殊本质”。对此，我们不能停留在这一抽象层次上来讨论这一命题，而应看这一命题是怎样被具体论证、展开的。在《美学新论》中，这一命题是蒋孔阳先生有关美的本质的一系列正命题中的一个，而不是唯一的一个。这些命题主要是：“美在创造中”；“人是‘世界的美’”；“美是人的本质力量的对象化”；“美是自由的形象”。也就是实践论分别运用、体现到至少上述四个命题而非一个命题之中。而且，也仅仅是在美的哲学根源和基础的层面和意义上，才确认“美是人的本质力量的对象化”命题。蒋孔阳说美的各要素围绕着“人”这个中心，“美离不开人，是人创造了美，是人的本质决定了美的本质。人总是通过自己的实践活动，来把自己的本质力量在客观现实中实现出来，使现实‘成为人自己的本质力量的现实，一切对象对他说来成为他自身的对象化’。正是在这个意义上，我们说：美是人的本质力量的对象化”。[1] 只要我们不抱偏见，仅仅从美的最终根源和哲学本质层面来探讨美，这个命题是完全可以成立的。更重要的是，蒋孔阳对这一命题的形成作了历史的回顾，并从人的本质力量的具体内容、作为对象的“自然的人化”的各种具体情况和“对象化”的具体含义三个方面充分展开，全面论述了这一命题的美学意义，指出它实质上“是说人按照美的规律，按照对象的性质和特征，在对象中进行自我创造，从而把

〔1〕 蒋孔阳. 美学新论. 人民文学出版社，1993. 160.

对象塑造成美的形象"。[1] 这就把命题中的一般、宽泛的东西具体化、特殊化了,解决了审美的特殊本质问题。因此,杨春时的批评是难以令人信服的。其实,如果按照杨春时的逻辑看,他的"超越美学"的基本命题"审美的本质就是超越"也太一般化、宽泛化了,因为哲学、宗教的本质也是超越,不独审美。因此,他的这种批评方法值得反思,随意应用则往往会打偏方向。

应当指出,实践美学的哲学基础,是实践本体论与实践认识论的统一。虽然实践美学的代表人物没有这样明确讲过,但从他们美学理论的整个体系来看,这一判断是不错的。如李泽厚就从自然的人化的外在与内在两个方面来展开审美主、客体之间同构关系的历史生成,体现了实践观作为本体论与认识论的统一。蒋孔阳对"美是人的本质力量的对象化"命题的深入论证及对美感的历史诞生的阐述,同样体现了这种统一。这里,重要的不是他们把实践作为认识论范畴来看待,而是进而将其上升为本体论范畴。在列宁与毛泽东的论著中,实践主要是作为认识论范畴处理的。审美当然有认识因素,必然与实践认识论相关;但人对现实的审美关系的形成不只是认识论问题,更是一个本体论问题。哲学本体论的核心问题应是人的存在问题,人是通过实践活动而获得现实的、社会的存在的,实践就是人最基本的存在方式。人与现实的一切关系,包括审美关系都是建立在实践的存在方式基础上,由实践派生和最终决定的。因此,实践美学以体现本体论与认识论相统一的实践论为哲学基础,无疑是马克思主义美学的新发展,有着强大的生命力。

---

〔1〕 蒋孔阳. 美学新论. 人民文学出版社,1993. 187.

然而，杨春时在这一哲学基础问题上也发生了误解。他虽然承认实践美学的实践本体论基础，却否认其同时有实践认识论基础，而且他对本体论基础的理解也过于狭窄、简单。这样就导致了他对实践美学不公正的批评，具体表现在其第五、六、七、八、九点：

第五点，批评实践美学未彻底克服主客二分的二元结构；第六点，批评实践美学采用决定论模式。这两点都是虽承认实践美学的实践本体论基础，却又把这一基础直接说成实践美学的基本范畴和观点，同前述四点犯了同样的简单化抽象的毛病。人对现实的审美关系是在实践基础上历史地形成的，但具体的现实的审美活动却是个体的，是主客体之间的充分同一，实践美学不但不否定而且重点论证了这一点；而关于审美总体上由社会实践决定这一点也只是就人类审美意识的总体发展水平而言的，并不是说每一具体、个体的审美活动直接由社会实践决定，更不是说实践直接决定具体的审美规律（但审美规律形成的根本原因仍与实践有密切联系），至于说实践美学"混淆了审美意识与一般社会意识的区别"更是毫无根据的，是"莫须有"的。

第七点，批评实践美学以实践为本体论范畴而把"本体"客观化、实体化，从而否认了审美活动的自我主体创造性。这至少是一种误解。实践本体论是把实践作为主体人的基本存在方式，不但不否定或取消人的主体性和自我创造，反而把自我主体的创造提到本体论高度，从而把审美的自我创造（本质力量的对象化）本性提升到本体论高度；而且实践本体论在强调实践的社会性的同时，并不否定个体实践活动在社会群体实践活动中的能动作用，也不否定实践活动中的个体即自我主体的创造活动的重要性，在美学上，更是把这种自我主体的创造活动置于最关键的重要地位上。

第八、九两点，批评实践美学“忽视审美的消费性、接受性”，“缺乏解释学（即传统认识论）基础”。这也是没有根据的。如前所述，实践美学的哲学基础是实践本体论与认识论的统一，因此，在美学体系的展开中必然把美与审美、美的创造与接受、美的生产与消费有机地结合起来。这在主张以实践论为哲学基础的美学家那里，都是注意到的。也正因为是“两论”的统一，所以，实践美学把审美不仅作为人类高级的生存活动来考察，而且作为解释方式（意义创造）来探讨。

李泽厚讲过，哲学认为美学“主要是去探求人生的真理或人生的诗意”，[1]在审美（包括生产与消费、创造与欣赏）中，“那似乎是被偶然拥入这个世界，本无任何意义的感性个体，要努力去取得自己生命的意义”。[2] 这不是对杨春时批评的极好回答吗？

笔者认为，实践美学作为中国当代美学的一种理论，在相当长时间内仍有其存在和发展的合理性与可能性，不是随意可以抛弃或否定的。

三、关于后实践美学

在20世纪90年代中后期发生的反思实践美学的论争中，较为重要的有杨春时提出的“生存—超越”美学，主张“从生存（个体存在和解释活动）出发，把审美当作超现实的生存活动和解释活动，超越性是审美的本质特征，超越即自由”，[3]以及潘知常提出

〔1〕 李泽厚. 美学四讲. 三联书店，1989. 15.
〔2〕 同[1]. 250.
〔3〕 杨春时. 20世纪中国美学论争的历史经验. 厦门大学学报，2000(1).

的“生命”美学，其基本命题是三个：“生命”、“自由”、“超越”，认为审美的根据在人的生命及其超越之中。他们试图建构取代实践美学的“后实践美学”。

关于“后实践美学”对实践美学的批评，我们总的看法是：第一，他们在某些重要方面指出了以李泽厚为代表的实践美学主流派和整个中国美学的不足之处，也提出了许多对于美学建设有价值的意见。例如，他们都强调美学要突破认识论（知识论）和主客二分的思维模式，可以说抓住了束缚中国美学发展的要害，这也是我们所赞同的。他们把生存、生命活动与美的本质联系起来，强调审美的个体性和自由超越性，这为中国美学发展也提供了一个具有价值的思路，富有启迪和纠偏的意义。20 世纪 90 年代以来，很多人以“体验”、“生存”、“生命”等概念为切入口来思考美学问题，这与他们以及这场讨论具有很大关系，因此可以说，这场讨论对于中国美学的深入发展具有很大的促动意义。第二，他们对实践美学又缺乏全面的理解。他们对实践美学的批评有些是正确的，但又存在以偏概全的缺点：首先他们并没有仔细区分实践美学中还有不同派别与主张，譬如蒋孔阳的学说就与李泽厚的有重大区别；其次，他们对实践美学还存在一些误解，有的批评并未切中要害，反而给人留下片面、生硬甚至强加于人的感觉。

无疑，实践美学决非已经十分完善，不存在任何改进的余地了。在笔者看来，实践美学在以下几方面仍是大有可为的：首先，一些美学家在将实践引入美学时简单地把实践范畴直接作为美学的逻辑起点，或直接用做解决美学基本问题的万能范畴，因此给人以一般化和大而无当之感，缺乏理论说服力；其次，一些美学家对实践范畴的理解过于狭隘了，仍单纯停留于物质生产劳动这一含义上，而未把种种人生实践，如道德实践、交往活动和精神文化活动（即马克思所说的精神劳动或精神实践）考虑在内；再次，由于对“本体论”的某种误解，一些美学家尚未真正从存在论角度看待实践论，因而在把实践论作为美学的哲学基础时仍不能跳出认识论的思维框架。诸如此类的改进工作，正是实践存在论美学的努力方向。

第二节

向后看的论争：美的规律之反思

我们认为，20 世纪 90 年代后期发生的有关美的规律再反思的论争，是向后看的。之所以这样说，非常重要的原因就在于有些论者完全是从认识论的思路，从主客二分的思维模式来看待“美的规律”的。他们不仅认为规律、价值都只有客观性，只是物的客体属性，而且认为美、美的规律与人完全无关，认为美是独立于人之外的客观存在，是和主体相分离的。因此，美对于他们而言，不仅是一种实体，而且是与人毫无关系的实体。把美和美的规律看成只是客观的物的属性，沿用的仍是一种本质主义的提问方式，即在形而上学的思维方式中，追问的仍是“美是什么”、“美的规律是什么”。这种提问方式本身就包含着这样一个前提和假设——有一个静止的一成不变的美或者美的实体结构先在地存在着。如果沿着这个问题进行思考或回答，实际上就默认了这个前提或假设，也就默认了这个假设所赖以成立的主客二分的思维方式。从这种二元对立的思维出发来看问题,只能把美学研究拉回到过去的水平上。

这场争论的重新发起,缘自陆梅林先生在1997年发表于《文艺研究》的一篇文章。笔者是这场争论的主要参加者之一。总的来说,这场争论的参加者相对较少,影响也不太大,毕竟是对一个老问题——《巴黎手稿》中的“美的规律”的争鸣。

与上世纪五六十年代和80年代一样,这场论争的焦点还是集中在:第一,内在尺度是属于主体(人)的尺度还是属于客体的尺度;第二,怎样理解“美的规律”的客观性;等等。论争中分为两种截然不同的看法:一种以陆梅林为代表,主张“美”是与人截然无关的客体属性,从而“美的规律”也是纯然与社会主体无关的“客观规律”;另一种则是主张美的规律与人有关,“尺度”以及“内在尺度”不能脱离主体来孤立地理解。陆梅林认为,美是不以人的主观意志为转移的客观存在或客观存在之“物”的属性,即使人们感知不到,甚至在人类产生之前,美仍然客观地存在于那里;“美”的价值,是物的客观属性,或可说是物的物质属性;美是一种正面的(积极的)审美价值,它也是物的客观属性;他把马克思《巴黎手稿》中论及“美的规律”时所讲的两个“尺度”都理解为是与人无关的客体或“物”的尺度,因而推出“美的规律”也是与人无关的纯然的客观规律;人要“按照美的规律来建造”,其前提就是要认识物之成为美的客观属性,掌握它的规律性。[1]

陆的观点得到了曾簇林等人的赞同。曾簇林虽然一再声称自己的看法与陆不同,但笔者认为她所坚持的仍是与陆梅林一致的

〔1〕 陆梅林.《巴黎手稿》美学思想探微——美的规律篇.文艺研究,1997(1).

主客二分的认识论思维方式。她认为，马克思历史唯物主义一元论的客体观告诉我们，“美”作为主客观统一之“艺术对象”，属于客体，其规律则是对象客体的规律。她一方面认为，美是主客观的统一，另一方面却又认为“美”是“作为主客观的统一之‘艺术对象’的客体属性”；还认为，属于社会历史规律的“美的规律”同样是限定于对象客体的规律，是历史唯物主义的一元。因而，所谓“美的规律”是主体尺度和客体尺度结合构成的主客体统一的规律，有悖于马克思历史唯物主义一元论的客体观，是不能成立的。[1] 随后，国内很多学者对以上的看法提出了批评。[2]

这场关于“美的规律”的论争实质上可以看做上世纪五六十年代美学大讨论在新的历史时期的一个继续和延伸，是老问题争论的新角度或新形式，而且讨论仅局限于美学的局部问题（美的规律、尺度）。当然，这并不是说，这一场争论就没有意义。这一场老问题的新讨论，一方面可以促进我们对马克思《巴黎手稿》作新的思考和认识，另一方面又可以暴露我们争论双方（包括笔者自己）或多或少在美学追问方式上存在的局限性。可以说，这场论争中，有些观点倒退到了蔡仪时代，不仅退回到了 20 世纪 80 年代，有的更退回到五六十年代的水平上去了。这也急迫呼唤着超越主客二分认识论思维方式的实践存在论美学构想的出场。

---

〔1〕 曾簇林. 马克思关于“美的规律”的客观性再说. 文艺理论与批评，2001(3).

〔2〕 应必诚.《巴黎手稿》与美学问题. 中国社会科学，1998(3).

朱立元.《巴黎手稿》与“美的规律”问题. 学术月刊，1997(12)；关于“美的规律”问题的再思考. 学术月刊，2000(3)；美的感悟. 华东师范大学出版社，2001.

潘必新. 求解“美的规律”. 人大复印资料，美学，2000(8).

王向峰. 论美的规律问题. 辽宁大学学报，2000(6).

一、美的规律反思之一

1997年第1期《文艺研究》发表了陆梅林《〈巴黎手稿〉美学思想探微——美的规律篇》一文，读后获益匪浅，特别是对《巴黎手稿》关于“美的规律”论述的一段译文的辨析与重译，确实论据充分，令人信服，纠正了笔者以往的误解（误把“内在尺度”看成是人的尺度或主体的尺度），这对于全面、准确地理解马克思的原意极为重要。不过，陆梅林对马克思这段论述的阐释和由此得出的结论却不能完全说服人，当时笔者就其中三点提出了一些疑义，向陆梅林先生求教。

（一）关于美的规律的客观性

陆梅林指出，由于有些人把“内在尺度”理解为主体或“人的尺度”，因而得出了人类社会产生以前无所谓“美”、也无所谓“美的规律”的看法，这是对“美的规律”的客观性的否定。

笔者认为，这里首先要分清“美的规律”是自然规律，还是社会历史的规律。自然规律在人类产生之前已经存在，并在人类产生以后依然发挥着其客观的、不以人的主观意志为转移的作用；而社会历史规律则是在人类社会产生以后才形成的，它虽然同样具有不以任何个人意志为转移的客观规律的作用，但它的内容本身包含着人的主观目的、意图和能动性。正如马克思所说，“历史不过是追求着自己目的的人的活动而已”。恩格斯更是对此作了明确的论述：“社会发展史却有一点是和自然发展史根本不相同的。在自然界中……全是没有意识的、盲目的动力，这些动力彼此发生作用，而一般规律就表现在这些动力的相互作用中。……相反，在社会历史领域内进行活动的，是具有意识的、经过思虑或凭激情行动的、追求某种目的的人；任何事情的发生都不是没有自觉的意图，没有预期的目的的。但是……它丝毫不能改变这样一个事实：历史进程是受内在的一般规律支配的。”[1]很清楚，后一个“一般规律”即社会历史规律本身，是人类社会产生以后的规律，它同样是客观的、不以任何个人意志为转移的，但这一般规律内包含着每一个个人的有意识、有目的的自觉活动。

而“美的规律”，在我们看来，无疑是属于社会历史范畴的，因为它无论如何同人、同人的有目的的活动分不开来。马克思在《巴黎手稿》中是这样谈“美的规律”的（采用陆梅林的新译文）：

> 动物只是适应它所属的那个物种的尺度和需要来建造，而人却会按照任何物种的尺度来生产，并且处处会对对象运用固有的尺度来建造；因此，人也是按照美的规律来建造。

这里，我们完全同意陆梅林把原文中“das inhärente Maß”（旧译为“内在尺度”）改译为对象“固有的尺度”，而非人的主体尺度。但是有一点极为重要，即本段马克思是将人与动物的生产进行对比突出人不同于并高于动物的本质，全段主语是“人”（主体），“按照任何物种尺度来生产”也好，“对对象运用固有的尺度来建造”也好，都是人的有目的的、自觉的活动。人之所以区别于动物，在于人能在正确认识和遵循其他物种、一切对象的固有尺度和规律的基础上，按自己的需要和目的来对其进行加工和改造、“生产”或“建造”。这里，仅仅按照对象的尺度还远远不够，还须注入人的主观目的、意图，才能现实地进行生产，以满足人自身的需要。

[1] 马克思恩格斯选集：第4卷.人民出版社，1995.247.

陆梅林在文中也明确肯定“人的生产是有一定的目的和某种需要”,但又说“马克思并没有把它作为主体的尺度”。笔者认为这并不符合马克思原文的意思。从上引这段文字中,作为主语的“人”,处处“按照”对象尺度来生产,完全是一种自觉的有目的的生产活动,其中不言而喻包含着人的主体能动性在内。马克思虽未用“主体尺度”一词,但他讲的人的生产区别于动物之处正在于人的自觉性、目的性和主体性,包括人能认识、运用对象的尺度来改造对象本身也体现了人的这种主体性。因此,马克思最后讲的“美的规律”,其内容应包含人的生产的主体目的与客体尺度的两个方面及其辩证统一,而不只是物种或对象的客体尺度一个方面。

如果这个理解能够成立,那么,美的规律显然是与人不能分离的,是人类社会的规律,而不是与人无关的自然规律。当马克思说“因此,人也按照美的规律来建造”时,毫无疑问他是否认动物也能按美的规律来建造的。也就是说,对动物而言,不存在美与不美,也无所谓美的规律。美的规律只对人才有意义,只是在人脱离动物界组成人类社会以后才逐步形成并发挥其客观规律的作用,它只能是人类社会的规律、历史的规律,而不是自然的规律。社会规律离不开人的主观意图和目的,但并不妨碍它作为不以任何个人意志为转移的客观规律而发挥作用,它的客观性就体现在无数个人主观目的和行动交织而成的“合力”中。

关于美的规律是否属于社会历史领域的问题,我们还可以举一重要旁证:陆梅林谈到马克思对美的规律的论述时明确指出,它“科学地阐述了人类特有的审美活动的规律性”,“把美学理论推进到一个新的高度”。这里,陆梅林事实上已明确把美的规律定位在“人类特有的”规律这一范围内,也即社会历史规律的范围内,这是完全正确的。既然如此,说人类社会以前无所谓"美的规律",又何错之有呢?由此,又怎么能得出这种否认美的规律的客观性的结论呢?

其实,美的规律作为美学理论无法回避的重要研究内容与课题,就应属于社会历史领域,这一点马克思主义经典作家实际上已间接论述到了。如恩格斯在评价黑格尔体系时指出,黑格尔的"精神哲学又分成各个历史部门来研究,如历史哲学、法哲学、宗教哲学、哲学史、美学等等,——在所有这些不同的历史领域中,黑格尔都力求找出并指明贯穿这些领域的发展线索"。[1] 显然,恩格斯把美学也放在"历史部门"或"历史领域"中,即放在社会历史领域的范围内。美的规律应是美学研究的核心内容之一,对它当然只能在社会历史领域这一明确的范围内加以考察和研究。恩格斯虽然没有明确这样提,但从上面这段话不难作出美的规律问题属于社会历史领域,从而美的规律是社会历史规律(而非自然规律)的推论。

综上所述,第一,我们觉得陆梅林对美的规律的理解有自相矛盾之处:一方面承认审美的规律性是"人类特有的",另一方面却认为美的规律在人类社会产生以前就存在并起作用了。这是令人困惑的。对美的规律到底定位在自然领域还是社会历史领域,是有着根本区别的,这一点至关重要,不可不辨析清楚。第二,承认美的规律是人类社会历史的规律,承认其中包含有人(主体)的目的、意图因素,并不否定美的规律的客观性,也并不否定美的规律是不以任何个人意志为转移,客观地发生着作用的。

---

〔1〕 马克思恩格斯选集:第4卷.人民出版社,1995.219.

（二）关于“美的规律“的含义

陆梅林在阐释“尺度”一词的含义时也谈及对“美的规律”的理解，他说：

> 所谓“尺度”，原是度量衡的单位，是按照客观规律概括出来的衡量客观事物的标准。此处泛指生产对象的性能、质地、属性、结构、外观、形状，等等。简而言之，它包括物象的内容和形式两个方面。美的规律则指两者的有机统一。[1]

我们觉得，这里有几点值得研究：

第一，陆梅林前一句话对“尺度”一词的界定是准确的。不管是物种的尺度还是对象固有的尺度，实际上都是人按照客观规律概括出来衡量事物（也包括人自身）的标准。例如，衡量有形事物的大小尺寸或人的高度，都可用尺或公尺为尺度；再如，对有心脏的动物（包括人）可以以心脏是否停止跳动作为衡量其死或未死的尺度，当然，不同动物（包括人）心跳速率不同，又可概括出每分钟跳多少次作为衡量某种动物心跳正常与否的尺度；如此等等。但是需要强调的是，尺度是人概括出来的，它受到人对事物（包括人自身）认识的程度和准确度的限制，它有时也可能不完全正确甚至错误，如一些对儿童智商测定的标准就有不同程度的片面性，并不能完全准确地反映儿童的智能水平。所以，尺度不等同于客观规律，它是人对客观规律认识的一种成果，显然包含着主体因素在内。这一点陆梅林并未指明。

第二，紧接下来第二句话以“此处泛指”为一转折，一下子把“尺度”从人（主体）所概括出来的衡量事物标准变为纯客观事物

---

〔1〕 陆梅林.《巴黎手稿》美学思想探微——美的规律篇. 文艺研究，1997（1）.

（对象）的属性、结构、外观等，即不含任何主体因素。所以，“此处泛指”只能是陆梅林个人的理解。紧接着，在“简而言之”的引导下，进一步说“尺度”“包括物象的内容和形式两个方面”。这同前一句含义又大不一样，它从讲事物、对象的性质转为“物象”的“内容与形式”。这些含义，我们从马克思的原话中怎么也体会不出，更无法推导出来，其中似乎包含着陆梅林过多的随意性。当然由“对象”变为“物象”（但愿是笔误或印刷错误）与“美”似乎接近了一些，但这种语词转义与解释的跳跃，无论如何是违反起码的形式逻辑的，由此作出的任何推导与结论在逻辑上都是站不住脚的。

因此，第三，陆梅林看似很顺理成章地说出的“美的规律则指两者的有机统一”就缺乏根据了。

从上下文看，陆梅林是把“美的规律”界定为物象（对象?）的内容与形式的有机统一。这当然不是马克思的观点，从上文转引的陆梅林对马克思关于“美的规律”的那段话的译文看，是无论如何也推导不出这个界定的。实际上，用内容与形式的有机统一来界定美的规律，实在是太宽泛、太一般化了。固然，这种统一应是美的规律所要求的，但有了这种统一并不一定能达到美；反过来说，真的规律、善的规律难道就可以不要内容与形式的有机统一了吗？这与蔡仪过去的“美在典型”论有点相似，典型是个性与共性的有机统一，凡是达到了一类事物中典型的就是美的。但是，这种说法是经不起诘难与驳论的。因为一般而论，几乎任何事物都是个性与共性的统一；即使加上在同类事物中最有代表性的说法也不能改变其立论的困难。同样，说美的规律为内容与形式的有机统一，也难圆其说：比如说，一个典型的癞蛤蟆是否美呢？一只癞蛤蟆就其本身而言，完全可以是内容与形式的有机统一，其形式

(外在形状、颜色、叫声等)完全适合于其物种生存的需要、特性等内容,但很难说符合“美的规律”;相反,内容与形式并不统一,有时脱离内容的单纯形式也可以是美的,如符合黄金分割的外观形式往往是美的,又如一个女子的姣美的身材、体态、容貌等外观“形式”任何人都会认为是美的,但其心灵(内容)也许不美,甚至邪恶。可见这同内容与形式的统一无关。实际上,内容与形式这一对抽象程度很高的哲学范畴,未必适合于用来探讨美的规律。

问题的关键还在于,如上所述陆梅林对“美的规律”的阐释完全离开了主体,离开了社会的人。其实,任何事物的内容与形式,如果离开了人,就无所谓美丑,无论其统一程度如何,均与“美的规律”无关。在西方美学史上,黑格尔是以内容与形式这对范畴的统一来阐释美用得最多的一个人(当然他不仅仅用这一对范畴,还用了其他许多范畴)。他的“美是理念的感性显现”的著名定义就是把理念看成内容,把感性显现(形象)看成形式,美就是这两者的有机统一。但是,黑格尔论美有一个重要前提,那就是认为美只对人的心灵有意义,他从未离开过人的审美意识和能力来谈美、谈理念内容与感性形式的统一。譬如说自然美吧,在陆梅林看来那是与人无关的,甚至在人类产生之前就早已存在了。但黑格尔却明确地指出:“有生命的自然事物之所以美,既不是为它本身,也不是由它本身为着要显现美而创造出来的。自然美只是为其他对象而美,这就是说,为我们,为审美的意识而美。”[1]这就是说,自然美只对有审美意识的人有意义,只有与人发生审美关系时,自然事物才可能呈现为美的。只有在与社会的人有关这个大前提下,才可以进一步探讨事物

[1] 黑格尔.美学:第1卷.商务印书馆,1979.160.

何以会美，包括从内容与形式关系的角度去探讨。现在，陆梅林首先排除了这个大前提，那么，无论从什么角度去探讨美和美的规律，都是不可能有成果的。就说仅用内容与形式的有机统一去界定美的规律吧，笔者认为他比黑格尔还大大倒退了，因为黑格尔还肯定了这个大前提，而且他毕竟把内容与形式这对太一般的范畴具体化为理念内容与感性形式这样一对内涵十分具体、丰富的范畴，并结合其他多个范畴来综合探讨美和美的规律。

何为美的规律？答案应该是，事物（包括人）何以成为美的事物、何以具有审美特性、何以成为审美对象的规律。在《巴黎手稿》关于美的规律的这段话中，马克思并未正面回答什么是美的规律的问题。但从上下文中，我们可以领悟、捕捉到马克思思考美的规律问题的某些思路、踪迹。

首先，马克思是在人与动物的比较中来思考美的规律的。他从动物的局限性与人的主体能动性的对比中推出人按照美的规律建造的结论。这实际上确凿无疑地把美的规律的作用确定在人类的范围内。换言之，美的规律是属人的规律，只对人有意义，只有人能认识和运用美的规律；对动物来说，事物无所谓美不美，不存在美的规律，也不可能按照美的规律建造。

其次，马克思着重比较了人与动物的生产活动，在讲人的生产时主要讲人的物质生产实践，这种实践活动是根据人的需求，按照预定的目的对对象世界的改造。这是一种“自由的”“有意识的生命活动”。[1] 它使人的本质力量得以对象化，使对象世界也打上

〔1〕 马克思. 1844 年经济学哲学手稿. 见马克思恩格斯全集：第 3 卷. 人民出版社，2002. 273.

人的烙印,凝结起人的种种本质力量。正是人的实践活动使对象、事物具有了转化为美的可能性。人的这种生产实践与动物无目的的本能活动根本不同,前者是通向美的必由之路。马克思在比较了人与动物的生产之后,用了一个连词“因此”,带出“人也是按照美的规律来建造”的结论。这个“因此”提示我们:美的规律与人的自由自觉的生产活动有着内在的因果性联系。虽然人的生产实践活动的规律并不直接等同于美的规律,但与美的规律息息相关,或者说是美的规律的重要基础。

再次,在两种生产的比较中,马克思着重强调了人的生产的全面性、自觉性、有目的性,即能动性。“人却会按照任何物种的尺度来生产,并且处处会对对象运用固有的尺度来建造”,这句话突出了人的生产的全面性,这是一目了然的;但同时也包含着人的生产的自觉性与目的性的内涵,这一点却常常被人们忽视。其实,只要仔细体会这句话就会发现,马克思在这里使用了人“按照……尺度”,对对象“运用……尺度”等主动性语词和语句,已清楚地告诉我们,人之所以能按照任何物种尺度和运用固有尺度来生产,乃是因为其生产活动是自觉的、有目的的。这种生产得以进行的前提是对物种和对象尺度的正确认识和把握,而这是完全自觉的;同时,按照或运用对象尺度进行生产的另一个不言而喻的基本前提是从人的某种需要或为实现某种目的出发的,否则生产本身缺乏动力。按照或运用对象尺度是生产活动中的合规律性方面,而其中必然暗含着合目的性的另一方面。人的生产的这种自觉性、有目的性即自由自觉性,同“美的规律”有着内在必然的联系,或者说是“美的规律”得以成立的最深刻的基础。马克思用“因此”来引出“美的规律”决非偶然、随意的,而是表达了马克思思考美的规律的基本思路，即紧紧扣住人的生产不同于动物生产的全面性、自由自觉性和有目的性。离开了这一点，抽象地谈论美的规律，是南其辕而北其辙的。

笔者不打算在这里探讨“美的规律”的具体含义，更不拟具体界定“美的规律”，只想指出，陆梅林把美的规律界定为物象的内容与形式的有机统一，似乎离马克思的原意相去甚远。

（三）关于价值和审美价值

在论述“美的规律”时，陆梅林又提出对价值和审美价值的看法，他首先说：“价值是物的客观属性，也可以说是物的物质属性。”

笔者以为，这是对“价值”范畴的误解。这里有必要简单讨论一下“价值”的一般含义。马克思说过，“价值”这个普遍的概念是从人们对待满足他们需要的外界物的关系中产生的。[1] 马克思在此给我们提供了一个理解“价值”概念的最一般思路，即从人的需要与外界满足这种需要的关系来把握价值的含义。具体来说，就是：（1）价值不是一个单独的实体范畴，而是一个关系范畴；（2）价值不是主体之间或客体之间的关系，而是对主体（人）与客体之间一种关系的表述；（3）价值不直接是主客体之间的认识关系或实践关系，而是主客体间需求与满足需求的一种特殊关系。客体如果对主体的某种需求能够发生满足（或否）的关系，就与主体形成了某种价值关系。换言之，价值是客体对主体需求所具有的作用与意义。

据此，价值范畴只有当物（客体）与人（主体）发生特定关系时才形成，才有意义。它决不仅仅是“物的客观属性”。物可以有这

〔1〕 马克思恩格斯全集：第19卷. 人民出版社，1979. 406.

样那样的客观属性，但如果不与人发生满足需求的特定关系，就不存在有无“价值”的问题。譬如在人类产生以前，太阳、月球、山、水等物质实体早已存在，它们都有自己的属性，虽然由于在无主体（人）的情况下，它们的属性也无所谓“客观性”。但这些物质属性决不可能转化为价值，因为无主体需求与之发生关系，就无所谓价值。实际上，最初的价值关系就是在物的属性对人的有用性中形成的。陆梅林引述的马克思的观点就是如此。马克思认为，价值的表现，最初无非是表示物对人有使用价值，表示物的对人有用或使人愉快等等的属性。[1] 只有当物的属性对人有用时才形成价值。

我们在这里决无否定价值的客观依据之意。价值虽是客体与主体间的一种特定关系，但客体一定要有某种特性或属性并能与主体发生满足需求的关系，才会形成价值关系。这可以说是价值形成的客观因素、客观源泉或依据。我们只应在这个意义上理解陆梅林文中所引的马克思的两段话：“珍珠或金刚石所以有价值，是因为它们是珍珠或金刚石，也就是由于它们的属性，由于对人有使用价值。”“如果去掉使葡萄成为葡萄的那些属性，那么它作为葡萄对人的价值就消失了，它就不再（作为葡萄）是价值的要素了。”就是说，珍珠、金刚石或葡萄各自的价值来源于它们各自的属性，这些属性是它们对人有价值的客观依据或要素。否定价值的客观因素或源泉是不对的。但是，这两段话同时还告诉我们：第一，这些客观属性只是“对人”才有“价值”，如果离开了与人的需求的关系，这些客观属性并不必然成为价值。马克思在两段话中都突出了物的属性“对人”的意义、效用，即价值。可见马克思始

〔1〕 马克思恩格斯全集：第26卷.人民出版社，1979.326.

终把“价值”看成物的属性与人的需求关系的范畴，而不是与人无关的、孤立的物的属性范畴。第二，马克思强调了价值范畴的客观要素（即物的属性）和源泉，这是完全正确的，但同时，马克思把物的属性只看成价值关系中的一个“要素”，即客观要素，但有这个要素而无人这个主体要素，仍然形不成价值关系。第三，因此，价值不等于（大于）价值的客观要素（物的客观属性），我们不应在价值与构成价值的一个要素的物的客观属性之间画等号，把两者混为一谈。陆梅林的失误就在这里。他误把物的客观属性即价值的客观依据方面或构成价值关系的要素之一（客观要素）简单地直接等同于价值整体，而把构成价值关系的主体方面（人）完全排除在外，而无人（主体）的价值是不存在的。

陆梅林对“价值”持这样一种客观主义的观点，必然影响到他对审美价值的看法。他强调：“美是一种正面的（积极的）审美价值，它也是物的客观属性。”他还批评“讲审美价值和美是审美关系产生的”观点，认为这“还是把美看做是审美对象的身外之物，而没有把它看成是物的客观属性”。

陆梅林这里的概念比较混乱，他把美、审美价值（积极的）和物的客观属性等三个不同的概念混淆在一起了。首先，“美是一种正面的审美价值”的观点，早在20世纪50年代就有人提出过了，这是从价值论角度探讨美的本质，自然可以成为一说。但讨论美的本质问题时引入价值论实际上就已同人的审美需求联系起来了，就已把美置于与人的审美关系中了。同价值范畴一样，“审美价值”也是一个关系范畴，它只有在能否满足人（主体）的审美需求的意义上才能成立。也就是说，一个对象（物），只有在同人建立起一定的审美关系时，其属性只有对人的审美需求有正面（或负面)的效应时,才具有审美的(正或负)价值。因此,从马克思主义的价值观出发,肯定“美是一种正面的审美价值”,实际上已暗含着承认审美价值是对象特性满足人的审美需求的特定关系这样一个前提。但陆梅林由于前述对“价值”作了客观主义的不正确解释,就把对审美价值的理解从人与对象(物)的审美关系中孤立、割裂、抽象出来,切断了审美价值范畴与人的联系,实际上也就抽空了其“价值”关系的本质。

其次,陆梅林从“美是一种正面的审美价值”出发,直接推论出美“也是物的客观属性”的结论,在逻辑上比较混乱,在理论上也说不通。如前所述,他把价值等同于物的客观属性的观点是站不住脚的,他进而把审美价值归结为物的客观属性的推论同样是说不通的,由此推出美也是物的客观属性的结论更是难以成立的。严格地说,“美”、“审美价值”(正面)和“物的客观属性”是三个内涵、外延不同的概念;即使用“审美价值”来界定“美”,具有正面(积极)的审美价值的对象也不一定都“美”,也可以是“崇高”、“悲剧性”、“典型”、“意境”、“神韵”等等,就是说,“审美价值”的范围远大于“美”;关于“美”的本质,由于笔者与陆梅林的理解不同,不可勉强,这里只从语用学角度指出,不仅在日常生活中,就是在纯审美(对艺术与自然)活动中,人们作出“美”的审美判断的语境与实际含义是千差万别的,如果把“美”简单归结为“物的客观属性”一个方面,而把审美主体及相关语境完全排除在外,那么就太偏执了,这在理论上是无论如何也说不通的。

二、美的规律反思之二

马克思的《巴黎手稿》在经济学、哲学的宏阔背景下论述了许多美学的基本问题，奠定了马克思主义美学的基石，对迈入新世纪的中国美学学科建设和中国特色的美学理论体系建设有着极为重要的指导意义。

近年来，我国美学界在研讨《巴黎手稿》时，把注意力更多地放在"美的规律"问题上，这主要是时代的需要、社会的需要。随着我国社会主义市场经济体制框架的确立，社会生活的方方面面，从物质生产领域到精神生产领域，对审美的需求与日俱增，如何按美的规律来创造我们的新生活、新环境乃至整个新的生存方式，便成为广大人民群众持久的内在需求。因此，对美的规律的研究有着十分重要的现实意义。

1998年，笔者读到了曾簇林的长篇论文《马克思关于"美的规律"的客观性》，[1]其中对笔者的观点和蒋孔阳先生《美学新论》中关于美的规律问题的论述提出了批评意见。笔者仔细拜读之后，觉得尚不能苟同曾簇林的意见；同时，又引起笔者对马克思关于美的规律论述的再思考，形成了一些新的想法。

（一）从特定语境出发，把握马克思有关"美的规律"论述的含义

为了讨论问题的方便起见，这里把《巴黎手稿》论及"美的规律"的那段话转引如下：

> 通过实践创造对象世界，改造无机界，人证明自己是有意识的类存在物，就是说是这样一种存在物，它把类看作自己的本质，或者说把自身看作类存在物。诚然，动物也生产。它为自己营造巢穴或住所，如蜜蜂、海狸、蚂蚁等。但是，动物只生

〔1〕 曾簇林.马克思关于"美的规律"的客观性.湘潭大学学报，1998(4,5).

产它自己或它的幼仔所直接需要的东西;动物的生产是片面的,而人的生产是全面的;动物只是在直接的肉体需要的支配下生产,而人甚至不受肉体需要的影响也进行生产,并且只有不受这种需要的影响才进行真正的生产;动物只生产自身,而人再生产整个自然界;动物的产品直接属于它的肉体,而人则自由地面对自己的产品。动物只是按照它所属的那个种的尺度和需要来构造,而人懂得按照任何一个种的尺度来进行生产,并且懂得处处都把内在的尺度运用于对象;因此,人也按照美的规律来构造。[1]

我们认为,要正确理解、把握马克思的上述论述的真实含义,一定要从《巴黎手稿》论及此问题的具体特定的语境出发,而不能离开具体语境作孤立的理解和解释。这应该是我们具体讨论"美的规律"问题的前提。

上述这段话出自《巴黎手稿》第一手稿集中论述人的类本质的部分,在此,马克思着重论述了人的对象化的劳动生产实践活动的性质,并以这种实践活动作为区分人与动物的基本界限。这就是马克思论及"美的规律"的特定语境。

具体来说,在这段话的前面,马克思提出,"人具有有意识的生命活动","是自由的活动","有意识的生命活动把人同动物的生命活动直接区别开来"。[2] 这里,马克思明确地用自由的有意识的生命活动来界定人区分于动物的"类本质";虽然马克思仍沿

〔1〕 马克思.1844年经济学哲学手稿.见马克思恩格斯全集:第3卷.人民出版社,2002.273－274.

〔2〕 同[1].273.

用了费尔巴哈将人与动物的对比来概括人的本质的思路，和“类本质”、“类生活”、“类存在”等具有自然主义色彩的概念、术语，但对费尔巴哈抽象、直观的人类学唯物主义已有所突破和超越。第一，马克思不只是静态地像费尔巴哈那样把人的本质理解为“一种内在的、无声的、把许多个人自然地联系起来的普遍性”，[1]也不是像黑格尔等唯心主义者那样仅从意识、精神上把握人的本质，而是从自由自觉的生命活动上区分人与动物。第二，他认为人的这种有意识的生命活动主要表现为人对对象世界的实际改造，即表现为物质生产或劳动实践。第三，这种实践活动是自由的，是人的自觉的目的在对象世界中的实现，体现了人对自然界的能动性。第四，人通过这种对象化的实践活动证明了人作为“类”的社会群体性，已完全不同于动物作为“种”的自然共同性。

马克思正是在这样一个以人的实践活动来论证人区别于动物的社会本质的特定语境中展开论述，逐步推演至美的规律问题的。请看上述引文的第一句“通过实践创造对象世界，改造无机界，人证明自己是有意识的类存在物，就是说是这样一种存在物，它把类看作自己的本质，或者说把自身看作类存在物”，他是从这一特定语境出发展开进一步论述，并由此一步步引出“美的规律”问题的。而一些论者往往不引用这句话，以为它与“美的规律”问题无关，其实他们恰恰在不知不觉中忽略或偏离了马克思论述的特定语境，从而导致进一步理解的偏差。

紧接这段引文，马克思又强调指出：“正是在改造对象世界中，人才真正地证明自己是类存在物。这种生产是人的能动的类

---

〔1〕 马克思恩格斯选集：第1卷. 人民出版社，1995. 56.

生活。”[1]在此，马克思已比较明确地把人自觉改造世界的物质生产活动看做人的“类本质”（即社会本质），看做人与动物的根本分界线，这已同马克思在《德意志意识形态》中所说的“一当人开始生产自己的生活资料的时候，这一步是由他们的肉体组织所决定的，人本身就开始把自己和动物区别开来”[2]的观点十分接近了。由此可见，马克思关于“美的规律”的论述完全是在论人的对象化生产实践活动且将人与动物区分开来的具体语境中展开的，忽视或离开这一特定语境，就有可能导致对马克思有关“美的规律”论述的误读或曲解。

笔者以为，无论是陆梅林还是曾簇林，在阐述马克思有关“美的规律”的含义时都有意无意地忽略或离开了这一特定语境，因而导致理解与阐释上的偏差或误读。这一点我们将在下文中进一步阐明。

（二）关于“尺度”

在理解马克思有关“美的规律”论述的含义时，“尺度”的概念是最为关键的，因为马克思正是在接连讲了动物所属的“那个种的尺度”、“任何一个种的尺度”和“内在的尺度”等三个“尺度”之后提出“美的规律”问题的。“尺度”与“美的规律”之间有着直接的、密不可分的联系，这是显而易见的。

陆梅林依据德文原文和国外多种语言的译文及一些著名学者的解释，对国内几种译文作了细致的词义辨析，提出这三个“尺度”均指客观对象的尺度，特别强调第三个“尺度”即“内在的尺

---

〔1〕 马克思. 1844 年经济学哲学手稿. 见马克思恩格斯全集：第 3 卷. 人民出版社，2002. 274.

〔2〕 马克思恩格斯选集：第 1 卷. 人民出版社，1995. 67.

度”也属客观对象尺度，并认为这是“一清二楚的，不容置疑的”。曾簇林完全接受了这一解释，她说：“这段话里的‘物种’就属于对象客体，‘物种的尺度’，是指对象客体的尺度。‘内在的尺度’，也就是对象客体本身固有的尺度。所以无所谓两个尺度，实际上就是一个尺度。”她并指责“所有论者”都“把‘两个尺度’强加给马克思（只是蔡仪先生例外）”。

需要说明的是，笔者过去一贯认为“内在尺度”是人的主体尺度，在读到陆梅林的文章后，曾一度接受过他的只有“一个尺度”即对象客体的尺度的译解，因为这并不妨碍我们理解马克思关于人能掌握对象尺度按自己的目的改造对象世界这一基本思想，及由此引出的有关美的规律的观点。但是，当笔者读了应必诚先生《〈巴黎手稿〉与美学问题》[1]一文后，看法又有所改变，即回到原来的一贯的观点。应必诚对马克思的三个“尺度”，从德文语法、词法语义和逻辑的角度作了准确详尽、令人信服的译解分析，指出：“‘内在的尺度’我们只能理解为主体人把人的内在尺度放置到对象上去，也就是按照人的尺度改造对象世界。”更重要的是，应必诚对“三个尺度”所作的解释是“就全书和这一段文字的总的思想来看”的，是就马克思把人的本质界定为劳动生产实践或人的本质力量的对象化而言的，而“所谓人的本质力量的对象化，其基本思想就是把主体人的内在尺度运用到对象上去，与客体对象先是在观念上，后是在实践上统一起来”。应必诚正是从这一特定语境出发，并在此语境中正确把握了马克思三个“尺度”的真意。据此，笔者不能不放弃自己一度接受过的陆梅林关于“内在

〔1〕 应必诚.《巴黎手稿》与美学问题. 中国社会科学，1998(3).

的尺度”的译解,转而赞同应必诚的译解。

由于曾簇林把三个“尺度”都归结为客体对象的“尺度”,似乎给人一种印象:“尺度”完全是属于客体的,是与人无关的客体的属性、特征和本质。事实上,她的文章正是这样说的:“所谓‘尺度’,原是度量衡的单位,是按照客观规律概括出来衡量客观事物的标准。而在这里,便是泛指对象客体的性能、质地、属性、结构、外观、形状等。简而言之,它是‘对象’客体的内在本质和表现形式的统一,内容和形式的统一。”

读了这段话,我们不禁要问:是谁按照客观规律“概括出”“尺度”来的?又是谁用“尺度”来“衡量”客观事物的?答案应该只能是人。那么,人为什么需要用“尺度”来衡量对象呢?最根本的原因只能是人的生存和发展的需要。离开了人的需要与目的,就没有“尺度”。所以,“尺度”范畴从来与主体人的目的、需要紧密相连,当然,与客体对象的本质特征也直接相关。陆梅林指出第一个“尺度”是指动物的种,这是正确的,相对无机自然而言,这一尺度属于动物“主体”;但他把第二个“尺度”即“任何一个物种的尺度”说成是对象客体的尺度就不通了,因为从上下文联系起来看,如果“任何一个物种的尺度”就是指前一个尺度,把动物“主体”的尺度悄悄地扩大为整个对象世界,则是明显背离马克思原意的。这里,马克思把人与动物两种不同“主体”的生产加以对比,认为动物只能按其所属的种的尺度在本能范围内进行“生产”,而人却不但能超越自身族类的自然尺度,懂得按照一切动物种的尺度来进行生产,而且能把由自身需要和目的出发形成的内在尺度运用到对象上去,改造对象世界。所以,这里三个“尺度”都离不开“主体”(动物作为特殊意义上的“主体”),特别是第三个“尺度”即

"内在的尺度",完全依属于人这个以自由自觉的实践活动(人的本质的对象化活动)为本质的主体。

关于"尺度"范畴与主体人的内在联系,笔者还想从西方哲学、美学史角度作进一步论证。

在西方哲学史上,最早提出"尺度"范畴的是生活在公元前5世纪的希腊著名哲学家普罗泰戈拉。他在《论角力》中说过:"人是万物的尺度,是存在者如何存在的尺度,也是非存在者如何不存在的尺度。"[1]对这段文字中的"尺度"(μετρον/metron)一词,据汪子嵩等考证:"柏拉图、亚里士多德和塞克斯都·思披里柯都解作标准和尺度,亚里士多德在《形而上学》中解释 metron 是说除了度量尺度和标准外,还可以作知识、认识的尺度解。近代一般都译为尺度、标准,但是翁特斯泰纳将它译为'支配者'('拥有者'、'权衡者')。"[2]这里有三点值得注意:(1) 普罗泰戈拉提出"尺度"这一概念时十分明确地把"尺度"归属于"人"这个主体,而不归属于作为人的对象的客体世界。(2) 离普罗泰戈拉时代较近的亚里士多德在《形而上学》第10卷中解释这一命题时说他"实际上是说还在认识或正在感知的人,因为他们有各自的知识或感觉,所以说知识和感觉是对象的尺度"。[3] 亚里士多德并不同意这一观点中的相对主义成分,对此作了批评,但他确凿无疑地告诉我们:普罗泰戈拉的"尺度"不但属于人这个主体,而且就是个人的认识(知识)和感觉,人们正是用自己的知识和感觉作为衡量对象的尺度。(3) 翁特斯泰纳将"尺度"译为"支配者"、"权衡者",使

---

〔1〕 汪子嵩,范明生. 希腊哲学史:第2卷. 人民出版社,1993. 247.

〔2〕 同[1]. 251.

〔3〕 同[1]. 257.

“尺度”概念更具鲜明的属人性和主体能动色彩。由此可见，西方哲学史上“尺度”范畴一出现就是属于“人”这个主体的，而不是属于客体对象的；是主体用以衡量客体对象的标准或权衡者，换言之，是主体人应用于、施加于客体对象的内在标杆。

在西方美学史上，最早将美、丑与“尺度”联系起来的是柏拉图。柏拉图在谈到肉体的净化时，认为需要净化的肉体上的“恶”有疾病和畸形两种，而“畸形无非是缺乏尺度，看起来更是丑的”。[1] 换言之，在柏拉图看来，美丑的区分在于有无尺度。这样，尺度便成为美的核心或灵魂。这里且不论有无尺度，何以决定美丑，先看看柏拉图的“尺度”的归属。柏拉图是在讲人的肉体畸形时引出“尺度”的，就是说，人的肉体的美丑取决于人有无尺度，显而易见，“尺度”是属人的，而非属客观对象的。此外，柏拉图在论述技艺时又谈到“尺度”，他说：“所有技艺中，一部分技艺是与尺度有关的，以相对的标准来衡量对象：数、长度、高度、宽度、厚度；另一部分技艺是以适度来衡量的：合适、凑巧、需要，以及与之有关的所有的词汇，总之，是避免极端的适度或标准。”[2]柏拉图的观点概而言之：首先，一切技艺都是人的技艺，而非动物的，更非无机界的。技艺的尺度当然也是属人的；其次，一部分与“尺度”有关的技艺，柏拉图举出长、宽、高、厚等“相对的”尺度，这“相对”应当既包括对象之间的比较，也包括与人的需要的比照，后者显得更重要，因为人正是从由自己的需要、目的形成的尺度出发来衡量

[1] 柏拉图. 智者篇：228A. 范明生. 西方美学通史：第 1 卷. 上海文艺出版社，1999. 337.

[2] 柏拉图. 政治家篇：284E. 范明生. 西方美学通史：第 1 卷. 上海文艺出版社，1999. 337 – 338.

对象的；再次，另一部分与“适度”有关的技艺，柏拉图举出合适、凑巧、需要等，其实，这些也都是“尺度”，“适度”这种尺度更是直接从属于主体以是否适合于人的需要为标准。文学艺术在希腊也属于技术范围，所以衡量文学艺术的尺度（包括适度）同样与主体密切相关，或者说主要从属于人。

亚里士多德论美时虽未直接引入“尺度”范畴，但都暗含着对尺度范畴的某些应用，如“大小”、“秩序”等。他说：“一种东西要成为美的东西……其组成部分的排列要有某种秩序，而且还要有某种一定的大小。美是同大小和秩序有关的。”但大小、秩序等尺度归根结底还是要适合人的主体条件。所以，“一个非常小的有生物不能算是美的（因为我们对它的感觉是瞬间即逝的，因此变得模糊不清），一个非常大的有生物也不能当作是美的。例如，有一个一千里长的有生物（因为我们不能同时看到它的全部，其完整一体性便不会进入视野之内）”。换言之，对象大小的“尺度”是以主体视觉条件为依据的，只有符合人的视觉条件和阈限，“大小”这一范畴方能成为对象美不美的依据，也即成为人衡量对象美不美的尺度。同样，如悲剧艺术的情节，“正如那些有生物和由若干部分构成的整体具有一定的大小，易于被观看一样，情节也必须具有一定的长度，以便于记忆”。[1] 情节的“长度”，也是“尺度”的子范畴之一，它只有“便于记忆”即适合人的心理活动（记忆），才可能成为美的。

由此可见，西方哲学史上，“尺度”范畴从来从属于主体的人，

---

〔1〕 亚里士多德. 诗学. 范明生. 西方美学通史：第 1 卷. 上海文艺出版社，1999. 439 – 441.

至少与主体人密切相关；而在西方美学史上，“尺度”作为最早的美学范畴之一，同样从属于人，或者至少与人的生理、心理条件密切相关。离开了主体人，“尺度”范畴根本不可能存在，也完全失去了意义。曾簇林也许意识到，即使作为度量衡单位，“尺度”必然有主体因素的渗入，这是“常识”，但她为了按照自己的意图来解释马克思主义，只是根据自己的理解和揣测，便武断地宣称：“但马克思在这里所使用的尺度是特指对象客体的‘度’的哲学概念，是作为对象客体的规律使用的，只限定在对象客体，而不是那种有主体因素渗入的日常度量衡的那种哲学概念”，并断言“这才是马克思的原义”。她对此所作的翻译上的和语法上的论证，笔者以为应必诚的文章已足以将其推翻；而在“尺度”概念的解释上，则在曾文中几乎看不到像样有力的论证，相反，轻率随意、毫无根据的论断随处可见。如在说“‘度’这个概念，在哲学史上与法则、规律有时是同一语”后，马上不作任何论证，跳跃式地推出如下一串结论：“这里的度应该理解为法则或规律，即指对象客体的规律。实际上这里就是指美的规律。这才是马克思的原意。”人们不禁要问，即使退一步讲，承认有时“度”等同于“规律”概念，何以马克思这段话里的“尺度”就一定等同于规律、非得作“规律”解呢？规律又为什么只能是对象客体的规律而不可能是主体人的规律呢？这个“尺度”又为什么“就是指美的规律”呢？最后，这种毫无根据的连锁式推测又怎能妄称“才是马克思的原意”呢？

（三）关于规律、社会规律及规律的客观性

上文已讲到，曾簇林把“尺度”等同于“规律”进而等同于“美的规律”，这既经不起语义学和逻辑学的检验，更经不起实践的检验。在哲学中，规律范畴远比尺度范畴范围大、层次高，两者不能并列，更不可等同。这一点恐怕也属于常识范围，此处不拟展开。

首先，谈谈对于“规律”（德文 Gesetz，英文 Law）一词的理解。在西文中，“Gesetz”或“Law”有许多含义，我们首先从词源学角度作一简单考察。Law 源于古希腊哲学中的“Logos”（逻各斯）。美国一部权威词典关于“Logos”的条目说：

> 一个希腊术语，意指理性，语词，说话，演讲，推理，定义，原理，或尺度比例。它在哲学中的功能已主要转为逻各斯即“理性”之意。[1]

可见，“Logos”的原初意义主要是指人的理性、语词、说话、推理等，定义、原理也是人通过理性作出的推理，这里的尺度比例之意显然也被纳入人的理性的范围，它在哲学中的功能主要也是人的理性。当然，“Logos”一词的含义在西方哲学史上是有发展变化的，此处不论。“Logos”作为“Law”一词的渊源，它对“Law”的基本含义是有所制约的。“Law”最基本的意义是法律及与法律有关的法制，法的威力或制约，法律体系或法统，法学、权威、司法界、执法者、法令法案等等，而法律是由人制定用来维护正常的社会秩序的，司法界、执法者等词义本身就包含着指人。可见，从词源学和基本义方面看，“Law”、“Gesetz”是属人的，与人（主体）密不可分，决非纯属客观对象的东西。

其次，看看“Law”的其他词义：一为“规则”，如诗律（作诗规则）、游戏规则等；二为守则、惯例、习俗，如养生之道（养生之法）、家庭的惯例等；三为宗教的戒律；四为本能，如自我保护的本能等。这几条仍然是属人的或由人制定的，即离不开主体的。

---

〔1〕 威廉·瑞斯. 哲学与宗教辞典. 新泽西出版社，1980. 314.

作规律解只是"Law"、"Gesetz"的一个引申或派生义。规律意指事物发展变化过程中的本质联系和必然趋势,它当然是客观的,但也要由人发现、总结出来用以指导人的实践活动。

总之,在西文里,"Law"、"Gesetz"主要是属人的,当然跟对象的本质、关系也密切相关。考虑到上文对三个"尺度"也主要是从属人的角度作解释的,因此,笔者想提出一个合乎逻辑的建议,即将《巴黎手稿》中"美的规律"(den Gesetzen der Schönhiet)改为"美的规则"。

这个建议肯定会招致曾簇林等人的反对。因为在他们看来,"Law"、"Gesetz"是绝对客观的,是不允许主体有任何介入的。但在事实上,即使自然规律也可能有人介入,也可以改变。马克思在批评费尔巴哈的直观唯物主义把自然界看成与人无关的纯客观的原始自然和感性对象时深刻地提出:"他没有看到,他周围的感性世界决不是某种开天辟地以来就直接存在的、始终如一的东西,而是工业和社会状况的产物,是历史的产物,是世世代代活动的结果,其中每一代都立足于前一代所达到的基础上,继续发展前一代的工业和交往,并随着需要的改变而改变它的社会制度。甚至连最简单的'感性确定性'的对象也只是由于社会发展、由于工业和商业交往才提供给他的。大家知道,樱桃树和几乎所有的果树一样,只是在数世纪以前由于商业才移植到我们这个地区。由此可见,樱桃树只是由于一定的社会在一定时期的这种活动才为费尔巴哈的'感性确定性'所感知。"[1]这就是说,我们赖以生存的周围的自然界,早已不是原始的、与人们不相关的纯粹的客观的自然

[1] 马克思恩格斯选集:第1卷.人民出版社,1995.76.

界，连樱桃树这种自然物（植物）也是人的活动的结果，它“依靠一定的社会”（即人）的活动才成为人们的对象。马克思进而提出，费尔巴哈心目中“先于人类历史而存在的那个自然界，不是费尔巴哈生活其中的自然界；这是除去在澳洲新出现的一些珊瑚岛以外今天在任何地方都不再存在的、因而对于费尔巴哈说来也不存在的自然界”。[1] 很清楚，马克思讲的自然界已是人化的、历史化的自然界，而不是与人无关的纯粹作为客体的自然界。这样，就有了两个自然界，原生自然界和人化自然界；从而原生自然界的规律也与人化自然界的规律不同。就如樱桃树吧，原始野生樱桃树的生长规律与经人栽培的樱桃树的生长规律不完全相同，后者已发生了变异，野生樱桃树不存在栽培规律，栽培樱桃树作为人们可以食用果实的果树，形成了新的人工栽培规律，这是显而易见的。再举个更明显的例子，用人工嫁接方法培育出的苹果梨，乃是一种自然界从未有过的新品种果树，它的生长、培育规律也是自然界规律中从未有过的。但是，作为人化自然界的一部分，它的规律是通过人的科研、生产活动新形成和产生的。所以，说一切规律都是纯客观的，与人无关，显然是站不住的，人化自然界的无数规律，恰恰包括着主体人创造的许多必要条件、环境和要素，这些条件、环境、要素都构成其规律的有机组成部分。

自然规律是这样，社会规律包含着主体介入就更不用说了。这里笔者把自己理解马克思关于“美的规律”的一段论述（曾簇林曾对此提出批评）重录如下：

社会历史规律则是在人类社会产生以后才形成的，它虽

〔1〕 马克思恩格斯选集：第1卷. 人民出版社，1995. 77.

然同样具有不以任何个人意志为转移的客观规律的作用，但它的内容本身包含着人的主观目的、意图和能动性。正如马克思所说："历史不过是追求着自己目的的人的活动而已。"恩格斯更是对此作了明确的论述："社会发展史却有一点是和自然发展史根本不相同的。在自然界中……全是没有意识的、盲目的动力，这些动力彼此发生作用，而一般规律就表现在这些动力的相互作用中。……相反，在社会历史领城内进行活动的，是具有意识的、经过思虑或凭激情行动的、追求某种目的的人；任何事情的发生都不是没有自觉意图，没有预期目的的。但是……它丝毫不能改变这样一个事实：历史进程是受内在的一般规律支配的。"很清楚，后一个"一般规律"即社会历史规律本身，是人类社会产生以后的规律，它同样是客观的，不以任何个人意志为转移的，但这一般规律内包含着每一个个人的有意识、有目的的自觉活动。〔1〕

今天，笔者仍然坚持上述看法，因为此中道理讲得很清楚，不应当引起任何误解。然而当时曾文在引述上文后严厉责问道："我仍要问，马克思恩格斯所论述的社会历史领域的'这一规律内'是包含着主体的意图和目的吗？朱立元同志这个离不开主体的主观意图和目的的所谓社会规律还能'同样是客观的，不以任何个人意志为转移的'吗？非也！朱立元同志对社会规律的理解和做出的结论是不能够成立的。其要害正是在社会历史领域改变了规律为客体所固有的本质规定性，把规律为客体所固有的历史唯物主义的一元改变为主体和客体所先有的唯心主义二元……"

〔1〕见本书第四章第二节第一部分。

笔者反复对照自己所写的文字与曾文的责问，觉得实在看不出自己如何犯了把历史唯物主义一元“改变为”唯心主义二元的错误。恐怕任何一个客观、冷静、公正的读者也难以从中得出曾文的判论，因为笔者不过在引述马克思、恩格斯原话后做了极简要的归纳而已。既然曾文提出了责问，这里且作简要的回答和补充说明：

第一，恩格斯此处所讲的“自然界”是原生的、在人产生以前的自然界，所以其自然规律是盲目的、无人参与的规律。

第二，而社会历史规律则是人类社会发展规律，在某种意义上就是人的社会活动的规律。因此，就内容而言，社会历史规律完全是对人（主体）活动规律的揭示和概括。

第三，社会历史规律既然是揭示人们的社会活动规律，自然不可能离开人们的意图与目的。譬如，人们在物质生产活动中结成一定的社会关系。在阶级社会的一定时期中，每个个人、集团、社会、阶级等等都必然会有自己的目的、意图，并按各自的目的、意图活动、行事、斗争、调和、变革、发展，如此等等。结果可能是一些阶级胜利了，一些阶级失败了，一些阶级上升为统治阶级，一些阶级趋于垂死、衰亡。这其中支配着社会发展规律的，正是所有这些按自己目的、意图活动着的人的“合力”。唯物史观的基本原理就是对社会发展内在规律也即这种“合力”进行科学的揭示。因此，怎么能把有目的、意图的活动着的人（主体）排除在社会规律的内容之外呢？

曾文对这一点无法否认，只能把这些活动着的人（主体）统统用“社会客体”一词加以概括，说“这都包含在社会客体当中。相对于该社会客体的主体来说，也有自己的意志和目的。但它是在主体之中。相对于该社会主体的社会客体来说，它是客观存在的，并不以主体的主观意志为转移。所以存在于社会客体当中的规律并不包含主体的意志和目的”。这段看来近乎绕口令的话，实在有点儿玩文字游戏的味道。明明是所有人（主体）都带着自己的目的参与、投身社会活动，怎么能用“社会客体”一词简单地把活动着的人囊括进去呢？而这个“社会客体”是否也按自己的目的参与所谓“社会客体”中的社会活动呢？如果也参加，则“社会客体”就失去了主体对立面而不成其为客体了。这里，我们所看到的除了逻辑的混乱以外，一无所有。

第四，再有，社会历史规律的客观性体现在什么地方呢？我们认为，就体现在它虽是每个个人和集团有目的、意图的活动，都呈现为所有这些活动的“合力”，这种“合力”产生的历史结果，并不以参与活动的每个个人的意志为转移。就是说，任何个人意志无法改变上述“合力”所推动的社会发展。注意，这里并没有笼统地说社会历史规律不以人的意志为转移，而是说不以任何个人意志为转移。这怎么谈得上是陷入了“历史唯心主义的二元论”呢？难道把主体目的包括在“社会客体”中，用一个空洞的“社会客体”名称就算坚持了规律的客观性吗？

（四）关于“美的规律”的要义

美的规律是在人类社会产生以后才产生的，是在人的审美和艺术创造实践活动过程中逐步形成和发展起来的，因此，美的规律不属于自然规律，而属于社会规律。既然属于社会规律，就离不开主体人的因素的介入，就必然受到人的目的和需要的制约，就必然与人改造对象世界的实践活动密切相关。这是我们正确理解马克思关于“美的规律”论述的背景和前提，也即本节一开始所说的特定语境。

从马克思论述美的规律的那一整段话看，是从人作为“有意识的类存在物”，“通过实践创造对象世界”这一人的本质观出发的；接着按此基本观点对人与动物的生产进行了一系列对比，突出了人的生产实践活动的全面性、非直接性、不受肉体需要支配、“再生产整个自然界”、“自由地对待自己的产品”等特点；最后由三个“尺度”推出了“美的规律”。

马克思的三个“尺度”，仍然是在比较人与动物生产的区别时提出来的。第一个尺度是讲作为“主体”的动物的生产是按其所属“种的尺度”进行的；第二个“尺度”是指动物的“种的尺度”，但重点是讲人（主体）能懂得并掌握一切动物的种的尺度来进行生产；至此，前两个“尺度”均属于陆梅林、曾簇林等所谓的客体对象的尺度，人的生产就是将自身的内在尺度运用到对象上去。所以，我们认为，这三个“尺度”决非只是“一个”尺度（客体尺度），而是两个“主体”的尺度（动物“主体”的尺度与人的尺度）。

在突出“人懂得按照任何一个种的尺度来进行生产，并且懂得处处都把内在的尺度运用于对象”这两个“懂得”之后，马克思用“因此”一词引出“人也按照美的规律来构造”的结论。这里要注意几点：(1)“因此”一词表明，前一句话与结论之间存在着某种因果和对应的关系，前句中两个“尺度”是因，后句中美的规律是果。这就表明，曾簇林在“尺度”与“美的规律”之间简单地画等号，是不符合马克思这句话所表述的逻辑关系的。(2) 在这种因果关系背后，还包含着“尺度”范畴与“美的规律”的内在联系，换言之，马克思关于这两个尺度的论述实际上界定了美的规律的内涵与范围。(3) 具体来说，“美的规律”应包含两层含义：第一，“人懂得按照任何一个种的尺度”来生产，即人能发现、理解、掌握、运用任何动物的种的尺度;第二,人在生产活动中处处把自己的内在尺度(当然也包括掌握并转化、内化为自身尺度的动物的种的尺度在内)运用到对象上去,发挥自己的主观能动。人只有在这两层意义上进行能动的创造性的生产,才能把自己的类生活对象化。马克思紧接这段话之后又强调指出:"这种生产是人的能动的类生活。通过这种生产,自然界才表现为他的作品和他的现实。因此,劳动的对象是人的类生活的对象化:人不仅像在意识中那样在精神上使自己二重化,而且能动地、现实地使自己二重化,从而在他所创造的世界中直观自身。"[1]这最后一句话正是人通过自身尺度、本质的对象化而与人化的对象世界形成"直观自身"的审美关系。美的规律也就蕴含在这种审美关系中,它就是在人的本质力量对象化与自然的人化过程中逐步形成与发展的。

(4)从语词结构与逻辑关系来分析,马克思论"美的规律"这两句话的主语是"人";前一句中两个"懂得"句("懂得按照任何一个种的尺度"和"懂得处处都把内在的尺度运用于对象")中谓语是"懂得",与后一句"按照美的规律来构造"之间存在因果关系,就是说有了前两个"懂得",人才懂得"按照美的规律来构造"。这里,合理的推测是,后一句中马克思省略了"懂得"一词。如果这一推测并不违背马克思的原意和这段文字的基本意思的话,那么,曾簇林在文中批评笔者把"美的规律"与"人也按照美的规律来构造""作了混同",是没有根据的。至于她进而说"这种混同,几乎成了美学界的言论一律,影响极大",则更是无的放矢了。

---

〔1〕 马克思.1844年经济学哲学手稿.见马克思恩格斯全集:第3卷.人民出版社,2002.274.

关于“美的规律”的界定，曾文认为，这是“美之所以为美的规律”，“它是指具有审美属性的对象客体内在本质与表现形式完满统一的规律”。我们认为，这是一个离开马克思的具体论述，逻辑上难以成立的界定。因为：(1)“具有审美属性的对象客体”一语已把审美属性赋予对象，将之作为界定美的规律的前提条件，这在逻辑上不但同义反复，而且因果颠倒：美的规律既是对象之所以为美，又是对象之所以具有审美属性的规律，怎能用对象已具有的审美属性来界定美的规律呢？(2)对象客体的审美属性来自何方？是与对象无关的客体本身所具有的吗？如果离开了人的尺度即本质力量的对象化，这种审美属性怎么可能凭空产生呢？(3)把“客体内在本质与表现形式完满统一”说成美之为美的规律，毫无新意，它不过是蔡仪“典型即美”论的当代新版。试问：老鼠、蛤蟆等“对象客体”若达到了其内在本质与外在表现的完满统一就必定完美了吗？(4)这种观点把美的规律看成从来就有、永恒不变的僵死法则，既不符合人类社会的审美经验，也不符合人类审美、创造美的历史事实。美是人类社会的产物，从原始社会中美的对象到当代的美的事物，经历了天翻地覆的巨变，人与现实的审美关系从无到有，经历了一个诞生、发展的过程，美的规律同样是从无到有，经历了一个发生、形成、发展的过程。而且这一规律是开放的、变动的，只要人的审美活动还存在，它就绝无止境。

马克思所说的“美的规律”，主要是形成和创造(生产)美的规律，而且主要是主体创造活动的规律，它虽然也要注重对象的本质、特征，但这主要是从主体活动角度所提出的基本要求。

曾簇林在文中批评笔者观点的同时，也对蒋孔阳先生有关美的规律的论述提出了批评和“驳正”。笔者重读了蒋先生的有关论著，读完之后，认为自己可以负责地说，蒋先生对马克思关于美的规律论述的阐释，迄今为止仍是我国美学界相关论著中最正确、最辩证、最深刻的。以下转引蒋先生关于“美的规律”问题的几点最重要的结论：

……我认为马克思所说的“美的规律”，至少包含下列几层意思：

一、美的规律是人类劳动的一个基本特点。我们不能离开人类的劳动实践，来抽象地孤立地谈美的规律。

二、美的规律应当符合不同客观事物本身的规律。……因此，美的规律是丰富多彩的，不能机械雷同。机械雷同的东西，是违反美的规律的。动物之所以不能按照美的规律来生产，就因为它只有那么一种刻板的生活方式。而人的生产是自由的，多种多样的，因而人的生产是按照美的规律来进行的。

三、美的规律与人类劳动实践目的性是密切联系在一起的。唯其有目的性，所以才谈得到实现目的；唯其能够实现目的，所以才会在劳动中发挥自己全部的本质力量；唯其能够发挥自己的本质力量，所以劳动对人来说，才是一种创造性的活动；唯其是一种创造性的活动，所以劳动才不是强迫的，而是充满了个性特征，充满了兴奋和喜悦；唯其充满了个性特征，充满了兴奋和喜悦，所以令人赏心悦目，所以美。

四、美的规律是具体的，不是抽象的。只有在“塑造物体”或“造形”中，才谈得到美的规律。……因此，美的规律应当从具体的物质形式或形象中体现出来，发出色彩与声音的光辉。

把以上几点再归纳一下，我认为美的规律应当是：人类在劳动实践过程中，按照客观世界不同事物的规律性，结合人们富有个性的目的和愿望，来改造世界，不仅引起客观世界外在形态的变化，而且能够实现自己的本质力量，把这一本质力量自由地转化为能够令人愉悦和观赏的形象。因此，哪里有人与自然（现实）的关系，哪里有劳动，哪里就应当有美的规律。[1]

三、美的规律反思之三

2001年，曾簇林又发表了长文《马克思关于“美的规律”的客观性再说》（以下简称《再说》），[2]既回应笔者的反批评，同时又与应必诚进行商榷。

仔细解读曾簇林的《再说》，令笔者感到高兴的是，曾簇林在一些重要的观点上与陆梅林并不一样，而与我们的观点有相近、一致之处，有不少共同语言，如文章同意“对马克思‘美的规律’的论述要牢牢把握住主体人的实践的要义，在这一点上我们和朱立元同志并没有分歧，而是完全一致的”；文章指出笔者批评她“认识不到美是一种社会现象，误以为自然美并不是人类的劳动实践所创造，而在人类社会产生以前就有美和善的规律了”完全是误解，是“强加于”她的“虚设”，并引了其专著《马克思恩格斯艺术哲学纲要》中的大段文字作为旁证；等等。抱歉的是，曾簇林的《纲要》

〔1〕 蒋孔阳. 美的规律. 见蒋孔阳自选集. 山东教育出版社，1998. 12－13.
〔2〕 曾簇林. 马克思关于“美的规律”的客观性再说. 文艺理论与批评，2001（3）. 以下凡引该文之处不再注明。

笔者虽然知道,但未及研读,所以,只是从她《马克思关于“美的规律”的客观性》一文来推断她的相关观点的。无论如何,通过学术论争,双方对对方的观点有更多的了解与沟通,这是好事。不过,应当指出,从《再说》来看,在对马克思关于“美的规律”的论述及“美的规律”的客观性等问题的理解上,我们与曾簇林之间仍存在重要的分歧。

（一）从语言词汇角度准确把握马克思原文的意义

我们同曾簇林的主要分歧之一是,对马克思《巴黎手稿》关于“美的规律”的那段论述如何准确理解的问题,特别是对“内在尺度”完全属于人(主体)还是对象客体的问题,双方意见是相左的。曾文第二段的标题就以无可争议、毫无余地和充满自信的口吻断言:“‘内在尺度’属于对象客体确凿无疑”。但我们认为这个断言为时过早,还存在不少疑问。

曾簇林在上述标题下花了很长篇幅从德文原文的语法、语词、语义角度对《巴黎手稿》这段文字进行辨析和阐述。笔者虽曾学过些许德文,但仅知皮毛,为了不至于误读马克思原文,特请教了一位在德留学十年、学习哲学和艺术史、回国一年多的学者。他给予了很大帮助,主要是按德文的语法、句法、词法要求,诠释了应当怎样准确理解马克思“内在尺度”的归属问题。为了说明的方便起见,仍把《巴黎手稿》这段话的德文引录如下:

> Das Tier formlert nur nach dem Maß und dem Bedürfnis der species [Gattung], der es angehört, während der Mensch nach dem Maß jeder species zu produzieren weiß und überall das inhärente Maß dem Gegenstand anzulegen weiß; der Mensch formiert daher auch nach de Gesetzen der Schönheit.

为了避免冗长和繁琐，应必诚在《〈巴黎手稿〉与美学问题》一文中对这段原文从语法学上所作的精辟解释此处不拟重复，只就针对曾文的驳难再作几点补充：

第一，关于“das inhärente Maß”（内在尺度）如何理解的问题。曾文说：这里的“关键是，内在尺度指的是谁的尺度？我们从语法层面来看，如果指的是人的内在尺度，按照西语的用语习惯，德文中应加上物主代词‘他的’（sein）或者加上形容词‘自己的’（eigen）。那么在das inhärente Maß这里，das应换为sein或eigen，否则无法表示属性，这里没有加上物主代词，说明内在尺度不是属于主体人的。”

我们以为曾文这个解释理由并不充分：

首先，如果在此不用“das”而用“sein”，容易产生歧义。因为按德语习惯，此句中若用“sein”，则直接宾语“sein inhärente Maß”既可指向主语——人，也可指向间接宾语——对象，其在语法、语义上的作用是两可的，而非单一的，并非单指属人的，如果这样反而容易引起歧义。马克思在此未用“sein”而用“das”，我们认为只是为了表明这个“内在尺度”所特指的中立自在性和客观性，它无论属于主体人还是对象客体，都有其自在和客观中立性，都与其所从属的东西有区别，有相对独立性。与“sein”相比，用“das”恰恰避免了歧义。换言之，这里马克思用“das”而未用“sein”，在语法上并不能证明“内在尺度”应归属于对象客体，当然也并不证明它可归属于主体人。

其次，曾簇林还提出“内在尺度”如属人，也可用形容词“eigen”置于其前。笔者认为这种语法上的推断更不妥当。上面已提到，马克思用“das”来限定“内在尺度”，并未明确指出此尺度的归属，但已明确肯定“内在尺度”即使属人，也有其独立自在性与客观性，并非人主观地设定、营造的。而“eigen”（自己的）类译为“own”，是个极具主观色彩的词，若在“inhärente Maß”前面加上“eigen”，则虽能明确“内在尺度”的属人性质，但此尺度的独立自在性、客观性却完全丧失了。这决不符合马克思的原意。所以，曾的假设并无合理性根据，在德语语法上并未找到有效支持。

上述两点清楚地表明，马克思用“das”而未用“sein”或“eigen”，并不能证明“内在尺度”就一定属于对象客体，而不可能属于“人”这个主体；至多说明这个“内在尺度”既有可能归属于对象，也有可能归属于人。即存在着两种理解的可能性。而曾簇林却把这一点看成准确理解马克思这段话的“关键”，恐怕未必妥当。

第二，笔者认为，要准确理解“内在尺度”的归属性质，“关键”在于对马克思此处所用的动词“anlegen”的理解。应必诚先生指出，在用动词“anlegen”带直接、间接两个宾语时，它的词义是“把……放置到对象上去，内在尺度本来就是对象所固有的，用不着从外面放置上去；说外在于对象的人把对象的内在固有的尺度放置到对象上去，在逻辑上是说不通的”。对此，笔者也是赞同的。但曾簇林却不同意这个理解，认为：(1)“根据上下文意，这内在尺度就是对象客体的”；(2)“这里应先生是误在拘泥于字面含义。因为动词 anlegen 本义为‘放置’、‘置于’，但其引申含义为‘运用于’、‘加之于’。这里不能拘泥于字面含义用‘放置’，而要用其引申含义为‘运用于’。即‘把对象的内在固有的尺度运用到对象上去’，在逻辑上正是说得通的。”

笔者以为，曾簇林这两点看法缺乏根据，因而缺乏说服力。第一点，她“根据上下文意”推出“内在尺度就是对象客体的”结论，完全是个人的理解，我们同样“根据上下文意”可以推出相反的理解，可见这种推断主观随意性较大，很难说服人。第二点，批评应必诚“误在拘泥于字面含义”更难服人，正因为，如果首先要从语法上搞清马克思原文的含义，就应该首先拘泥于“字面含义”；如果跳过“字面含义”，直接去讲所谓“引申含义”，倒是有可能失去理解的根基和前提，给解释的随意性留下过多的空间。

笔者认为应必诚对德语动词“anlegen”的解释原则上是对的，此处只是想着重补充一点，即此词在德语中的基本用法：“anlegen”的本义是指人为地将什么（直接宾语）靠到、放置到什么（间接宾语）上去，引申义自然可作“运用”解。这里的关键是，动词“anlegen”所指的两个宾语应是两个不同的东西，这两个没有直接关联的东西，是通过人为的“anlegen”（英语“lay”），才使两者连在了一起。而这里的不同应该是就间接宾语对象（dem Gegenstand）而言的，在这个语词关联域中，不同于对象的就只能是主体的、人的，虽然人的尺度本身又是自在、客观的。如将之理解成对象客体的内在尺度，则在字面上就无法解释由动词“anlegenen”而引发的“das inhärente Maß”（内在尺度）与对象（dem Gegenstand）的不同，因为两者实质上是一体的，对象与对象的“内在尺度”，决不能看成两个无关联的、不同的东西。即便从此词的引申义“运用于”、“加之于”来理解，也是将一件事物或东西运用到另一件不同的事物或对象上去，而在此上下文语境中，不同于间接宾语“对象”的直接宾语“内在尺度”只能是属人的、属于主体的。只有将之理解成人的内在尺度，才符合动词“anlegen”的这一独特用法。

由此可见，从动词“anlegen”在德语中的独特用法入手，我们应可排除“内在尺度”（直接宾语）归属于“对象”（间接宾语），因为这样两个宾语就成为同属一个东西了，这不合“anlegen”的用法；排除之后，“内在尺度”从上下文连起来看，只能归属于“不同于”“对象”的另一事物即“人”。这无论从此词的字面意义还是引申义看，均解释得通。这是笔者对应必诚解释的一个重要补充。显而易见，曾簇林断言“内在尺度属于对象客体确凿无疑”，从德语语法上是站不住脚的。她批评应必诚“拘泥于”该词的“字面含义”，恰恰忽略了该词的独特用法，因而导致了解释上的任意和失误。

第三，曾簇林对应必诚关于“种”、“物种”、“客观事物”等词的解释的批评也存在着主观随意性。应必诚在对马克思这段话中的“种”[species（英），Gattung（德）；亦可译“物种”]时指出，这两个短句中的“种”都是指动物的种；此“种”（“物种”）与“客观事物”（Gegenstand）是完全不同的两个词，不应混淆。但曾簇林却批评道，“这两个短句中的‘种’不都是指动物的物种，只是第一个短句中‘种’才是指动物的物种，第二个短句中的‘种’是指任何物种（包括动物的物种在内）。Gegenstand 则是对象客体。马克思的论述是层层递进的。第一层是动物的‘种’。第二层是包括动物在内的任何物种的‘种’。第三层是总括以上两层含义的所有物种，包括世界万物，即对象客体。为什么第三层这里没有再用 species，而用 Gegenstand 呢？除了层层递进用词的准确，又注意了修辞。因为包括动物的物种在内的世界万物都是客观事物，而相对于主体的人来说，它正是主体人认识和实践的对象客体。所以，不再用 species，而用 Gegenstand。Gegenstand 的德语词义是对象客体。species 的英语词义是生物学的种属、种类，也可译为物种，与德语的 Gattung 相当，它们都是内涵于世界万物的对象客体。所以,应先生对这两个短句及 species 和 Gegenstand 的分析也是错误的。”

曾簇林这段话里问题不少,主观臆测的成分较多。因为:(1)第一个疑问句中的“种”(或“物种”)十分明确是指动物所属的物种,这一点并无疑义。但何以第二个“种”(“物种”)就是指“任何物种”了呢?在同一个句子中,两个短句中完全一样的两个词何以后者的含义要远远大于前者的呢?这在西文的语义逻辑上是不允许的。也许“species”在其他场合可以做更广义的理解,但在此处由于第一短句的含义已极为确定,就不能对第二短句中同一词的含义作另一种扩大的解释。因此,曾簇林的解释是难以成立的。(2)曾簇林的主要理由是“马克思的论述是层层递进的”。这更是纯主观的推测,从德语语法、词法、语义上根本找不到任何根据。按曾簇林的“层层递进”解法,从第一个“species”(动物物种)→“Gegenstand”(客观事物),逐步把动物物种消融、归结到“客观事物”中去了,这就在消解“动物物种”与“客观事物”的界限的同时,为其把人的内在尺度归属到“对象客体”中去铺平了道路。不过,这完全是曾簇林的主观想象、假设和推测。但是,从语言角度看,这里“species”只能、也只是指“动物物种”,是马克思在与“人”比较时使用的概念,同“客观事物”根本不是一回事,从语法和上下文根本看不出马克思想把“species”归结或纳入“客观事物”中去的意思。(3)曾簇林还以马克思“注意修辞”避免重复为由,最终把“species”与“Gegenstand”等同起来,说“species”(物种)或“Gattung”“内涵于世界万物的对象客体”。这样就把应必诚本已说清楚的两个不同概念混为一谈了。应必诚明确指出,“species”是指动物种的尺度,“种”又译为“物种”,“物种”与“客观事物”在汉语中都有一个“物”字，似乎“物种”就可以等同于“客观事物”，但在德语中这是完全不同的两个词。在德语中，“物种”是“species Gattung”，“客观事物”是“Gegenstand”，两者是不会混淆的。应必诚的这一解释从德语语法、语义角度看完全站得住脚，但曾簇林从主观推测、想象出发，把这个完全不同的词混同乃至等同起来了，这不仅在德语语言方面得不到任何支持，反而造成理解上的混乱和歧义，把本来清楚明白的问题搞糊涂了。因此，在笔者看来，这里“错误的”不是应必诚，而恰恰是曾簇林自己。

总之，仅仅从德语的语言角度分析，我们就能确认马克思这段话中所讲的“内在尺度”不属于对象、客体，而属于人、主体。

（二）按《巴黎手稿》相关论述的基本思路来理解“美的规律”的内涵

笔者在《关于“美的规律”问题的再思考》（以下简称《再思考》）中曾提出应“从特定语境出发来把握马克思有关‘美的规律’论述的含义”的主张，认为马克思关于“美的规律”的论述“出自《巴黎手稿》（第一手稿）集中论述人的本质的部分，在此，马克思着重论述了人的对象化的劳动生产实践活动的性质，并以这种实践活动作为区分人与动物的基本界限。这就是马克思论及‘美的规律’的特定语境”，并通过对马克思这段话的上下文的完整、具体的分析，指出如果“忽视或离开这一特定语境，就有可能导致对马克思有关‘美的规律’论述的误读或曲解”。

笔者现在仍然坚持这一观点。该文前一段只是从语法、语言角度论证了马克思所说的“内在尺度”的属人性质，如果联系上下文的特定语境来看，这一点就更清楚了。就在前引德文原文那段文字前面，马克思有一段极为重要的论述：

> 通过实践创造对象世界，改造无机界，人证明自己是有意识的类存在物，就是说是这样一种存在物，它把类看作自己的本质，或者说把自身看作类存在物。诚然，动物也生产。它为自己营造巢穴或住所，如蜜蜂、海狸、蚂蚁等。但是，动物只生产它自己或它的幼仔所直接需要的东西；动物的生产是片面的，而人的生产是全面的；动物只是在直接的肉体需要的支配下生产，而人甚至不受肉体需要的影响也进行生产，并且只有不受这种需要的影响才进行真正的生产；动物只生产自身，而人再生产整个自然界；动物的产品直接属于它的肉体，而人则自由地面对自己的产品。[1]

马克思正是从这段话直接引出了关于“内在尺度”和“美的规律”的论述。这里值得注意的有以下几点：

(1) 马克思把“创造对象世界”的实践活动，看成人与动物的基本分界线。

(2) 马克思认为，对象化的劳动实践证明了人“是有意识的存在物”，即有自觉意识的社会存在物。在这段话之前，马克思已说过“有意识的生命活动把人同动物的生命活动直接区别开来”。[2]

(3) 所谓“有意识的生命活动”就是对象化的实践活动，其基本特点是自觉性和自由性。“有意识”就是自觉；而这种自觉的生命活动同时也是“自由的活动”。[3]

---

〔1〕 马克思. 1844 年经济学哲学手稿. 见马克思恩格斯全集：第 3 卷. 人民出版社，2002. 273 – 274.

〔2〕 同[1]. 273.

〔3〕 同[2].

(4) 马克思是在将动物的生产与人的生产实践作多方面的对比中揭示上述特点的,具体指出:

动物的生产	人的生产实践
① 片面性	全面性
② 受直接肉体需要的支配	超越直接肉体的需要
③ 只生产自身	再生产整个自然界
④ 产品的直接肉体性	对待自己产品的自由性

以上四点区别,突出了人的生产实践(创造对象世界)的四大特定即全面性、超越性、创造性、自由性,核心是人的自觉性与自由性,体现了人的自觉的目的性通过对象化的活动在对象世界中的实现,体现了人对自然界的能动性。唯其如此,马克思在紧接着"美的规律"这段话后,强调了"这种生产是人的能动的类生活"。[1]

在这样的上下文特定语境中,我们再来看马克思所说的"而人懂得按照任何一个种的尺度来进行生产,并且懂得处处都把内在的尺度运用于对象"时,便不难发现"内在尺度"背后所包含的人的生产活动的目的性、自觉性、有意识性、自由性和能动性等一系列深层含义,也便不难确定"内在尺度"的属人性质。

附带要说明一点,笔者在《再思考》一文中,在分析几个"尺度"的主体属性时曾提出把"动物作为特殊意义上的'主体'"来看待的看法。这一点受到曾簇林的批评,她指出:"动物不是主体,'主体是人'。"曾簇林的这一观点原则上是正确的。笔者之所以提出上述看法,只是在具体分析马克思那段话的三个"尺度"的特

〔1〕 马克思. 1844年经济学哲学手稿. 见马克思恩格斯全集:第3卷. 人民出版社,2002. 274.

定语境时，在“特殊意义上”这样说的。这里的“特殊意义”主要是指，当马克思把人与动物的生产活动作全面对比时，马克思至少是把动物当做一个“类主体”来处理的，这同马克思把动物延续生命的本能活动与人的物质生产劳动同样称为“生产”，同样用“生产”这一主体化意味甚浓的动词来表达，是同样的道理。笔者这样说只是为了说明问题，并非真的把动物当成与人一样的“主体”。

除此之外，笔者还想进一步提出，应按《巴黎手稿》相关论述的基本思路来理解“美的规律”的内涵。也就是说应在整个《巴黎手稿》的更宽广的理论背景和思路下来审视“美的规律”那句话的真意。下面具体从两方面来谈：

第一，马克思关于“美的规律”的论述是在“第一手稿”论证异化劳动问题时提出的。马克思此处并非专门谈美和美的规律问题，而是在剖析资本主义私有制经济条件下人劳动的异化性质时附带论及的。关于“异化劳动”，此处无法展开论述，我们只想指出，在《巴黎手稿》中，马克思对异化劳动的批判是以肯定人区别于动物活动的、体现人的“类本质”的对象化劳动（非异化劳动）为前提的。马克思说，人的“劳动的现实化就是劳动的对象化”，而在“国民经济学假定的状况中”及资本主义私有制条件下，这种“对象化表现为对象的丧失和被对象奴役，占有表现为异化、外化”。〔1〕马克思批判异化劳动的基本思路是：首先，肯定人的“类生活”、“类本质”就是通过非异化的即对象化的劳动，亦即自由自觉的生命活动，来改变对象世界，实现自己作为“类”的本质力量

〔1〕 马克思. 1844 年经济学哲学手稿. 见马克思恩格斯全集：第 3 卷. 人民出版社，2002. 268.

的。他指出："生产生活就是类生活。这是产生生命的生活。……而自由的有意识的活动恰恰就是人的类特性。"[1]对象化的劳动就是人的自由、自觉的类本质在对象世界中的实现。其次，指出资本主义异化劳动从四个方面来剥夺人的这种自由自觉的类本质、类生活，造成劳动者同他们的产品相异化。马克思的这一思路表明，他是把人的类本质（社会本质）定位于他的实践活动，首先是自由自觉的生产劳动上的。而为了证明人具有这种自由自觉的生产劳动的类本质，马克思乃是通过与动物的"生产"活动相比较来阐述的。有着"美的规律"的那句话正是在此基本思路下提出的。

明乎此点，我们就会明了：(1) 马克思所说的"美的规律"是一条属人的规律，而非自然的规律，是在将人与动物（自然）的对比中得出的唯有对人才生效的规律。(2) "美的规律"也是人类社会的规律，是体现人区别于动物的自由自觉的类（社会）本质的规律。(3) "美的规律"主要适合于非异化的对象化劳动的范围，而不适合于异化劳动状态。因为在异化劳动状态下，人的自由自觉的类本质遭到摧残、剥夺，"人的类本质……变成对人来说是异己的本质，变成维持他的个人生存的手段"。[2] 在此意义上，有关"美的规律"的论述也是对资本主义异化劳动的重要批判。(4) "美的规律"的上述特点和范围，也从某一特定角度告诉我们，它所适合发生作用的对象化劳动实践应体现出人的自由自觉性与对象的客观规律性的统一。这对于我们理解"内在尺度"的属人性

---

〔1〕 马克思. 1844 年经济学哲学手稿. 见马克思恩格斯全集：第 3 卷. 人民出版社，2002. 273.

〔2〕 同[1]. 274.

亦提供了重要的参照系。(5) 至于在资本主义异化劳动状态下，“美的规律”还能否或能在多大程度上发挥作用？如其还能在一定范围、程度上发挥作用，原因何在？理论上如何解释？等等，都是十分复杂的问题，需要另外深入探讨。[1]

第二，《巴黎手稿》中与上述问题密切相关的还有“第三稿”的共产主义部分。“美的规律”问题既然涉及人的本质力量的对象化(对象化劳动)，也就直接涉及了人与自然、主体与客体(对象)的关系问题。在“共产主义”部分，马克思是在扬弃异化的大背景下展开主客体关系论述的。他说：“共产主义是私有财产即人的自我异化的积极的扬弃，因而是通过人并且为了人而对人的本质的真正占有；因此，它是人向自身、向社会的即合乎人性的人的复归，这种复归是完全的，自觉的和在以往发展的全部财富的范围内生成的。”[2]这种自我异化的积极扬弃和向人自身的复归，就是“为了人并且通过人对人的本质和人的生命、对象性的人和人的作品的感性的占有”，而这在马克思看来，“不应当仅仅被理解为直接的、片面的享受，不应当仅仅被理解为占有、拥有。人以一种全面的方式，就是说，作为一个总体的人，占有自己的全面的本质”。[3] 这里，实际上已提出了主客体关系在共产主义扬弃异化之后达于完全统一的思想。在此背景下，马克思集中论述了主客体之间在实践基础上辩证统一的关系，其中也论及了主客体之间审美关系的形成和建立，从而与“美的规律”直接相关。马克思

〔1〕 朱立元. 历史与美学之谜的求解. 学林出版社，1992.

〔2〕 马克思. 1844 年经济学哲学手稿. 见马克思恩格斯全集：第 3 卷. 人民出版社，2002. 297.

〔3〕 同[2]. 303.

说，只有在扬弃了异化的条件下，即"只有当对象对人说来成为社会的对象，人本身对自己说来成为社会的存在物，而社会在这个对象中对人说来成为本质的时候"，人的本质力量的对象化(实践活动)才使人与对象、主体与客体之间达到完全的对应和统一。他指出：

> 因此，一方面，随着对象性的现实在社会中对人来说到处成为人的本质力量的现实，成为人的现实，因而成为人自己的本质力量的现实，一切对象对他来说也就成为他自身的对象化，成为确证和实现他的个性的对象，成为他的对象，这就是说，对象成为他自身。对象如何对他来说成为他的对象，这取决于对象的性质以及与之相适应的本质力量的性质；因为正是这种关系的规定性形成一种特殊的、现实的肯定方式。眼睛对对象的感觉不同于耳朵，眼睛的对象是不同于耳朵的对象的。每一种本质力量的独特性，恰好就是这种本质力量的独特的本质，因而也是它的对象化的独特方式，它的对象性的、现实的、活生生的存在的独特方式。因此，人不仅通过思维，而且以全部感觉在对象世界中肯定自己。
>
> 另一方面，即从主体方面来看：只有音乐才激起人的音乐感；对于没有音乐感的耳朵来说，最美的音乐也毫无意义，不是对象，因为我的对象只能是我的一种本质力量的确证。就是说，它只能像我的本质力量作为一种主体能力自为地存在着那样对我存在，因为任何一个对象对我的意义(它只是对那个与它相适应的感觉来说才有意义)恰好都以我的感觉所及的程度为限。因此，社会的人的感觉不同于非社会的人的感觉。只是由于人的本质客观地展开的丰富性，主体的、人的

> 感性的丰富性，如有音乐感的耳朵、能感受形式美的眼睛，总之，那些能成为人的享受的感觉，即确证自己是人的本质力量的感觉，才一部分发展起来，一部分产生出来。……人的感觉，感觉的人性，都只是由于它的对象的存在，由于人化的自然界，才产生出来的。[1]

从上可见：(1) 主客体之间一般（非异化状态）的关系是，以人的本质力量的对象化（实践）活动为基础，对象与人的本质力量互为规定，结成一定的独特关系，这一方面取决于客体（对象）的性质，另一方面取决于主体（人）的本质力量的性质，因此，主客体之间是相互规定、互相依存的对象性关系。(2) 进一步，主客体之间的审美关系，则是这种对象性关系的一种特殊形态或方式，审美主客体之间同样是互为规定、互为依存的关系，如音乐（审美对象）与有音乐感的耳朵（审美主体的特殊本质力量）之间就是这种关系。而在这种对象关系中，审美主体的特定审美能力（本质力量）是相对主导的方面，因为一定的审美对象只能作为特定审美主体某一方面的本质力量（审美感觉、能力）的确证或者肯定而对该主体存在，或对该主体有审美意义。换言之，对象的审美价值或特性只以该主体特定的审美本质力量（感觉与能力）所及的范围和程度为限。(3) 由此，对我们思考“美的规律”也即审美的规律有重要的指导意义，即在审美作为构成“美的规律”的基础的“内在尺度”与对象的关系时，势必把“内在尺度”看成属人即属主体的方面。曾簇林在《再说》中说“主体的内在尺度是人的本质力量

---

〔1〕 马克思. 1844 年经济学哲学手稿. 见马克思恩格斯全集：第 3 卷. 人民出版社，2002. 304－305.

的首要内容”，笔者基本同意。现在我们用“反推法”说，人的本质力量的首要内容应是人（主体）的“内在尺度”，而非对象的“尺度”；否则，作为“美的规律”基础的“人的生产”——对象化劳动或人的本质力量的对象化就无法解释了。

（三）怎样理解“美的规律”的客观性

曾簇林的两篇文章重点批评笔者否认了社会历史规律包括“美的规律”的客观性。在《再说》中，曾簇林虽接受了笔者把“美的规律”定位于社会历史规律的看法，但是仍坚持其所谓“社会客体”论。她说：“众所周知，社会历史规律乃是人的社会活动的规律，当中包含人的意志和目的。那么，这内在于社会客体当中的人便不是主体，而是认识主体的人认识和研究的对象，属于客体。可朱立元同志以社会历史规律作为人的社会活动的规律，‘离不开人的主观意图和目的’，从而把内在于社会客体当中的这一客体也误解为主体。这就将导致社会历史规律客观性丢失，无法坚持历史唯物主义一元论的社会历史规律的客观性。因此，关键是要明确相对于认识主体来说内在于社会客体当中的人不是主体，而是客体的属性。”

首先，对此，我们的回答是：主体与客体的关系并不局限于认识范围，更主要是体现于实践之中。对于主体与客体的区分与理解，应从实践和认识两层意义上着眼。一般说来，主体指实践和认识活动的承担者，客体则指主体实践和认识活动的对象；而且由于认识源于实践并受实践检验，因而实践是主客体关系形成和确立的根源和基础，是区分主客体的更基本的依据。但是，曾簇林却把主客体关系中相对次要的认识关系看成是主要的甚至唯一的关系，这从她一再把实践关系排除在主客体关系之外即可证明。笔者在较早的一篇文章中就引证了马克思关于“历史不过是追求着自己目的的人的活动而已”的名言，和恩格斯关于在社会历史领域中进行活动的“全是具有意识的、经过深思熟虑或凭激情行动的、追求某种目的的人”（实践活动的主体），但历史进程仍“受内在的一般规律支配”的论述后，强调指出：社会历史规律“同样是客观的，不以任何个人意志为转移的，但这一般规律内包含着每一个人的有意志、有目的的自觉活动”。显而易见，人作为社会实践主体的有意志、有目的的自觉活动，是构成社会历史规律的不可缺少的内容，在一定意义上甚至可以说，社会历史规律正是支配着实践主体按自觉意志、目的活动的规律。

但是，《再说》一文再次重谈“社会客体”论，而无任何新的论述，只是说“相对于认识主体来说内在于社会客体当中的人不是主体，而是客体属性”。笔者觉得这是由于把主客体关系限于认识范围而排除了实践活动所致。从曾簇林的“社会客体”论看，她心目中的主客体关系，大约只是认识主体与认识客体的关系，而不包括实践活动关系。否则，她为何一方面承认“社会历史规律乃是人的社会活动的规律，当中包含人的意志和目的”，另一方面却又说“这内在于社会客体当中的人便不是主体”，属认识客体呢？这里，曾簇林一是把人的实践活动与认识活动截然分割开来；二是把主体与客体这一对极为复杂的关系简单化、认识论化了，似乎一谈主客体，就只适合于认识关系；三是把实践活动这一主客体关系的基础和主要方面排除在外，导致对主体和客体这对范畴最重要内涵的丢失。

其次，“社会客体”的提法根据不足，至少在我们所讨论的问题的范围内是不够准确的。也许是笔者孤陋寡闻，在马克思主义经典作家那里，似乎未见到“社会客体”的提法，不过，却出现过“社会主体”的说法。马克思在《〈政治经济学批判〉导言》中谈到“生产一般”，有不少对许多时代共同适用之处，如“主体是人，客体是自然，这总是一样的”；[1]而在讲到生产时指出：“生产也不只是特殊的生产，而始终是一定的社会体即社会的主体在或广或窄的由各生产部门组成的总体中活动着”。[2] 显然，马克思这里讲到的“社会主体”是就其生产实践活动而言的，未涉及认识问题。据笔者个人的理解，马克思这里的“社会主体”主要是相对于生产活动的对象自然（客体）而言的，由此推不出“社会客体”的概念。

那么，从认识角度讲“社会客体”概念是否能成立呢？笔者觉得也比较难。因为：(1) 上述社会主体与自然客体可以组成一对对立统一范畴，是顺理成章的，但曾簇林的“社会客体”是“相对于认识主体来说的”；而从逻辑上看，与“认识主体”相对应的只能是“认识客体”或“认识对象”（这对象中既可以有自然事物，也可以有社会事物），而不是“社会客体”。“认识主体”与“社会客体”非同一层次的概念，构不成一组对立统一的范畴。(2) 更为重要的是，作为认识主体的人并不游离于社会生活之外，而总是同时参与多种历史实践活动的主体，社会对任何个人来说，都不可能是纯粹的“客体”。在此，人的认识活动与实践活动是不能分开的，人的认识活动必定受到其实践活动的规定与制约。在此，离开了人（社会主体）的实践活动，孤立、抽象地理解主体的认识活动，并把

〔1〕 马克思恩格斯选集：第2卷. 人民出版社，1995. 3.

〔2〕 同[1]. 4.

明明参与社会实践的主体（同时包含认识主体在内）孤立、抽象为纯粹的认识对象即所谓“社会客体”，这在理论上是站不住的。试想，在现实的社会生活中，把认识主体与实践主体一切为二，一半是与实践主体无关的纯粹认识主体，而另一半是与认识主体无关的纯粹实践主体——在曾簇林那里被概括为纯粹充当认识对象的“社会客体”，显然，这种设想是十分荒谬的。

下面，就以中国新民主主义革命为例，作简要的说明。在新民主主义革命阶段，以毛泽东为代表的中国共产党人显然是领导和参与革命实践的主体，如果研究新民主主义革命规律，难道能排除中国共产党及其领导下的广大人民群众这个“社会主体”及其革命实践活动吗？难道能在新民主主义革命的规律中把这最重要的主体内容排除在外吗？即使是研究新民主主义革命规律的专著《新民主主义论》，其作者毛泽东一方面是作为认识主体，另一方面是作为革命实践的指导者、参与者即实践主体来对新民主主义革命规律作全面、深刻的研究的；同样，新民主主义革命作为研究对象，其革命主体与革命对象（敌我双方）同时作为对象（客体）进入研究者的视野，但研究者这时也决非完全超越研究对象的纯粹认识主体，而是仍然以革命实践主体的眼光、立场、观点、视野介入认识；因此，研究者所面对的研究对象，亦决非纯然在研究者之外的纯粹客体（即所谓“社会客体”），研究对象中有主体，研究主体中有对象，社会历史规律的复杂性就在这里。

由此可见，曾簇林的“社会客体”论，无论是在实践上还是在理论上都缺乏根据，难以成立；同时它也并未能真正说明社会历史规律的客观性。

再次，曾簇林由对社会历史规律的上述理解而推及对“美的规律”的类似解释。她承认,从实践观点出发,“美作为主客观统一的艺术对象”(大约指人创造的艺术产品),包含主观因素,即美或艺术产品中包含主体创造因素;但同时,她又把美与艺术产品看成纯粹的对象,“属于客体”,只有“客体属性”;进而,宣称“属于社会历史规律的‘美的规律’,同样是限定了对象客体的规律,是历史唯物主义的一元”。据此,她批评“所谓‘美的规律’是主体尺度和客体尺度结合构成的主客体统一的规律,有悖于马克思历史唯物主义一元论的客体观,是不能成立的”。

我们认为,曾簇林这里的失误同上述社会历史规律上的失误相类似。她同意美和艺术是主客观的统一,却否认“美作为主客体统一的艺术对象”包含主体因素,这本身在逻辑上是自相矛盾的。既然美与艺术产品“作为”主客观的统一,却为何只能是对象、客体,而不包含主体创造的因素呢?为什么美和艺术明明包含而且主要源于主体的创造活动,却只能作为“对象”“客体”呢?难道美和艺术作为“对象”时,它内在的主体因素就突然消失、蒸发了吗?

这里,曾簇林还犯了把两个不同层次的问题混为一谈的错误。第一个层次是,就构成社会历史规律和美的规律的基本内容而言,排除社会主体是无论如何说不通的;第二个层次是规律的客观性问题,是就规律不以个体的实践意志和认识能力、水平为转移这一点而言的。前一个层次是规律的社会内容内涵问题;后一个层次是规律发生作用的客观强制性问题,两者不应混淆。但曾簇林却由后一层次规律发生作用的客观性而反推到前一层次,认为社会规律内容不容许包含社会主体的内容,由“美的规律”的客观性而反推“美的规律”不能是主体尺度与客体尺度的结合。这首先在规律的内容上不符合客观事实;其次在形式上不符合逻辑,把两个不同层次的问题混为一谈了。

那么,社会历史规律包括“美的规律”的客观性体现在何处?我们应当怎样加以理解呢?

曾簇林批评笔者的最核心观点,就是认为笔者否认社会历史规律包括“美的规律”的客观性。对此,笔者不能承认,无法苟同。

这里首先要解决的是,是否一旦承认社会历史规律是揭示人(社会主体)活动的规律,因而必然包含主体内容,就必然导致对社会历史规律客观性的否认呢?答案是否定的。我们认为这里的关键问题是如何理解社会历史规律的客观性问题。

社会历史规律的客观性主要体现在:支配社会历史发展的规律在其发生作用的范围内对每一个社会主体(个体)的意志和认知而言,具有不可阻挡的客观强制性。这种客观强制性又是通过历史的必然性为自己开辟道路并逐步体现出来的。这种客观性主要是相对于参与社会历史实践的每一个社会主体(个体)而言的,而不是相对于一个统一的、作为整体的社会主体(这种统一的社会主体并不存在)而言的。其次,这种客观性主要体现在两个方面或层面:在规律的历史展开和发生作用时,(1)不以任何社会个体主观的实践意志为转移,这是最主要的;(2)不以任何个体是否认识到规律的具体内容而改变,这是其次的。

下面,引几段恩格斯的相关论述来证明:

……即使在这一领域(笔者按:指社会历史领域)内,尽管各个人都有自觉期望的目的,总的说来在表面上好像也是偶然性在支配着。人们所期望的东西很少如愿以偿,许多预期的目的在大多数场合都互相干扰,彼此冲突……行动的目的是预期的，但行动实际产生的结果并不是预期的……。这样，历史事件似乎总的说来同样是由偶然性支配着的。但是，在表面上是偶然性在起作用的地方，这种偶然性始终是受内部的隐藏着的规律支配的……[1]

人们自己创造自己的历史，但是到现在为止，他们并不是按照共同的意志……来创造自己的历史。他们的意向是相互交错的，正因为如此，在所有这样的社会里，都是那种以偶然性为其补充和表现形式的必然性占统治地位。[2]

……历史是这样创造的：最终的结果总是从许多单个的意志的相互冲突中产生出来的，而其中每一个意志，又是由于许多特殊的生活条件，才成为它所成为的那样。这样就有无数互相交错的力量，有无数个力的平行四边形，由此就产生出一个合力，即历史结果，而这个结果又可以看作一个作为整体的、不自觉地和不自主地起着作用的力量的产物。……所以到目前为止的历史总是像一种自然过程一样地进行，而且实质上也是服从于同一运动规律的。但是，各个人的意志……虽然都达不到自己的愿望，而是融合为一个总的平均数，一个总的合力，然而从这一事实中决不应作出结论说，这些意志等于零。相反地，每个意志都对合力有所贡献，因而是包括在这个合力里面的。[3]

从上面几段引文我们可以清楚地看到：(1) 社会历史规律的

---

〔1〕 马克思恩格斯选集：第4卷. 人民出版社，1995. 247.

〔2〕 同[1]. 732－733.

〔3〕 同[1]. 697.

客观性主要是指历史发展、变化的过程是不以任何个人的主观、意志、愿望、目的为转移的；每个个体的主观、意志、愿望、目的只能表现为无数相互矛盾、冲突的偶然性，而支配社会历史的规律则总是通过无数偶然性的表象为自己开辟道路的，它对每个主体的意志来说，是一种强制的、“不由自主地起着作用的力量”。(2) 这种客观性虽也包含认识方面，即不以任何个人的认识能力、水平及是否认识到为转移，但主要是对人的实践意志而言的。但曾簇林似乎只注意到认识这一次要方面，而忽略了实践意志这一主要方面。而且，她所说的规律的客观性，只是笼统地对一般“认识主体”而言的，而未指出主要是对在历史中活动着的每一个个体而言的，这也就忽略了相对于个体意志偶然性的历史规律的必然性。(3) 上引最后一段话最清楚地表明，为社会历史规律起作用的是所有相互矛盾、冲突的个体意志汇合而成的“总的合力”，在此规律中每个社会主体(个体)的意志，都“融合”到这一合力中去，“都对合力有所贡献”，因而是包括在这合力里面的。这同曾簇林硬把主体排除在社会历史规律的内容之外的看法难道不是针锋相对的吗？(4) “美的规律”同样属社会历史规律范围，它本身是在人类社会中逐渐形成和发展的，社会历史规律的上述特点完全适用于“美的规律”。(5)《巴黎手稿》中有关审美主客体关系历史生成的那一长段话[1]也明白无误地告诉我们，正是在人的本质力量无数次、无限多的对象化和自然的人化这种双向互动的历史实践中，对象的全部审美丰富性和与此事实相适应的主体(人)的审美感觉(能力)才逐步地生成、发展起来，美的规律也从无到有，其内涵也

〔1〕 见本书第238－239页引文。

从简单到丰富，逐步地生成、发展起来。因此，“美的规律”中融入主体的本质力量、内在尺度及主体的审美本质力量，它们对“美的规律”的内涵拓展的“贡献”是不可低估的，也是无可否认的客观历史事实。无视或否认这一客观事实，在思想路线上就会陷入主观唯心主义。这一点我们不可不察。

真理总是越辩越明。曾簇林对笔者的批评至少从若干方面提示了笔者的理论中尚有不完备、未说清楚乃至疏漏之处，使本人得以进一步思考和探索有关问题。笔者希望通过善意的、平等的、摆事实讲道理的学术争鸣，使我们对“美的规律”等重要美学问题的认识有所前进，有所突破。

四、美的规律反思之四

继《再说》一文后，曾簇林又撰写了一篇批评笔者的长文《三说马克思关于“美的规律”的客观性——并致朱立元同志》（以下简称《三说》）。[1] 仔细拜读了她的文章，觉得新意不多，基本上是对她前一篇文章《再说》的复述，只是论述更为烦琐、庞杂些，本不拟回应，但考虑到：《三说》毕竟在论述中还有一些前两篇文章中未说到或虽说到而语焉不详的东西；而笔者似乎也还有些意见尚未充分展开和说明，故权作补充（此后，笔者未再撰写与曾教授商榷的文章）。

（一）解读与“历史的距离”

曾簇林一开始就把包括笔者在内的美学界多数人对《巴黎手

[1] 曾簇林．三说马克思关于“美的规律”的客观性——并致朱立元同志．见马克思主义美学研究：第5辑．广西师范大学出版社，2001．以下凡引该文之处不再注明。

稿》中“两个尺度”的解读确定为对马克思的“误读”，宣称“在我国，这种所谓‘美的规律’由‘两个尺度’组成的误读，几乎成了美学界的一种思维定势，几乎一切美学教程和美学词典、辞书”都陷入这种“误读”之中，虽然她承认自己也曾陷入过这种“误读”，不过她现在终于“步履蹒跚地、一点一滴地修正过来”了，而整个美学界仍然沉陷于“误读”之中。显然，这里曾簇林自觉不自觉地把自己置于马克思著作的权威解读者的地位，好像唯有她目前（而非过去）的解读才是唯一正确的，凡是与她不同的解读或者不同意她的解读的，都是不对的，都是“误读”。笔者觉得我们首先应有一个对马克思的经典文本解读的正确态度。马克思离开我们已一个多世纪，作为他早期著作的《巴黎手稿》生前并未发表过，也未修改过，对马克思在撰写此《巴黎手稿》时的大背景，人们虽然已了解，但对写作的具体情境，特别是有关“美的规律”等论述的具体语境，现在已很难追索。这种“历史距离”正是造成人们种种不同解读的客观历史原因。实际上，按照现代解释学原理，任何解释者对所面对的文本，都带有自身处于特定历史情境中的“前见”，因而其解释不可能百分之百地符合文本的“原意”（其实这种“原意”亦永远不可能完全达到）。海德格尔在《存在与时间》一书中就明确指出：“解释从来就不是对某个先行给定的东西所作的无前提的把握。如果像准确的经典释文那样特殊的具体解释喜欢援引‘有典可稽’的东西，那么最先的‘有典可稽’的东西无非只是解释者的不言自明的无可争议的先入之见。”[1]伽达默尔也指出，“一切诠释学条件中最首要的条件总是前理解”，“正是这种前理

〔1〕 海德格尔.存在与时间.三联书店，1999.176.

解规定了什么可以作为统一的意义被实现,并从而规定了对完全性的先把握的应用”。[1] 这就是说,当我们面对马克思谈“美的规律”的那段话(经典文本)时,我们每个人包括曾簇林在内,无论是否意识到,也无论是否承认,实际上都带有自己的“前理解”或“先入之见”。显然,在此“前理解”指引下的解读毫无例外都有自己的“生产性”或创造性,都不可能完全达到或符合文本原作者所谓的“原意”(这个“原意”实际上是文本原作者在此后也不可能完全回复或复制的),这就会造成某种对原文的“误解”或“偏见”,虽然这是“合法的偏见”、不可避免的“误读”。这就是说,无论是曾簇林,还是美学界大多数学人,包括笔者在内,都不可能对马克思的原文作出百分之百的“正确无误”的解读,都不可能是唯一正确的解读。笔者在此并非鼓吹相对主义的解读观。我们认为,在种种不同的解读中会有高低之分,会有相对比较切近文本客观意义的,会有在一定社会文化情境中相对比较合理的解读。要不然,我们根本没有必要展开论争了。但这是另一个复杂的解释学问题,此处无法展开论述。这儿只想表明:我们每一个人对马克思的解读,都可能有自己的局限性,都可能存在“误读”的成分,都不能自认为百分之百的正确,更不应认为只有自己的解读才是唯一正确的、最有权威性的,而别人的则都是“误读”。这里有一个是否认同学术民主和是否追求学术平等的态度问题。伽达默尔以下这段话是发人深省的:“权威不是现成被给予的……权威依赖于承认,因而依赖于一种理性本身的行动,理性知觉到它自己的局限性,因

[1] 伽达默尔.真理与方法:上卷.上海译文出版社,1992.378.

而承认他人具有更好的见解。”[1]由此可见，在学术争鸣中，轻率地宣称别人均为“误读”，唯独自己正确的态度，实质上是自封为权威的态度。而这种态度恰恰是对“权威”意义的偏离。

（二）对“主体与客体”或“主观与客观”这一对（一组）范畴的理解

在学术争鸣中勇于坚持自己的观点是正常的；一旦发现自己的观点不妥，及时加以修正和变更，亦并不难堪。笔者对马克思关于两个“尺度”的理解确实经历过两度改变，每一次改变都有当时的理由。这一点我同意曾簇林的分析。她指出，笔者之所以接受应必诚的观点而改变了一度赞同陆梅林译解的看法，主要是“应先生从德文语法、词法、语义和逻辑的角度对‘内在尺度’的译解分析”。是的，笔者并不讳言这一点。其实笔者的两次改变对“内在尺度”的理解，主要都出于语言和翻译方面的原因。因为，我们认为对马克思原文本义的猜度，可能永远会公说公有理，婆说婆有理，难以取得一致的意见。但从语言学（如语法、语词、语义等的分析）和译解学角度进行分析，也许能获得比较客观、可靠、正确的理解。笔者之所以又回到原先的把“内在尺度”看成“主体尺度”的观点，原因就在这里。不过，笔者不同意曾簇林批评应必诚和笔者“仍是陷于误读的误解和误译”，而认为“主体尺度”这种理解获得了德语语词、语法、语义等方面的强有力支持，并不是什么误译，至少可以作为一种理解而存在。

关于对马克思有关“美的规律”的论述在语言学方面的译解，笔者前文对主要问题已作了较详细的论述，此处不拟重复，只想就

---

〔1〕 伽达默尔．真理与方法：上卷．上海译文出版社，1992，“译者序言”．7．

几个尚未讲透的问题作些补充说明。

曾簇林把主观(主体)与客观(客体)这一对范畴看成两对范畴,并对它们的含义作了严格区分,从而批评笔者回到"'美的规律'依然是主体尺度和客体尺度结合构成的主体、客体相统一的规律。以至将主体、客体这对概念与主观、客观这对概念相混淆,从而陷入了否定客观规律性的思维格局"。在另一处,她又批评笔者认为社会规律不同于自然规律,它内在地包含着主体的目的、意志和自觉的因素,体现了主客体结合的看法,说"这样提出问题正是在'客观的和主观的'这对概念与'客体的和主体的'这对概念上发生了混淆,把包含着主体目的、意志和自觉因素的主体活动说成是社会规律带有主观性了"。由此可见,曾簇林判定笔者"否定客观规律性",然后剖析造成这种过错的原因在于"混淆了"上述"两对"范畴。

但是,对曾簇林的这一批评笔者不敢苟同,其原因如下:

第一,笔者不认为"主观与客观"和"主体与客体"是两对(或两组)范畴,更不认为它们之间有什么根本的区别。据查外文词典,无论是德文还是英文,"主观"、"主体"都用同一个语词"Subjekt"(德)、"subject"(英),"客观"、"客体"也同样使用"Objekt"(德)、"object"(英)一个词来表达;同样,"主观的"、"主体的"都用"Subjektive"(德)、"subjective"(英),"客观的"、"客体的"共用"Objektive"(德)、"objective"(英);"主观性"、"主体性"是同一个词"Subjektivität"(德)、"subjectivity"(英);"客观性"、"客体性"也是同一个词"Objektivität"(德)、"objectivity"(英)。在西方思想家包括马克思、恩格斯等马克思主义的奠基人那里,主体与主观、客体与客观也分别使用同一个词,并未创造出另一个词来区别这两者。实际上，在西方哲学史上，这“两对”为曾簇林所严格区分的范畴从来就是一对范畴。之所以出现两对范畴并加以严格区分，完全是中文的翻译和解释造成的。对上述西文词的不同翻译和在不同语境中的使用与解释，才造成了使“subject”和“object”这一对（一组）范畴分化成两对（两组）范畴，并被赋予不同的含义的情况。不过，这种区分与解释并未在学界形成共识，更未约定俗成地被普遍接受。这从国内近年出版的各种哲学大辞典并未对这种区分予以认同便可见出。当然，这已属于解释学范围的事，此处不拟展开。

第二，曾簇林根据自己的理解把“主观（主体）与客观（客体）”这一对（一组）范畴一分为二，人为地加以严格区分，并作出了貌似合理、实则不准确的解释。曾簇林对这对范畴的所谓“本体论意义”与“认识论意义”作了严格区分，进而对“主观与客观”和“主体与客体”作了严格的区分，请看她的论述：“以上关于‘客观性’、‘客观的’意义大致上可以相对地区分为哲学本体论的用法和哲学认识论的用法。就存在和思维、物质和精神的对立而言，我们把前者称为客观，把后者称为主观。就本体意义来说，客观的就是物质的、客观实在的，主观的就是精神的、人的思维的。我国学人大体上都是从本体论的意义上使用‘客观的’和‘客观性’。而就认识意义来说，客观的、客观性——一、是指非主观随意的、实事求是的、真实的；二、是指‘独立于研究者对于课题的思考和愿望而存在的性质和关系’（库宁汉）。我国学人大体上都是从第二种意义上使用的。这就应该注意不要把‘客观的和主观的’这对概念与‘客体的和主体的’这对概念相混淆。我们说‘客观的’，不能说‘客体的’，因为客体是人以外的事物。客观是指人的意识之外的物质世界。客体和客观是有内在联系的，例如 objective，既可以说是客观的，也可以说是对象客体。但客体一旦进入实践，成为认识和实践的对象，即除了物质的世界之外，还有精神的世界。同样，我们说‘主观的’，也不能说‘主体的’。因为主体是人类能动者，既包括人的意识思想，又包括人的肉体。这人类能动者，即指包括人的意识、思想在内的物质实体。而主观，则只是人的意识、思想，人的思维和精神。”

这段文字问题很多，逻辑也混乱，令人难以信服。

(1) 对“本体论”(Ontology)的理解不甚准确。关于何为“本体论”及我国对“本体”和“本体论”范畴的误释问题，笔者写过专文，[1]此处不拟重复。只想指出一点，西方关于“本体论”(Ontology)的准确的基本含义应是：以抽象的逻辑方法构造关于存在和存在者的学问，属形而上学的重要组成部分。曾簇林则仅从存在与思维、物质与精神的二元对立角度理解“本体论”，即把物质与精神何为第一性的本原、本质作为“本体论”的核心问题。这是笔者已明确指出过的对“本体论”的一种误释。

(2) 从上述误释出发，曾簇林进一步想当然地推出客观的就是物质的、主观的就是精神的论断，并宣称“我国学人大体上都是从本体论意义上使用‘客观的’和‘客观性’”，这更是误上加误。其实本体论问题并不涉及主客观问题。即使把“本体”误释为世界的本原、本质，亦并不必然导致物质的与“客观的”对应、精神的与“主观的”对应。恩格斯在谈到思维对存在、精神对自然界这一“全部哲学的最高问题”时指出：“哲学家依照他们如何回答这个

[1] 朱立元．文学、美学研究中的“本体论”误释．文学评论．1996(6)．

问题而分成了两大阵营。凡是断定精神对自然界说来是本原的……组成唯心主义阵营。凡是认为自然界是本原的，则属于唯物主义的各种学派。”[1]这就是说，对世界本原为物质（自然界）还是精神的不同回答，只构成唯物与唯心的区别，并不直接与客观性、主观性相挂钩或对应。一个最明显不过的例子便是黑格尔以“客观的”的“绝对精神”为世界本原的观点，即认为精神也可以是“客观的”。

（3）就主观（主体）与客观（客体）这一对范畴而言，在西方哲学的演进过程中，其含义也发生过多次重要的变化，并非我们今天所想象的那么明确、肯定。如“subject”一词，在亚里士多德那里，是在逻辑、语言学意义上使用的，是“主语”、“主词”之意，相对于“谓语”、“谓词”，是谓语所描述的性状、作用的承担者，即存在于世界中的实体，而“第一实体”则是其他世界万物的基础和主体。这里，“主体”并无今日中文中“主观”的意思。而中世纪邓斯·司各特则把主体与客体分别看成个别的具体的事物、实体和由心灵活动所构成的从具体的事物中抽象出来的共相，这种观点与我们今日的理解恰恰相反，它把“主体”看成是客观存在的个别、具体的事物，反而把“客体”看成主观抽象、构造出来的。甚至近代的笛卡尔，仍把客体看成是呈现于思想中的东西（主观），而把主体看成是具体事物本身（客观）。直到英国经验派，才把感觉者（主体）与被感觉的东西（客体）加以区分；康德开始真正确立了认识论中“主体性”（先验性、能动性）的地位与作用，从而造成西方哲学史上的“哥白尼式的革命”，也为主观（主体）与客观（客体）的

〔1〕 马克思恩格斯选集：第 4 卷. 人民出版社，1995. 224.

现代意义奠定了基础。[1] 由此可见,无论是就曾簇林所说的本体论含义还是就认识论含义而言,主观(主体)与客观(客体)这对范畴的含义是历史的、变化着的,并非自古至今固定不变的。曾簇林以不容置疑的口吻宣称,“客体是人以外的事物。客观是指人的意识之外的物质世界”;“主体是人类能动者,既包括人的意识思想,又包括人的肉体。这人类能动者,即指包括人的意识、思想在内的物质实体。而主观,则只是人的意识、思想,人的思维和精神”。曾的观点把这种区分似乎看成是从来如此的,其实不然。如上所述,从古代到近代,西方很长一段历史时期对主体(主观)和客体(客观)的理解与曾簇林的解释截然不同,甚至正好相反;而且迄今为止,从未有过主客体与主客观的区分,这是值得我们深思的。

(4) 曾簇林对主观与主体、客观与客体作了严格区分,并给予了以上的界定和解释。在笔者看来,这缺乏根据,至少有望文生义的主观随意性。也许在汉语中“体”与“观”、主客“体”与主客“观”是可以加以区分的,因为“体”往往与实体、实存相联系,而“观”往往与观念、思想相联系。然而,在西文“subject”或“object”中,原本并不包含“体”与“观”的区分,而是同时包含了这两层含义。正是在人们对这两个词进行了不同翻译之后,有的学者才把此词在不同语境中不同使用的这两层含义加以割裂,孤立地抽象出来,进而把主客“体”与主客“观”加以严格的二分和区别。曾簇林就属于这种情况。她这种区分是在主客“体”与主客“观”的汉语翻译的基础上,凭主观臆测所作的解释,自然难以服人。

---

〔1〕 冯契,徐孝通. 外国哲学大辞典:“主体”条. 上海辞书出版社,2000. 194.

曾簇林为了证明其论点有经典作家的论述为根据，还引述了恩格斯的说法。她说，“恩格斯指出：主观辩证法（本体论意义）、‘概念的辩证法本身就变成只是现实世界的辩证运动的自觉反映’，都是客观的”。笔者核查了恩格斯的这段原文，恩格斯在这里根本未讨论辩证法的主观或客观性问题，而是揭示了黑格尔关于概念辩证运动的唯心主义的本末倒置。恩格斯并未用“客观性”来概括辩证法的唯物主义性质，因为黑格尔的“概念”的辩证运动正是“客观的”，而不是“主观的”。恩格斯指出，“在自然界中和历史所显露出来的辩证的发展”，“在黑格尔那里，只是概念的自己运动的翻版，而这种概念的自己运动是从来就有的（不知在什么地方），但无论如何是不依任何能思维的人脑为转移的”（请注意，恩格斯恰恰强调了黑格尔的概念的辩证是与主体的“人脑”的“思维”“无关的”，也即与曾簇林说的认识论意义上的“主观性”是无关的，因而应是“客观的”！）。恩格斯强调，“这种意识形态上的颠倒是应该消除的。我们重新唯物地把我们头脑中的概念看作现实事物的反映，而不是把现实事物看作绝对概念的某一阶段的反映”，“从而黑格尔的辩证法就被倒转过来了，或者宁可说，不是用头立地而是重新用脚立地了”。[1] 显而易见，恩格斯要倒转的决非是恩格斯辩证法的“主观性”，因为黑格尔辩证法正是强调概念运动的客观性而非否定人脑思维的主观性；而是思维与存在、概念运动与现实世界发展的唯心主义颠倒。所以，曾簇林从恩格斯的论述中不但找不到她对主客“体”与主客“观”二分的任何依据，而是恰恰相反，使她在对恩格斯半句引文后所加的“都是客

[1] 马克思恩格斯选集：第4卷．人民出版社，1995．243．

观的”这个结论,变成强加给恩格斯的一种曲解。

第三,既然曾簇林批评笔者“混淆”“主观与客观”和“主体与客体”两对范畴难以成立,顺理成章的便是,她的关于笔者否定规律(包括“美的规律”)的客观性的指责也失去了依据。

(三)“美”与“美的规律”的一致性

曾簇林在文中一再申明她对“美”(的本质)的看法与我们并无分歧,强调“美是一种价值,是世界、客体对主体人的意义”,“是人的本质力量的对象化”,“是主客的统一即主体的本质力量的‘对象化’和对象客体的‘人化’在审美实践活动中的统一”。但同时,她又一再强调“美的规律”完全是客观的,不包含主体及其尺度的因素。这种自相矛盾的说法是令人费解的。曾簇林自己大约也意识到其中的矛盾,所以她说:“但疑难之点也在这里,它令人发问,既然美是主客观的统一,怎么美的规律还是属于对象客体本身固有的呢?”同上面把主客“观”与主客“体”加以二分的思维格局相似,她在这里也人为地把“美”与“美的规律”加以二分。把“美的规律”的实际内容和内涵完全客体(观)化,强行排除了其中的属人的主体因素,从而导致了理论上的悖谬。

通观曾簇林的《三说》一文,其对“美”与“美的规律”的二分的论证主要有以下两点,这里试一一加以辨析。

第一,曾簇林说:“美是一种价值,是世界、客体对主体人的意义,那么,首先要存在美的‘世界、客体’,有了美的‘世界、客体’,才能对主体人赋予美学价值与意义。那么,它又是怎么离得开哲学本体论的问题呢?”

这段话同样充满着不可克服的逻辑矛盾:

(1)承认“美”是一种价值,一种“客体对主体人的意义”,实际上也承认了美是一种主客体间的关系，一种人与世界间的审美关系。在《三说》中曾簇林也大量引述她过去有关美是在长期实践中人同整个自然界关系逐步由认知关系改变而“建立起来审美关系”的产物这一看法，并斩钉截铁地说：“说到底，即主体人所面对的是人化了的自然，自然物要和人发生关系才有美不美的问题，自然物如果没有和人发生关系，该自然物美不美的问题便不存在，那就更不要谈美的规律了。”这话说得很对，很好。的确，无论“美”还是“美的规律”，都不能离开人与自然、主体与客体（世界）的“关系”来抽象地谈，对象（客体）世界如不与（主体）发生（审美）关系，哪来“美”？哪来“美的世界、客体”？连“美不美的问题”都“不存在”了，还有什么“美的规律”呢？就这种“美在关系”（主客关系）的论点而言，我与曾簇林的观点完全一致。

（2）但是紧接下来的一句话却完全不同了：“那么，首先要存在‘美的世界、客体’，才能对主体人赋予美学价值与意义。”这句话实际上是对前一句美在（主客）关系论的根本否定和全面倒退，实质上回到了与陆梅林同样的立足点上：如曾簇林所说，陆梅林认为人类社会产生之前就有美和美的规律了。根据（1），曾簇林的美在关系说与陆梅林有本质区别；但根据（2），在人（主体）之外，“首先”要以“美的世界、客体”的存在作为前提，然后才能与人发生审美关系，并对人产生美学价值与意义，这就是说“美”（的客体）在人之外“首先”产生、形成，然后才形成与人（主体）的审美关系和对人的美学价值、意义。这种“美”作为客体产生在先，与主体的审美关系形成在后的观点，是不能成立的。因为如果承认美是世界对人的一种价值、意义，那也就承认了美是世界与人之间的“一种关系”。那么，如马克思所指出的，“既然这是一种关系，这就表示其中包含着两个相互关联的方面”,[1]即美必定同时包含着主、客体两个相互关联、不可分割的方面,而决不是只有一个方面,或先有一个方面然后才有另一个方面。这是显而易见的。所以,曾簇林从美在关系说倒退到“美”(客体)在先说,实际上为陆梅林关于人类社会产生之前就有美和美的规律的观点提供了理论的依据和支持,两者在根本上是一致的。应该明确的是,“美的世界、客体在先”说与“美在主客关系”说在两者根本上是对立的、不可调和的,前者依托于主客二分的二元对立思维方式,后者却体现出对主客二分思维方式的某种超越的努力。

(3) 曾簇林再接下去强调这个问题离不开“哲学本体论问题”,其意思是指“历史唯物主义一元论的规律为对象客体所固有的一元”,即否认包括“美的规律”在内的社会历史规律包含着人的目的、意志、自觉性等主体因素。她说:“如果违背历史唯物主义一元论的大前提,如果说规律不是为对象客体所固有的一元,而是为主体和客体结合构成的二元,规律不是客观的,而是主观和客观的统一,那么这些关系范畴、价值范畴的研究都离开了马克思原创性理论的大前提发生了颠倒而不科学,又怎能把美学的研究继续向前推进呢?”通过这段行文别扭、艰涩的话,可见曾簇林批评笔者在“本体论”上,即在“美的规律”(本体)中容许主体因素的介入是“违背历史唯物主义一元论的大前提”。但是,这个批评同样是站不住脚的。

且不说曾簇林这番言论是对哲学“本体论”的误释,也不说应该如何理解社会历史规律的客观性问题,现仅从逻辑上简要说明

---

〔1〕 马克思恩格斯选集:第2卷.人民出版社,1995.44.

美的规律的实际内容与它的"客观性"之间不应简单地画等号。我们认为,这是两个不同层次的问题:第一个层次是就美的规律的基本内容而言的,它是属人的规律,是包含着主体尺度在内的社会的规律,是体现主客体之间审美价值关系的审美的规律,如果排除了其中的主体因素,这一(美的)规律就不能作为规律而存在;第二个层次是指规律的客观性,也即曾簇林所说的规律作为"对象客体所固有的一元性",笔者以为,这是指"美的规律"作为审美的规律,不以任何个体的实践意志和认识能力、水平为转移而强制地发生作用的性质。曾簇林把这两个不同层次的问题混为一谈了,这里根本扯不上什么"否定规律的客观性",也扯不上什么"违背历史唯物主义一元论的大前提"。

第二,曾簇林认为:"从马克思历史唯物主义一元论的客体观,明确'美'作为主客观统一之'艺术对象'的客体属性,说明属于社会规律的美的规律同样是对象客体的规律。"这是曾簇林先对"美"与"美的规律"加以二分,人为挤压出美的规律所包含的主体因素和内涵的关键之点。这句话以及她随后所做的详细论证从理论依据到论述过程和论证方法都存在不少问题:

(1) 所谓"马克思历史唯物主义一元论的客体观"含义不清。

马克思历史唯物主义的经典表述可见《政治经济学批判·序言》中:"人们在自己生活的社会生产中发生一定的、必然的、不以他们的意志为转移的关系……人类社会的史前时期就以这种社会形态而告终。"[1]曾簇林的《三说》在"注"中也引了这段话。这原本没有什么问题,但是如何理解这段话中的"一元论"思想呢?曾

〔1〕 马克思恩格斯选集:第2卷.人民出版社,1995.32-33.

簇林的论述是:“通观马克思对历史唯物主义总原理的创立过程,从《巴黎手稿》提出的‘人的本质力量对象化’的实践方式开始,到《政治经济学批判·序言》关于物质实践与精神实践(包括美的创造的审美实践)的历史唯物主义社会实践观这一经典定义的形成,迄至《资本论》中对社会基本实践的生产劳动结构系统的呈示,充分说明了人类社会在生产力和生产关系、经济基础和上层建筑两对基本矛盾推动下向前发展的历史长河中,实践是所有人类活动的基本方式,实践是这历史唯物主义总原理的核心范畴。”

在此,曾簇林把实践看成“所有人类活动的基本方式和历史唯物主义总原理的核心范畴”,对此笔者是赞成的,而且认为这一论断是有创意的。但是,从下文看,曾簇林似乎把历史唯物主义“一元论”的基本含义归结为实践这一核心范畴,这恐怕并不准确,也不符合马克思主义“一元论”的本意。唯物史观“一元论”所坚持的“一元”,是指人们的物质生产和生活方式,它最终支配着、决定着社会的上层建筑和意识形态的发展。马克思在上述经典表述中明确指出,“物质生活的生产方式制约着整个社会生活、政治生活和精神生活的过程。不是人们的意识决定人们的存在,相反,是人们的社会存在决定人们的意识”,“那些法律的、政治的、宗教的、艺术的或哲学的,简言之,意识形态的形式”,“必须从物质生活的矛盾中,从社会生产力和生产关系之间的现存冲突中去解释”。这个“一元论”才是解释社会历史发展的唯物主义观点。曾簇林避而不谈“一元论”这一根本含义,却把重点指向包括精神、意识活动在内的实践范畴,这在笔者看来是有所偏差的。

再进一层,马克思历史唯物主义一元论的“客体观”是什么?如果从上述对“一元论”的正确理解出发,并不能直接引出主客体关系，更无法谈论所谓“客体观”问题，因为历史唯物主义的总原理与主客体关系并不是同一层次，更不是同一范畴的问题。所以曾簇林绕了一个圈子，先转向实践范畴，再由实践范畴切入主客体关系，最终引出所谓“客体观”。绕了这么个大圈子，她所指的“历史唯物主义一元论的客体观”究竟指什么已显得模糊不清了。

（2）当然，如果仔细辨析，还是可以理出曾簇林论述其“客体观”的基本思路的：她从实践范畴出发，首先提出实践范畴的适用范围，她认为，“实践范畴在马克思主义者那里，是适用于把自然与社会作为一个统一整体”即“把自然、社会、思维作为一个统一整体的哲学世界的”。继而由实践出发，研讨包括审美实践在内的实践活动中主客体关系；最后确立起自己的客体观。这条思路原则上并没有错，只可惜在论证过程中出现了对辩证思维的某种偏离。

曾簇林强调从物质和精神审美实践中创造出新的“物质产品”或“艺术产品”，“这‘物质产品’和‘艺术产品’也就是马克思所说的‘对象世界’。因为人类在物质实践和精神实践（包括美的创造的审美实践）中创造的物质产品和精神产品（包括艺术品）是固定在某个‘对象’之上的，这就是某个具有物质性、感性现实性的‘对象’”。“可见，这‘物质产品’、‘艺术产品’的‘对象世界’，便是‘人的本质力量对象化’的产物。然而，这‘对象化’而成的物质产品和艺术产品，还是主体的客体”。据此，她得出结论说，人的本质力量“对象化了的自然美、社会美、思维美的‘对象世界’，依然是主体的客体。而思维美中当然包括属于审美意识范畴的艺术美。因而这艺术美的‘对象世界’当然也属于客体，而且是具有审美属性的对象客体”。

上述论述，大体上没有错（不过“思维美”的提法令人生疑），但侧重点显然放在论证“美”的客体性上。然而，这一论证，首先是无的放矢，没有谁（包括笔者）否定包括艺术美在内的各种形态的美，当它们在人们的审美实践中成为主体的审美对象时所具有的客体属性。难道有谁会认为，当我们欣赏自然美、艺术美时，被欣赏的对象（客体）不是审美对象（客体）吗？

其次，这一论述偏重于强调人的本质力量对象化的结果或产品，而相对忽视对象化的活动过程。是的，人的物质实践和艺术（实践）所生产、创造的成果——物质产品和艺术产品——确实是人类本质力量的凝定和物化（对象化），成为具有感性的现实性的实际存在，当人们使用、消费、欣赏它们时，它们就成为主体（使用者、消费者、欣赏者）面对的实存的（使用、消费、欣赏）对象（客体）。但是，我们同时也不应忽视物质或艺术实践（对象化）活动的过程及这一过程中主客体的交互作用过程。对象化的实践活动过程本身就包含着主客两个方面、两种因素。包括审美实践在内的实践活动，不仅是曾簇林所说的人的“主体活动”，而且包括主体活动所依托、所作用的对象（客体）世界。离开了对象（客体），也无所谓主体（人），更不能有主体的活动。曾簇林在《三说》的“注”中引用了马克思《资本论》有关“劳动过程”和“生产活动”是由“目的、操作方式、对象、手段和结果”等要素组成的这个论点，但她在具体论证中却偏重强调实践活动的结果和主体因素，未强调实践活动的过程和对象因素。这一方面就会造成人们对实践（包括审美实践）活动中主客体交互作用的过程的相对忽视，而在审美实践（无论是创造还是欣赏）中，主客体交流的过程才是最重要的，作为这一过程的产品（对象）只是审美实践的必要条件；另一方面又易于造成人们对作为审美实践的结果的艺术产品中的主体因素的忽视,因为曾簇林只强调艺术产品的客体属性,却不重视作为主客相互作用过程的结果的艺术产品必然也同时包含主体性因素,必然同样是主客体因素的统一。曾簇林虽然正确地指出"人的本质力量的对象化的实践是主体和客体之间相互作用、相互转化的辩证统一过程",却未能由此过程顺理成章地推出作为实践结果的产品同样也体现了主客体间的辩证统一的结论,而是转到把实践成果完全客体化的方向上去了。她引用了马克思在《政治经济学批判·导言》中"在生产中,人客体化,在人中,物主体化"和有关"艺术对象"的两句名言,却未全面论述这两段话中所体现的包括艺术创造和欣赏这种审美实践在内的生产与消费、主体与客体相互依存、相互作用、相互转化的辩证关系,由此入手全面揭示艺术生产与消费、审美主体与客体的辩证关系,揭示艺术产品体现主体与客体交互作用和统一的内在特性,反而只强调艺术产品的对象(客体)属性,这显然是片面的。

第三,最关键的是,曾簇林在上述强调作为审美实践的结果的"对象化了的自然美、社会美、思维美"的客体属性的基础上,得出如下结论:"美,作为主客观的统一的艺术对象,乃是属于客体的。可见,'美的规律'作为社会规律,属于客体本身所固有的规律,乃是顺理成章的、确定无疑的。"至此,我们才明白,曾簇林绕了这么个大圈子,无非是想在这里强调作为审美实践结果的艺术美的客体属性(有意抹去艺术活动中实际上完全无法取消的主体性因素)的基础上,"顺理成章"地取消"美的规律"所包含的同样无法抹去的主体因素。但这种论证是如此的软弱无力,因为在任何人看来,其结论都是在逻辑上前后自相矛盾的:既然美是"主客观统一”的，为何却仅“属于客体”而与主体无关？这里，其最后的理论防线仍然是将“主体与客体”同“主观与客观”人为地分割开来、对立起来。对于这种近乎文字游戏的论证，本文前面已做了理论上的详尽剖析，证明了它的谬误。所以，这道脆弱的理论防线是难以守住的。

根据以上三方面的论述，我们可以得出与曾簇林恰好相反的结论和思路：美与美的规律不应人为地分割开来，就其所包含的主客体因素统一的实际内涵、内容而言，两者应是完全一致的。

第五章

实践存在论美学的基本要点

如前面四章所述，中国当代美学的推进迫切需要跳出认识论思维方式。那么，究竟如何跳出认识论思维方式呢？结合当代美学的现状和世界美学发展的历史趋势来看，可能有多种超越的途径。而在现有的几派美学中，我们认为，实践美学仍有改革、更新的可能。总体看来，实践美学虽有不足，但并未完全过时，特别是非主流派的蒋孔阳先生以实践论为基础、以创造论为核心的审美关系说，实际上已经开始寻找存在论的根基，尝试超越主客二元对立思维方式，为我们树立了创造性发展和建设实践美学的范例。

如果我们能沿着这一思路前进，树立起“美”是当下生成的“人生在世”的一种状态，而不是现成的认识对象的观念，从而，不把美作为一个在人以外早已存在的客体去认识，而是将实践论与存在论结合起来作为美学的哲学基础，以此走向实践存在论的生成性美学，或许能为当今美学走向突破提供一条尝试之途。本章就来集中阐述实践存在论美学的基本要点。

第一节

实践存在论美学提出的根据

我们提出实践存在论美学的主要根据有以下三点：

第一，在马克思的学说中，实践概念与存在概念有一种本体论上的共属性和同一性，两者揭示和陈述着同一个本体领域。

马克思指出，“通过实践创造对象世界，改造无机界，人证明自己是有意识的类的存在物”，“人们的存在就是他们的现实生活过程”,“全部社会生活在本质上是实践的”。[1] 在马克思看来,实践就是人的存在方式。人正是在实践中展开他的自我创生活动,开显他的存在意义,获得他的存在方式的。世界也正是在实践中才生成为人的世界,才作为人的世界而存在的。“环境的改变和人的活动或自我改变的一致,只能被看作是并合理地理解为革命的实践”,[2]“整个所谓世界历史不外是人通过人的劳动而诞生的过程,是自然界对人来说的生成过程”。人和世界的存在,“已经成为实际的、可以通过感觉直观的”。[3] 可以说,从实践着眼审视存在,从现实存在着眼来审视实践乃是马克思唯物史观的精髓。关于这一点,我们的看法是:

(1) 马克思的实践观是在继承和批判西方传统实践观,特别是德国古典哲学(尤其是费尔巴哈和黑格尔)的实践观的基础上形成和发展起来的。他在《1844 年经济学哲学手稿》、《关于费尔巴哈的提纲》和《资本论》等一系列著作中,坚持把实践理解为人的感性活动,理解为人类自我创生并变革世界的现实活动,理解为人向人生成和自然界向人生成的历史过程,理解为整个感性生活世界的根本基础。在此,实践既包括最基础的物质生产活动,又包括政治活动、道德活动、审美艺术活动和其他种种精神生产活动,以及广大的日常人生活动,实践涵盖着人的整个社会生活。我们认为,这一理解符合马克思的历史唯物主义实践观。

(2) 马克思的实践观与存在观是内在融通的。实践的根本内

---

〔1〕 马克思恩格斯选集:第 1 卷. 人民出版社,1995. 56.

〔2〕 同[1]. 55.

〔3〕 马克思. 1844 年经济学哲学手稿. 见马克思恩格斯全集:第 3 卷. 人民出版社,2002. 311.

涵就是指人的最基本的存在方式。人的历史现实的存在,环绕在人类周围的感性世界(包括人化和未人化的自然界、物质生产和生活的各种条件、社会机构、政治制度、文化设施、人伦体制等等)的存在,都是在漫长的历史实践中不断生成建构出来的。人是实践的存在者。人的存在过程,就是人通过实践开显自身的存在意义和周围世界的存在意义的历史过程。人的理想存在状态也只能通过实践才能达到。就是说,马克思的实践论内在地包含着存在论维度。

(3) 马克思的实践观是生成性的。他认为,感性个体的实践造成了个人的感性世界,人类总体的实践造成了人向人生成和自然界向人生成的历史行程以及整个人类的生活世界。感性个体及其实践虽然是有限的、短暂的,但人类总体的实践都是无限的、永恒的、生生不息的。正是感性个体与人类总体交融、统一的实践,造成了人生世界的日新月异。

确实,马克思的实践论和存在论从人与世界相互依存、双向建构的历史实践着眼审视人生世界,把人生世界理解为以实践为根基和纽带的、自然社会与人相互统一的现实生活世界,因而是一种最有现实精神,论域最广、最有深度的学说。马克思实践论和存在论的根本取向,乃是走向现实的人生和人的实际生活。马克思说得好,“德国哲学从天国降到人间;和它完全相反,这里我们是从人间升到天国。这就是说,我们不是从人们所说的、所设想的、所想象的东西出发,也不是从口头说的、思考出来的、设想出来的、想象出来的人出发,去理解有血有肉的人,我们的出发点是从事实际活动的人”。[1] 因此,它尽管诞生于19世纪,至今仍具有充分的

〔1〕 马克思恩格斯选集:第1卷.人民出版社,1995.73.

现代性和开放性，具有鲜活的生命力。20世纪60年代，法国哲学家萨特在其《辩证理性批判》中就认为，存在主义可以包容在马克思主义之中。以法兰克福学派为代表的西方马克思主义，是西方20世纪思想界的重要学派。20世纪60年代以后的西方解构主义、结构主义、后现代主义以及各种左派理论，几乎处处可见马克思的实践论与存在论的思想闪光和重要影响。甚至，在海德格尔的著述中，我们可以找到和它相当接近的论述。马克思的实践论与存在论始终关注现实，关心人生，始终在人类自我创生的历史进程中启示人类自由解放的道路和远景，把改变世界、对现存世界和历史的分析批判当做自己的本真使命，因此极富人文关怀意义。这与美学的基本精神是高度一致的。

第二，实践与存在揭示着人存在于世的本体论含义，是对近代以来主客二分思维方式的重要超越。

“人在世界中存在”（张世英概括为“人生在世”）这个命题是海德格尔针对近代认识论主客二分思维方式的缺陷所提出的一个基本本体论（存在论）命题。海德格尔在批评笛卡尔“我思故我在”的主客二分的认识论思路的同时，提出必须首先厘清存在的意义问题。海德格尔认为，存在总是某种存在者的存在，他认为此在的存在论就是其他一切存在论所源出的基础存在论，并提出了此在的存在论的基本命题，即此在（人）“在世界之中存在”（“在世”）。换言之，“这个此在具有在世界之中的本质性机制”。海德格尔正是通过这种对此在的生存论分析，阐明了“此在在世界中存在”，即“人生在世”这个命题的存在论意义。这就意味着不存在孤零零的绝对主体，也不存在和此在决然对立的客体，此在（人）在时间、空间中在世并将诸存在者带上前来，它们相互去蔽而又相互遮蔽,存在于主体与客体之间不可跨越的鸿沟被生存、被共同在世消解了。这是对思维与存在、主体与客体二元对立的一个重大超越。

海德格尔的以此在的生存论即人生在世的存在论取代主客二分的认识论,为哲学、美学的发展指出了一条新路。

近年来,国内一些学者据此提出了生态美学的构想,在我们看来,在面对和处理人与自然的关系方面,是以追求两者的和谐、协调为最高和最终目标的。如果我们把人与自然的关系仅仅局限于认识和改造自然这样一个认识论的框架里,那就会导致对自然的无度开发以及对自然生态的严重破坏,最终导致人类自身的生存危机,这也就从根本上取消了生态美学存在的根基。所以说,生态美学观寻找存在论的哲学基础是必然的,是题中应有之义。这方面,西方的现象学特别是海德格尔的存在论确有值得我们借鉴之处。生态美学观完全可以从海德格尔后期的"大道"存在论中得到重要的启示。海德格尔后期的存在论明显克服了前期人类中心主义倾向,而强调了人与自然的和谐统一。这就是"Ereignis"("大道")。海德格尔"Ereignis"这个词指称的是这样一种思想境界:他认为,以往的"存在"总是从两个维度来确立存在的内涵,要么是世界之外的超验之物,如上帝、绝对精神、理念等;要么是从主体性的"我"、"意志"、"纯思"等来规定存在。现在需要一种能够摆脱二元对立模式,涵盖主客、统一主客的存在观,"Ereignis"就是这样一种尝试。"Ereignis"这个概念的内涵非常丰富,是一个有机整体。海德格尔提出"Ereignis"这个概念,明显受到道家特别是我国老子思想的影响或启示。限于篇幅,我们在这里只指出,这个概念最深刻的含义体现在,"存在"与"时间"在"Ereignis"中达到了统一,它描述了一种时间化了的“存在”。在海德格尔看来,存在总是体现为“曾在”、“现在”、“将在”。“存在”的这三种时间状态是彼此勾连、彼此传递而成为统一体的,正是这种传递创造了三者本己的统一性,这种统一性就是本真的时间。由是,这种传递也就成了本真时间的一个必不可少的维度,“本真的时间就是四维的”。[1] 存在与时间交互规定着,存在者的存在——在场把时间定为四维(包括“本真的时间”),而时间让存在者之存在自行澄明。时间和存在在相互转让、奉献,它们并不彼此给出,而是在相互转让和奉献中构成,并且共属于这种构成之物,“这规定存在与时间两者入于其本己之中即入于其共属一体之中的那个东西,我们称之为 Ereignis”。在海德格尔看来,“Ereignis”不是静止的,它是纯粹的运作,是时间之四维的勾连,是存在与时间的共属一体,是隐与显的交融。在这个概念之中,包含着某种被海德格尔称为“诗意”的东西,这诗意就是天、地、神、人四重奏。在“Ereignis”这种原始的统一性中,天、地、神、人“四方”归于一体。“大地是承受者,开花结果者,它伸展为岩石和流水,涌现为植物和动物”;“天空是日月运行,群星闪烁,四季轮转,是昼之光明和隐晦,是夜之暗沉和启明,是节气的温寒,是白云的飘忽和天穹的湛蓝深远”;“诸神是神性之暗示着的使者。从神性的隐而不显的运作中,神显现而入于其当前,或者自行隐匿而入于其掩蔽”;“终有一死者乃是人,人之所以被称为终有一死者,是因为人能够赴死。赴死意味着能够承担作为死亡的死亡。唯有人赴死,而且只要人在大地上,在

〔1〕 海德格尔选集.上海三联书店,1997.677.

天空下，在诸神面前持留，人就不断赴死”。[1] 这就是“四方”，当我们思及其中的任何一方时，我们就已经一道思及其他三者，但还没有思及“Ereignis”，没有思及“四方”之纯一性。“四方”是一个相互勾连的整体，你中有我，我中有你。海德格尔以桥和壶为例“道说”了这种“四方”的一体实现。桥把河流、河岸和陆地带入相互的邻近关系中，把大地聚集为河流四周的风景，为终有一死的人提供道路，作为飞架起来的通道，桥聚集在诸神面前。“桥以其方式把天地神人聚集于自身”。[2] 同样，壶容纳和承受被注入的东西，然后又倾倒出来，它倾倒出来的，总是天地之产物，总是为人之物，也可用来祭神，在壶中，天、地、神、人四方也聚集为一体。所以，可以说，任何存在者之存在都是“四方”的统一。这样，时间的四维与天、地、神、人的四方一体，构成了海德格尔后期存在论——Ereignis。和以往的存在观相比，海德格尔对存在的理解是最神奇也是最灵妙的，这里一方面有一种对存在问题的“诗化”倾向，另一方面则完全克服了前期的多少存在的此在中心主义倾向，达到了人与自然、与世界充满诗意的和谐境界。这种“大道”存在论在某种意义上就是美学的，而且完全符合生态美学的宗旨。

不过应该指出，人生在世并不是海德格尔的发明，实际上马克思已经发现并有过明确的表述，“人不是抽象的蛰居于世界之外的存在物。人就是人的世界”。[3] 只不过马克思没有直接用这一存在论思想来批判近代主客二分的认识论罢了。但是，马克思高于和超越海德格尔之处是用实践范畴来揭示此在在世（人生在

---

〔1〕 海德格尔选集. 上海三联书店. 1997. 1192－1193.

〔2〕 同[1]. 1196.

〔3〕 马克思恩格斯选集：第1卷. 人民出版社，1995. 1.

世)的基本在世方式。在马克思看来,人不是作为一种现成的东西摆放在世界上的,世界也不是作为一个现成的场所让人随意摆放的;相反,人是从事实际活动的人,周围的感性世界决不是某种开天辟地以来就已存在的、始终如一的东西,而是工业和社会状况的产物,是历史的产物,是世世代代的结果。[1] 这就是说,人在世界中存在,就意味着在世界中实践;实践是人的基本存在方式;实践与存在都是对人生在世的本体论(存在论)陈述。海德格尔的存在论始终没有达到马克思的实践论的高度,而马克思则把实践论与存在论有机结合起来,使实践论立足于存在论的根基之上,存在论具有实践的品格。具体地说,马克思存在论的基本特色可以从以下三方面来把握:

(1) 马克思的存在论与实践论紧密结合。马克思始终从实践出发审视人的存在,强调实践对人的存在的生成建构作用和人在实践中的能动作用。他认为,人的现实存在,人的周围感性世界的存在,都是从漫长的实践中历史地生成、开拓出来的。因此,从实践出发,不仅可以寻找到人类自我创生的证明,而且可以寻找到属人的自然界产生的证明。同时,马克思指出,人的存在与世界的存在又是在实践中双向建构、同步发展的,"只是由于人的本质客观地展开的丰富性,主体的、人的感性的丰富性,如有音乐感的耳朵、能感受形式美的眼睛,总之,那些能成为人的享受的感觉,即确证自己是人的本质力量的感觉,才一部分发展起来,一部分产生出来"。[2] 这一点直接为美学提供了存在论的根基。

---

〔1〕 马克思、恩格斯. 关于费尔巴哈的提纲. 人民出版社,1988. 20.

〔2〕 马克思. 1844 年经济学哲学手稿. 见马克思恩格斯全集:第 3 卷. 人民出版社,2002. 305.

(2) 马克思的存在论始终紧扣现实生活来理解人的存在。现实生活是人的存在的特定历史境域,从现实生活出发,对人的存在进行历史反思和现实揭示,是马克思的存在论区别于其他一切存在论的内在本性之一。马克思认为,人"不是处在某种虚幻的离群索居和固定不变状态中的人,而是处在现实的、可以通过经验观察到的、在一定条件下进行的发展过程中的人",[1]是从事实际活动的人。只有这种现实的人,才能与康德所说的那种既高又玄的理性存在、黑格尔所说的那种绝对理念自我复归的精神实体、费尔巴哈所说的那种无世界性的现成实体根本区别开来,才能真正成为历史性的社会性的存在。

(3) 马克思始终从具体的社会关系出发来思考人的存在。诚然,马克思是肯定人的自然存在及其意义的,他说:"全部人类历史的第一个前提无疑是有生命的个人的存在。因此,第一个需要确认的事实就是这些个人的肉体组织以及由此产生的个人对其他自然的关系。"[2]但是,人的自然存在并无独立的意义,"吃、喝、生殖等等,固然也是真正的人的机能。但是,如果加以抽象,使这些机能脱离人的其他活动领域并成为最后的和唯一的终极目的,那它们就是动物的机能";[3]在马克思看来,只有在社会中,"人的自然的存在对他来说才是自己的人的存在"。[4] 人就存在于错综复杂的社会关系中。人的社会关系决定着人的生存方式和人的

〔1〕 马克思恩格斯选集:第1卷.人民出版社,1995.73.

〔2〕 同[1].67.

〔3〕 马克思.1844年经济学哲学手稿.见马克思恩格斯全集:第3卷.人民出版社,2002.271.

〔4〕 同[3].301.

社会存在本质。因此，人在其现实性上是一切社会关系的总和。人要实现理想的存在状态，也必须变革现存社会关系和社会存在状态。

在马克思那里，实践、现实、社会关系不是彼此孤立的三个视野，而是一个统一的整体视野，也即实践论与社会存在论统一的视野。这是我们提出实践存在论美学的直接理论依据。

第三，实践存在论美学也是中国当代美学语境下揭示出来的一个发展方向。

蒋孔阳先生晚年以实践论为哲学基础、以创造论为核心的审美关系理论就从四个层面开始走向实践论与存在论的结合：首先，他从劳动实践入手探索人的存在本质，认为人的本质是从劳动实践中创造出来的，劳动没有止境，人的本质也就没有止境，永远处在创造之中。其次，他揭示了人和世界的多层累性，认为人是一个有生命的有机整体，人的本质力量是生生不已的活泼的生命力量。世界及其向人展示出来的美也是既多层累又无限流变。再次，他揭示出审美现象的生成性质，认为美是人在对现实发生审美关系的过程中诞生的，人作为审美主体不是现成主体，而是审美关系的主体。最后，他一再提出人是世界的美，认为美的各种因素都必须围绕人这一中心，人在自己的生存实践中实现自己的本质力量而创造了美。美为人而有、因人而生，人是美的目的和归宿。[1] 可见，蒋孔阳先生的美学思想展示出一个以人生实践为本原，以审美关系为出发点，以人和人生为中心，以艺术为典范对象，以“创造—生成观”为指导思想和基本思路的理论整体，这个理论整体为

〔1〕 蒋孔阳全集：第3卷. 安徽教育出版社，2000. 166－188.

我们建设和发展实践存在论美学初步奠定了基础。

第二节

实践是人存在的基本方式

人是怎样成其为人的？马克思主义实际上已经回答了这个问题。人不是有了语言、理性或别的什么才产生的，人是通过实践，在实践中生成人自身的。马克思在《巴黎手稿》中指出，通过自然的人化，即通过人的本质力量对象化的生命活动，不但外在客观的自然被人化了，而且人自己的器官、心灵、心理结构等也进一步人化了。人就是在这样的历史实践过程中才逐渐成其为人的。因此，实践是人之为人的一个原动力，也是人之为人的一个标志。

更重要的是，实践还是人存在的基本方式。前面已讲到，所谓人的存在，就是海德格尔的“此在在世”，也就是“人生在世”（人在世界中存在）。海德格尔把人和世界看成是一体的，人的变化带动世界的变化，世界的变化也带动人的变化，而不是像认识论思维方式那样把人和世界看成是主客二分的，认为世界外在于人。按照人生在世的观点，人跟世界是不能分离的：一方面，人生存在世界之中，世界原初就包括了人在里面，人是世界的一部分；另一方面，世界只对于人才有意义，如果没有人，这个世界也就无所谓意义。而“在世”就是人与世界打交道，人一直处于跟世界不断打交道的关系中。在打交道的过程中，人就现实地生成了。这种打交道的过程，实际上就是人通过有意识的活动与世界发生各种各样的关系，按照马克思主义的观点，这其实就是实践。我们用马克思主义实践论来阐释和改造“人生在世”的观点，实践活动显然就是人的在世方式，或者更准确地说，人生在世的基本方式就是实践。我们每个个人每天都要进行大量的各种各样的活动，包括学习、工作、经济、政治、道德、艺术、审美等等活动在内，都是实践活动的组成部分。我们就是在各种各样的实践活动中生存和发展的。在此意义上，也就是在存在论意义上，我们说实践是人存在的基本方式。

这样，我们虽然仍然以实践作为美学研究的核心范畴，却已突破主客二元对立的认识论，转移到了存在论的新的哲学根基上了。在人类思想史上真正科学地解决了主体与客体、人与自然之间关系问题的，是马克思所创立的实践哲学。马克思实践哲学的革命性意义首先表现在，它对传统形而上学作了彻底的颠覆。从实践存在论的角度看，人的存在根据就在于人自身，而人在通过实践活动自己生成自己的过程中也就同时创造了人的世界。随着实践活动的不断发展和深化，不仅人自身会不断变化，人的世界也会不断扩大。在人与人的世界以外并不存在什么永恒不变的绝对本体。

既然我们把实践作为人存在的基本方式，那么实践的含义是什么呢？在这一点上，我们与作为实践美学主流派代表人物李泽厚的观点有着很大的区别。从《批判哲学的批判》开始，李泽厚在解释马克思关于实践的看法时，就一直强调实践就是物质生产劳动，2004 年 9 月在北京的一次座谈会上，他仍然坚持这一观点，这实质上把实践狭隘化了。

我们承认物质生产劳动是人的一种基础性实践。没有物质生产劳动，没有制造和使用工具，人不可能脱离动物界而成其为人，也很难推动人类社会向前发展。但是,如果仅仅把实践认定为物质生产劳动,而把人的其他各种活动完全排除于外,这就显得太偏狭了。

我们认为,李泽厚对马克思关于实践的看法存在严重误解,马克思并没有明确说过实践就等于物质生产劳动。马克思、恩格斯是在西方的传统思想理论基础上来谈实践的,他们的实践观与西方的传统思想理论一脉相承,当然也有所推进和发展,把物质生产劳动看成是实践的核心基础,即是这种推进、发展的体现。但是,从西方的思想背景来看,实践从来就不是单纯指物质生产劳动,而且主要不是指物质生产劳动。这一点,可以举出亚里士多德和康德两个例子来作说明,他们对实践的看法就与李泽厚的理解有着根本的不同。

在亚里士多德那里,实践主要是指道德的行为,而并不是指物质生产劳动。物质生产劳动有另外的概念,叫做“制作”或“技艺”。亚里士多德在《尼各马可伦理学》里讲到,“实践是使灵魂获得平衡状态的具体的活动”。在人的伦理政治活动中,使人的灵魂获得平衡状态,这就是人的道德活动,或者宽泛一点,再加上政治行为,这就是实践。制作活动的目的是外在于制作活动的,而实践的目的就在于活动本身。可见,亚里士多德明确地把制作和实践区分了开来,也就明确地把物质生产劳动和人的道德实践区分了开来。这跟李泽厚的理解是完全相反的。

再看康德。李泽厚是研究康德的专家,奇怪的是他对康德的实践观却忽略了。康德认为,流行的看法对实践的概念有一种普遍的误解,即把认识领域的活动与物自体领域、道德领域的活动混为一谈,都称为实践。他认为,按照自然概念的实践与按照自由概念的实践之间存在着根本的差异。前者涉及人与自然的关系以及自然规律,因而康德对之是贬低的;他认为真正的实践是后一种,即自由领域的实践,是道德实践、伦理实践,也可以扩大到政治实践。可见,李泽厚否定了康德的区分,把自然领域的实践作为唯一的实践,这不能不说是对西方传统实践概念的一种漠视。

马克思对实践概念的理解来自西方传统思想理论,特别是继承、改造了康德以降的德国古典哲学的实践观,并非推倒重来。在1845年《关于费尔巴哈的提纲》中,马克思明确使用“人的感性活动”来定义、解释实践概念,并没有局限于物质生产劳动;并科学地指出,“全部社会生活在本质上是实践的”。[1] 可见,不仅是物质生产劳动,而且人的各种各样活动,人的整个社会生活,都是实践的,都属于人类广大的人生实践范围。

毛泽东对实践也有清晰的并同马克思一致的阐述。他指出:“人的社会实践,不限于生产活动一种形式,还有多种其他的形式,阶级斗争,政治生活,科学和艺术的活动,总之社会实际生活的一切领域都是社会的人所参加的。因此,人的认识,在物质生活以外,还从政治生活文化生活中(与物质生活密切联系),在各种不同程度上,知道人和人的各种关系。”[2]可见,人的实践活动既包括物质生产和生活,也包括精神生产和生活,实践应该是大于物质生产劳动的,它包括这两种生活活动的全部内容。

据此,我们认为,李泽厚的实践观不足之处有三:其一,把人类除物质生产活动以外的其他所有的实践形态,包括审美活动全部

---

〔1〕 马克思恩格斯选集:第1卷.人民出版社,1995.56.

〔2〕 毛泽东选集:第1卷.人民出版社,1991.283.

排除在外，把极为丰富驳杂的人类社会实践狭隘化；其二，仅仅从人与自然的关系着眼来界说实践，而悬置了人与世界其他层面的关系；其三，也是更重要一点，他对实践的理解仍然没有完全突破认识论的框架，而忽略了实践的存在论维度。

现在的问题是，学界有人担心美学借鉴海德格尔的存在论，会导致离开马克思主义的唯物史观，或者把马克思主义海德格尔化。这种担心当然不无理由。但是，如果我们以马克思主义的唯物史观或实践唯物主义为基础，有批判地借鉴、吸收海德格尔后期存在论中的合理因素，那么，这种担心就没有必要。

我们不应当忽视，马克思主义实践论的唯物史观本身就包含着存在论维度。在马克思那里，实践与存在不是对立的，而是完全可以统一也应该统一的。我们应该考虑到马克思、恩格斯所处的时代、历史环境。马克思、恩格斯作为革命导师，当时主要关注的还是欧洲无产阶级革命运动，关注现实斗争。因此，在现实可能性和现实必要性上，实践的存在论维度不可能也没有来得及像后来海德格尔那样被充分地展开。但是，这不等于说马克思主义实践观本身不存在这个维度。

马克思主义的存在论维度就是社会存在，当然与卢卡奇的社会存在本体论还不完全一样。这里，社会存在不是从认识论角度，即不是从社会存在与社会意识关系的角度而言的，而是从人的存在方式即存在论角度而言的。马克思的历史唯物主义，或者说实践的唯物主义，就是以存在论意义上的社会存在为基础的。社会存在本来就是马克思主义实践哲学的一个基本出发点。社会存在离开实践，就没有地方可以依存；实践离开社会存在，就与黑格尔没有本质区分，就谈不上马克思主义的实践观了。当然，马克思所讲的感性与费尔巴哈不同，它是人的现实存在、社会存在的感性，是现实的社会的人的活动。这里，真实存在着的活动的人，就是实践中的人。马克思显然是把实践看做人的感性活动。他还指出，人的本质，就其现实性而言，是社会关系的总和。这就是说，现实的人的本质也是在实践中、在感性活动中得以展开的。现实的人只有在这种感性活动中才能存在和发展，这种感性活动是人之所以为人，人类之所以能够发展、能够不断前进的一个重要基础。马克思还明确地说“人们的存在就是他们的实际生活过程”，这应该是马克思的存在论的一个极为重要的表述，人的存在不是固定不变的，而是其“实际生活过程”，亦即实践活动过程。他还有一句话很重要，“社会生活本质上是实践的”，社会生活包括人类生活的方方面面，不只是物质生产劳动。既然实践范畴非常广泛，涵盖基本的主要的人类生活方式，那么人的基本存在方式就是实践。如果把以上两句话联系起来，就可以清楚地看到，马克思的实践论是包含着存在论维度的，同样，马克思的存在论的核心就是实践论。所以，我们以马克思的实践唯物主义或唯物史观为基础，适当吸收海德格尔存在论的合理成分，不但是可能的，而且是必要的；但这决不是把海德格尔存在论当成主要的、根本的东西，更不是把马克思主义实践论海德格尔化。正因为马克思的实践唯物主义本来就有存在论的维度，我们借鉴吸收海德格尔存在论思想的一些有价值的因素，阐发马克思没有来得及充分展开的存在论思想的内涵，使马克思的唯物主义实践观得到充分的展开和丰富，我们认为，作为一种探索和尝试，这是对马克思主义唯物史观固有的存在论维度的恢复和展开。

综上所述，我们理解的实践是广义的人生实践。它固然以物质生产劳动作为最基础的活动,但还包括人的各种各样其他的生活活动:既包括道德活动、政治活动、经济活动等等,又包括人的审美活动和艺术活动。

第三节

审美活动是一种基本的人生实践

审美活动是美学问题的起点,有关美的一切问题都在审美活动中产生,也应在审美活动中求得合理的解释。有关美的问题只有在审美活动正在进行的过程中才是现实的美的问题,才构成真正的美学问题。所以,追问那个抽象的美是什么,实际上也就是追问在人类的无限丰富的实践活动中什么样的活动才是审美的活动。这就提出了两个问题:什么是审美活动?审美活动与人生实践的关系是怎样的?

第一,什么是审美活动?

首先,审美活动是对自然界的审美。因为随着人类文化的进展,越来越多的自然界的东西进入了我们的审美视野。譬如,我们原来注重的一种自然美是山水的秀美,但也有我们或许不一定看成是很重要的自然对象,如某个奇形怪状的山石。再如,有些东西看起来很怪诞,其实这些东西也可以进入我们的审美视野。自然界的很多东西,都能够进入我们的审美范围。

其次,审美活动是艺术活动。各个方面、各种题材、各种体裁的艺术作品给我们带来审美的愉快,现在已成为我们生活中不可缺少的部分。虽然每个人审美趣味不一样,对有些艺术品可能有些人喜欢而有些人不喜欢,有些人欣赏而有些人不欣赏,但每个人都有自己心目中的艺术和艺术活动的天地。如果完全离开了艺术活动,如果全部艺术生活真的都从我们的生活中剥离出去,那人就很难生活下去了。艺术和艺术活动,已成为我们整个生存活动中一个有机的不可割裂的组成部分。艺术和艺术活动有不同的层次,譬如既有大众文化、通俗文化等,也有高雅文化。但不管是什么层次,高雅的也好,通俗的也好,如果完全离开了它们,那么生活就会显得非常枯燥乏味。可以说,在某种意义上,艺术和艺术活动已经构成了我们现实生活的一种生存状态。

再次,审美的丰富性已经进入人类日常生活的方方面面甚至每个角落,因为我们现在生活中的一切,吃、穿、住、用,每一个方面、每一件东西上都有审美因素,可以说审美的现象是无处不渗透、无处不表现的。例如,原始人的一些玉器、宝石在当时其实不一定属于艺术品,跟艺术不一定直接有关,尽管其中包含着某些艺术的、审美的因素,已经超过了实用的程度,也就是说它已经包含了某些审美的成分在里边。到了今天,从我们的日常生活用品到生活的方方面面包括物质的产品,都在审美上有它的价值。

从自然美到艺术美,再到日常生活中无处不渗透的这样一些审美现象,我们看到,审美确实已经成为我们每个人不可或缺的生存方式之一。这主要体现在以下三方面:

一是超越性。人在审美活动中的存在不同于在日常生活中的存在,它是一种超越的存在方式。

日常生活是每个现实的人都不可避免的最普通、最寻常的存在方式。这一般是指与社会政治、经济、军事、文化等有组织并具备一定规模的公共性活动方式相区别的种种私人化生活领域和生活方式。它以家庭为活动的中心场所，以维持个体生命的存在和再生产为基本目的，以衣食住行、婚丧嫁娶、生儿育女、养老送终、走亲访友、交际应酬等等为主要内容，是人类个体从一出生就耳濡目染并终身与之伴随的一种最基本的生存方式。在日常生活的存在中，起指导作用的不是自觉的理性思考，而是常规性行为模式，它不向未来的世界开放，而是向着传统、习惯和血缘亲情回归。因此，日常的生活世界在给人以稳定感的同时，也消磨着人的创新意识和忧患情怀，它使人最终融合到一种平均化的生活状态。相比之下，审美活动则使人从平凡、琐屑的世界中超脱出来，因为审美活动具有开放性、可能性、超越性，它是一种面向未来、富于创造性的活动。它不会安于日常生活的习惯性状态，它天然地具有对平庸现实的一种批判力量，通过颠覆日常生活世界中的惰性生存，批判地审视日常生活，促使人不断地去超越自身的本质。

二是自由性。人在审美活动中的存在不同于在日常生活中的存在，它是一种自由的存在方式。

马克思在《1844年经济学哲学手稿》、《德意志意识形态》等著作中曾深刻地揭示了在私有制条件下异化劳动的本质特征。异化劳动是人的自由本质的一种扭曲和蜕变。在异化劳动中，人不是自由地表现自己的生命，而是用摧残生命的方法来维持生命，人本身的力量对人说来，成为一种异己的、与之对立的力量。这种异化是生产力发展到一定水平下的必然产物。从现实的必然性上说，只有随着生产力的高度发展，到了共产主义阶段后才能完全消除人的异化处境。到那时“任何人都没有特殊的活动范围，而是都可以在任何部门内发展，社会调节着整个生产，因而使我有可能随自己的兴趣今天干这事,明天干那事,上午打猎,下午捕鱼,傍晚从事畜牧,晚饭后从事批判,这样就不会使我老是一个猎人、渔夫、牧人或批判者”。[1] 然而,人却不是只有到了共产主义社会才会产生自由的理想。对自由的渴望,是自文明诞生以来就根植于人类心灵中的一种积极的本质力量。在现实生活中,审美活动之所以能成为人所珍重所向往的一种基本的活动方式,是因为它是人在异化的条件下所能获得的一种最自由的存在方式。席勒在《审美教育书简》中曾尖锐地批判近代资本主义社会造成劳动的异化与人性的分裂,指出这个社会“是一架精巧的钟表”,其中“国家与教会、法律与道德习俗都分裂开来了;享受与劳动、手段与目的、努力与报酬都彼此脱节了。人永远被束缚在整体的一个孤零零的小碎片上,人自己也只好把自己造就成一个碎片”。[2] 这一论断十分深刻。不过,他提出的清除这种异化的药方却是唯心主义的,因为他不是主张通过社会变革来铲除资本主义私有制所造成的异化的根源,而是主张用审美活动来弥补异化所造成的人性的裂痕,恢复人性的统一。但是,他关于审美能克服人单纯追求感性、物质、生活或单纯追求理性、精神、形式的片面性,在审美状态中实现上述诸方面的完满统一的思想,则有其合理性。只有通过最符合人追求自由本性的审美活动,人才能从片面走向完整,从单一走向丰富,从被肢解的实际人生中找回已经失落了的本真世界。

按照马克思的思考,实践既包括人类改造自然的物质生产劳动,也包括人类改变现存社会关系和社会制度的革命实践,同时还

---

〔1〕 马克思恩格斯选集:第1卷.人民出版社,1995.85.

〔2〕 席勒.审美教育书简.上海人民出版社,2003.47-48.

包括人类日常生活交往的广大人生实践。人生在世，既存在于与自然的关系中，更存在于与社会的关系中，也存在于与他人的日常交往关系中；因此，自由也表现为三种基本形态：其一是在人与自然的关系中，即从物质生产劳动中取得的自由，主要是认识和支配必然性的自由；其二是在人与社会关系中，即从变革社会的革命实践中取得的自由，主要是人作为社会存在所获得的自由解放；其三是在人与他人以及人与自我的关系中，即日常人生实践中取得的自由，这主要是感性个体获得的自我超越。在这个意义上，审美活动开启了自由的存在。

三是应然性。人在审美活动中的存在不同于在日常生活中的存在，它是一种应然的存在方式。

在日常生活世界中，人处在一种现实的存在之中，处在与世界所构成的功利性的关系之中。尽管在现实生活中，特别是在人自觉的创造性的社会活动中也表现着人的本质力量，体现着人的自由本性，但就任何一种现实活动来看，它对人的本质力量的表现都是不充分、不全面的，在实现人的自由本性和理想追求方面都是受到限制的。审美活动则不然。由于在审美活动中，人暂时摆脱了种种现实的功利关系，进入了理想的、超越的存在状态，人的本质力量不再受到现实生活的种种限制，因而与对象世界的关系达到全面、充分的自由与和谐。只有在审美活动中，人的个性才能得到最大限度的张扬，人的本质力量也才能得到最充分的实现。在审美活动中，人不是作为一个物与别的物去碰撞，而是以自由人身份与同样自由的生命去交往。在审美的世界中，人如其所应是地本真地生活着、经历着，他不是以现实的态度和征服者的姿态去实际拥有对象，而是以应然的态度和全面的方式在精神上占有对象的同时又超越着对象。在这里,主体扬弃了自己的利己性,对象也失去了自己赤裸裸的有用性。“活动和享受,无论就其内容或就其存在方式来说,都是社会的活动和社会的享受。”[1]这种人与社会、与他人的和谐统一就是审美状态。正是在审美活动中,人才真正体验到一种前所未有的自由感和解放感。黑格尔关于“审美带有令人解放的性质”的名言,正是在这个意义上说的。在审美中存在的人乃是真正充实的具有内在丰富性的人,即自由的人。

第二,审美活动与人生实践的关系是怎样的?

审美活动不但是一种人的基本存在方式,更是人的一种基本人生实践。

首先,审美活动跟其他实践活动一起构成了人类实践的整体,是人生实践不可缺少的有机组成部分。人通过实践成为人,也通过实践得到了发展,其中就包括审美实践的作用在内。人类社会就是建立在包括审美活动在内的无限丰富的人生实践基础上的。人类的文明通过实践活动而得到建构和提升,作为人类文明标志之一的审美活动也在人类的实践过程中得到发展;反过来,审美活动也推进了人类实践整体的发展,推进了人类的文明建设。

其次,审美活动是人走向全面、自由发展之非常重要的一个环节和因素。人如果只局限于物质生产劳动,而没有审美活动,那么其实践就是不完整的、片面的,这种实践造就的人也是片面的、不自由的。再者,人的本质不是固定不变的,从来没有固定不变的人的本质。马克思认为,人的本质,在其现实性上,是社会关系的总

〔1〕 马克思. 1844 年经济学哲学手稿. 见马克思恩格斯全集:第 3 卷. 人民出版社,2002. 301.

和。人在世界中存在,就包括人在具体的社会关系中存在的含义。而人们的社会关系总是在实践中不断地变动着,因而处在社会关系中的每个个体的人的本质也总随之而不断地变动。审美活动作为人类实践的重要方面,对于推动社会关系的变化、完善和健全人的本质力量,有着其他实践不可替代的特殊功用。

再次,审美活动总体来说是一种精神活动,按照马克思的说法是一种"精神生产",它跟物质生产劳动相比,精神性要更强一些。因此,审美活动,尤其是艺术活动,精神性更高一些,在人的所有实践活动中,是最超越于功利性的。此外,审美活动跟其他人生实践活动相比,会更多地体现出个人的感觉、情感、直观、想象、联想、无意识等纯粹个体性的冲动与社会性的理想、追求、探索、创造等理性规范之间在瞬间的碰撞、爆发;它是个体与群体活动的统一,既是个人的创造性实践活动,也是社会性的历史活动。

人生实践是人的基本存在方式。一切美学问题都应该在这个基础上加以思考和研究。人的存在或者生存,不是一个抽象不变的概念,更不是一个僵化的客体。人就生存、存在于他与世界交往、打交道的实践活动之中。同样,人的本质也不是抽象的、固定不变的,而是生成的;没有一种先验的、永恒存在在某个地方的人的本质。人是在他的实践活动中形成自己的本质特性的。人在世界中存在,人的一生总是在不断地同世界打交道,进行着各种各样的活动,人在活动中生存,不活动,人就不存在。这种活动就是人生的实践。以前我们对"实践"的界定主要着重其制造、使用工具这样一种物质生产活动,或者把实践狭隘化为阶级斗争、生产斗争和科学实验,而把其他的林林总总的人生活动都排除在"实践"范围之外了。在亚里士多德那里,实践已不限于制作工艺的技术性活动，而是偏重于伦理道德活动。到了康德，他把人的认识活动分成三大块，即所谓的纯粹理性、实践理性与判断力，实践在他那里主要是指意志领域的道德活动，当然也包括人的一些其他活动；但是，审美的直观判断属于情感活动，因而不是意志领域的“实践”。这比我们今天许多学者仅仅把人制造和使用工具的物质生产活动以及生产斗争、阶级斗争、科学实验等社会性的“大活动”看成实践显然要广泛得多。这些“大活动”固然都是实践，但人的实践决不只限于这样的范围。首先，道德伦理的活动是人生的重要实践，还有包括艺术和审美活动在内的人的精神生产活动也不能排除在人生实践之外。其次，除了这种社会性的、历史性的、有集体性特征的实践以外，还有许多个人性的实践活动，比如个人成长中青春烦恼的应对、友谊的诉求、孤独的体验等日常生活的“杂事”，也都是人生实践的题中应有之义。人生实践的范围是非常宽广的。正是在这个意义上，我们说人的基本存在方式就是人生实践。

进行审美活动是人生实践的一个基本内容。当人超越了生存的基本功利需要之后，就会产生进行审美活动的需要，就会进行形形色色的审美活动，以便从对事物形象的直接观照中获得愉悦。审美活动是众多的人生实践活动中的一种，是人的一种高级的精神需要，而且是见证人之所以为人的最基本的方式之一。它是人与世界的关系由物质层次向精神层次的深度拓展；它与制造工具、生产、科学研究等一样，是人类不可缺少的一种基本的人生实践。一句话，审美活动是人超越于动物、最能体现人的本质特征和生存方式的一种基本的人生实践活动。

审美是人生实践的一个不可缺少的部分。我们常说“人生大舞台，舞台小人生”。这句话就说明，审美活动和人生实践是紧密联系在一起的，它深深地扎根于人生实践之中。审美活动本身就起源于人类的生存和发展之中，考古发掘出土的大量文物都可以说明这一点，而且这种活动是有益于人类的发展的。从人类形成的历史过程看，原始人最初的时候并没有审美活动，只有当人超越了生存的基本功利性需要之后，才会产生进行审美活动的需要，才会进行形形色色的审美活动，才得以在对事物形象的直接观照中获得愉悦。在原始人的实践活动中，原始的宗教、巫术、劳动等活动是为基本的满足生存需要的实践，人一旦在某些方面超越了这些基本的功利性生存需要，带有审美因素、原始艺术性的活动就逐渐萌发出来。换言之，在满足生存、生活的基本需要后，原始人实践活动中的审美因素逐渐积累起来，最终超越了纯粹实用的需要而让审美特征较强烈的活动凸显出来了。比如，原始人制造和使用的石斧，开始只是为了砍一些树枝、砸一些坚果，但是到了一定时期，对石斧等工具就会有一种定型的要求，要求比较细腻、对称等，这就有了形式感较强的美的东西产生。可见，人类的审美活动就产生于原始人的实践活动，原始的审美活动并没有独立，它与生产、巫术等活动是一而二、二而一，很难区分开的。所以，审美一开始就是一种与其他活动交织在一起的人生实践。

审美活动也是人的生存、发展实践的需要。人们一要温饱，二要发展。温饱就是要生存；但仅仅有生存还是不够的，还要发展。审美活动极大地推动着人类的发展；如果没有审美活动，人类也许还在黑暗中徘徊，根本不可能向更高的文明前进。不但人类的群体如此，个体的人也是如此。不管什么人，都有可能在生活中遇到各自的烦恼，不会一帆风顺，每个人都有局限性，在整个社会生活中我们没有办法超越我们有限的生存状态，在这种情况下人们往往就需要审美活动，需要借审美活动的帮助来摆脱自身的有限性。在审美状态中，欣赏艺术时，人们可以忘情地投入到一部作品中去，从而从人的日常状态中超越出来，性情得到陶冶，达到一种升华；在观赏大自然的美时，我们会觉得心旷神怡，似乎与大自然融为一体，这时候大自然不再外在于人，而是与人结为一体，在这种情况下，物我两忘，物我交融，观赏者超脱于日常的种种烦恼之外。人的文化素养越高，对文明的要求程度越高，对审美的要求也就越强烈。苏东坡说“宁可食无肉，不可居无竹”。孔子在《论语》中说，听尽善尽美的《韶》乐“三月不知肉味”，就是说从音乐中获得的精神上的享受远远高于肉体上的享受。现代人对审美的要求实际上是更为强烈，科技越是发达，物质生活越是丰富，人受到的压抑就越强烈，因此人也就越需要精神生活的补偿；现代科技至上对人文精神的挤压越来越强烈，异化现象扭曲了人的生命、人的精神，人性遭到了肢解，这些都呼唤着审美活动发挥超越、调节、补偿的功能。从某种意义上说，审美对于现代人的发展更加重要，没有了审美活动，人就不是全面发展的人，人就会缺乏精神生活。黑格尔曾经批判物质主义，强调人的精神对于物质而言的重要性，精神的贫乏比物质的贫乏更可怕。马克思提出人要全面地占有自己的本质力量，强调自然的、彻底的人道主义与人的、彻底的自然主义的统一，就是要塑造健全的人、充实的人，而审美活动在人的整个实践过程中有着不可替代的作用。

审美活动一方面是人的生存、发展的实践的需要，另一方面也是以人生实践为源泉的。审美创造与审美欣赏都离不开人生实践，审美活动只有在实践中不断汲取营养，才能丰富和发展起来。就艺术创造这个审美活动来讲，艺术创造要取得真正的成功，一定要扎根于现实生活；只有从现实生活中获得了灵感，获得了材料，创造才能成功，才会有长远的生命力。例如，法国艺术家罗丹的《思想者》，这件作品之所以取得了巨大的成功，是因为罗丹截取了生活的一瞬间，生动地刻画了一位陷入沉思的人的神情体态。如果离开了对现实的深入的观察与摹刻，离开了具体的人生实践，就不可能创造出如此成功的艺术品。再如，达利的《记忆的永恒》，这件作品是需要我们发挥想象才能领会的，但是要领会这样的艺术作品，仍然要立足于对现实生活的体验与领悟。这也就说明，艺术家在进行创作时，也是以生活实践中的具体感受为出发点的。又如，齐白石取材于水、莲花、蝌蚪等，仅在寥寥数笔中就栩栩如生地刻画出它们的情态，每一幅画都洋溢着蓬勃的生机，这已经超越了画家对具体事物的描摹，而成为艺术家的审美活动，即把对人生、对生命的体验，化为人生实践的升华。以上这几个例子都有力地说明，艺术活动是与人生实践紧密地结合在一起的，审美活动是扎根于人生实践之中的。

因此，审美活动不仅是人的存在方式之一，而且是基本存在方式之一，是基本人生实践之一，它不是派生的、次要的，人类没有它就不行，没有它人也就成为非人了。整个人类要健康、全面地发展，审美活动是不可或缺的。

总之，审美活动是众多的人生实践活动中的一种，是人的一种高级的精神需要，而且是见证人之所以为人的最基本的方式之一；它是人与世界的关系由物质层次向精神层次的深度拓展；它与制造工具、生产、科学研究等一样，是人类不可缺少的一种基本的人生实践。一句话，审美活动是人超越于动物、最能体现人的本质特征的基本存在方式之一和基本的人生实践活动之一。

第四节

美是生成的，不是现成的

从中外历史上看，历代美学家对艺术本质思考的理论有“模仿说”，“表现说”，“意识形态说”、“反映说”，“习俗说”，“载道说”以及“形式主义与结构主义”等等，这些理论思考是丰富多样的，而且总起来看是越来越深刻了。拿美学史上最重要的几种思考结果来说，“模仿说”可谓最古老的一种文艺本质观，柏拉图把文艺的本质看做对实在事物的模仿，是“与真理隔了两层”的“模仿的模仿”，他由此把诗人逐出了理想国。视文艺为对象世界的模仿，这种基本看法一直延续到18世纪美学中。随着浪漫主义运动的兴起，主体的情感等精神性因素开始得到极大的张扬，在对文艺本质的看法上又涌现出了“表现说”，即认为文艺的本质是对主体心灵和精神的表现。马克思主义产生后，在对唯心史观的批判中，文学的意识形态性和文学反映社会生活的特性，受到格外的重视和强调，我国当代许多文学理论著作，都把“文学是一种特殊的社会意识形态”、“文学是对社会生活的形象反映”作为文学的本质特征来看待，这又在文艺本质方面形成了“意识形态说”、“反映说”等。除此以外，中西方美学史上还有“习俗说”、“载道说”等各种各样有关文艺本质的说法。它们的共同特点是在执著地为文学艺术、为美概括本质和下定义。

但是，所有这些思考都还存在着不同程度的缺陷。概括起来，有以下几点：

第一，所有这些定义或论点，都只是对艺术某一方面、某一层次、某一阶段的本质的揭示，而不能概括艺术的整个本体特征。譬如“模仿说”用以解释抒情诗、政治诗、讽刺诗、散文诗等许多文学样式就显得比较牵强；而“表现说”对许多再现艺术或现实主义、自然主义、古典主义乃至浪漫主义的叙事作品就不完全适用；“意识形态说”和“反映说”，固然大到可以覆盖一切种类的艺术作品，但是，这也只是艺术的最基础最深层的本质，而不能概括艺术的其他层次的本质，单用“形象”这一点来区划文艺与其他意识形态是太含混、太不确切了。

第二，所有这些定义或论点，都只是从艺术向某一他物的单一关系来确定其本质，而不是把艺术放在同其他事物的全部联系中来加以考察的。如“模仿说”只考察文艺与自然、现实、历史的关系；“表现说”又只注意文艺与创作主体间的关系；“习俗说”只推崇艺术同社会习俗的关系；“载道说”只关心文艺与社会伦理功能之关系。列宁曾指出，要真正地认识事物，就必须把握、研究它的一切方面，一切联系和“中介”。[1] 只把握文艺的一个方面、一种联系，怎么可能对艺术的全部本质作出科学的概括呢？

第三，所有这些定义或论点，都只是静态地把握文艺现象，都只是把艺术作品看成艺术家创造的或反映生活的一个静态结晶，一个固定成果，从而也只从静态存在上来研究艺术的本质，完全忽视了文艺现象的动力学特征，陷入恩格斯所批评的“形而上学的思维方式”的困境，即“看到一个一个的事物，忘记它们互相间的

---

〔1〕 列宁全集：第32卷．人民出版社，1958．83．

联系；看到它们的存在，忘记它们的生成和消逝；看到它们的静止，忘记它们的运动”。[1] 这样，也不可能真正产生科学的艺术本体论。

第四，所有这些定义或论点，都在不同程度上忽略了艺术的审美特质，而这恰恰是构成艺术本体的核心的东西。“模仿说”强调的是文艺的认识论因素，即真；“表现说”突出的是文艺的心理学因素，即情；“载道说”重视的是文艺的伦理学因素，即善；“意识形态说”关注的是文艺的精神性因素，即理；“形式主义与结构主义”倒是注意了文艺的形式美因素，然而，它们也未能全面把握文艺的审美特质。

最后，所有这些定义或论点归结起来，都只是在回答两个问题：“艺术是什么？”“美是什么？”但结果是，无论哪一种回答都没能真正回答好这两个问题。人们不禁会问：两千多年来，多少优秀的艺术家、美学家都没能解决这个难题，那么会不会是这个提问方式本身有问题？或者说，按这个提问去思索，是不是走上了一条永远找不到最终答案的“迷津”？或许，探讨艺术本体论这个漫长的曲折历史应当引起我们的深刻反思：我们能不能换个提问方式，从另一角度来思考艺术本体论、思考美学呢？

海德格尔在批评传统形而上学时指出，传统形而上学提出的问题是“存在是什么”，这种提问方式本身就预设了存在已经存在。其实这个存在只是存在者，并不是存在本身。假设存在已经存在，实质上就把存在变成固定、现成的了。传统主客二分的认识论美学的症结也复如是。前面已经提到，认识论美学的一个基本

[1] 马克思恩格斯选集：第3卷. 人民出版社，1995. 735.

立足点就是把“美”作为一个早已客观存在的对象来认识，预设了一个固定不变的“美”的先验存在。由于已经先在地把“美”设定为一个现成的客观的实体，因此就必须找到一个唯一的答案，为“美”下定义，从而总是追问“美是什么”、“美的本质是什么”一类的问题。

我们吸收海德格尔的存在论思想，不是全盘接受，而是有批判、有选择地吸收，其中比较重要的一点就是为了吸收其生成论的思想，从而否定现成论的思想。后期海德格尔赋予了一些基础性的哲学范畴以全新的含义，如存在，他阐释为涌现与聚集；真理，他阐释为无蔽、澄明；逻各斯，他阐释为采集、收集。通过这种再阐释，海德格尔为哲学勾勒出一个全新的开端。他的开端即是结果的思路，为我们指出了一个思想的新境界和存在的本然状态——“在之中”一切都是活泼泼的，万物浑然一体、相辅相成，总是处在一种生机勃勃的涌动之中；没有僵化的体系，也没有现成化的方法，万事万物总处在一种缘发状态和当下生成之中，处在永不停息的运动之中。海德格尔称这种运动为天、地、神、人之四方游戏，并且将这种新境界总称为“Ereignis”（大道）。这种新境界，与他前期思想相比，更加具有动态的生成论观点，对我们理解美、解释美很有启发。我们应该用生成论而不是现成论的观点和思路来看待美，否则容易陷入本质主义。当然，笔者并不认为不能讨论美的本质问题，过去对美的本质的讨论，对美学也起了一定的作用。但是如果思路不变，讨论是不会有结果的。例如，维特根斯坦就认为，美是没法定义的，对于像美这样不可言说的东西，就应该保持沉默。他认为“美”的意义就在使用中。这个词用于不同的场合、不同的语境含义完全不同，有时甚至相反。所以，要为美下一个永恒不变的、放之四海而皆准的定义，或者说要找到这样一个现成的美的本质，几乎是不可能的。

这涉及了中国在“美学”这一学科名称翻译和理解上的某种不当。“美学”一词是通过传教士译介到中国的，时间大概在鸦片战争以后。传教士进入中国的时间较早，鸦片战争以后，传教活动更加普遍。当时为了传播基督教信仰和教义，需要翻译和词典，人们发现，在传教士编的好多词典里边都出现了“aesthetics”这个词，但对该词的翻译有很多不同的译法，有的翻译成“艳丽学”，似乎跟感性有点关系，但不很确切；有的翻译成“审美之学”，这是较早的翻译；从我们掌握的资料看，大约在 1887 年花子荣编的词典中把这个词首次译为“美学”，此后，王国维、梁启超、蔡元培等学者都相继采用了“美学”一词。

然而，美学（Aesthetics）一词的本意是“感性学”，不是关于“美”的学问，当然它跟美是相关的。在鲍姆加登那里，讲到美学是研究感性认识的完善，主要是在认识论框架里来讲感性学的。如果翻译为“美学”，很容易引导到一个方向上：以为美学只是一门研究美的学问，把美当做一种纯粹的对象，或者一个实体，人们站在它之外来看它、欣赏它，于是，认为某个东西是美的。至于为什么它美，这完全是客观的，跟我们人是没有关系的，它美是因为它有美的属性，所以我们只能去研究它、去感受它，感受它那外在于我们的美。就是有了美这样一个实体对象，人才有可能欣赏它。美的实体有美的属性，它是客观地外在于我们人的这样一种对象。我们去研究它，去感受它，去反映它，这个学问就是关于美的学问，也就是美学。由此可见，“美学”这个翻译的方法本身就容易导致把美作为单纯的对象、课题，或者作为一种客观的实体、一种游离于人的对象来研究。对于美学的理解,人们在很长时间内都是按这个格局、这条思路进行的。但若翻译成“审美学”或者“审美之学”,就含有人的因素了,因为美要人来审。笔者认为,“审美学”这个译名远胜于“美学”这个译名,我们现在常说的审美活动的“审美”,实际上还是“Aesthetic”。这样我们就回到了最原初的它的感性学意义,它跟美确实有关系,但是所谓“感性”是人的感性,与人的感性活动、感性认识密不可分,不能离开人来谈纯粹客观实体的美。从这个词发生的开始到现在,我们认为,如果单纯译成“美学”至少是不够准确、不够全面的,不能因为翻译的名称已约定俗成就束缚了我们的手脚,就简单地认为美学研究的对象是客观、永恒的美的实体的一种属性。在我们看来,美学研究决不能脱离人,不能脱离人类来研究美的问题。

关于美学研究基本的对象和课题等问题,从这个名称的两种翻译开始,实际上形成了两种完全不同的思路:一种是完全脱离人来研究美,研究所谓纯粹客观的、实体的美,研究客观实体的美的属性;另一种则与人联系起来,而且首先研究人,通过人来研究美,这就是研究审美的现象、审美的活动的思路。这两条思路实际上有很大的不同。前一条思路基本上还是传统美学的思路。这在西方美学史上尤其明显。在西方美学理论界,美学研究的先行者在很长一段时间里,把美看做一种客观的东西来研究的,从古希腊的柏拉图开始,就把美看成客观“理式”,直到德国古典美学的集大成者黑格尔,也把美看成是客观“理念的感性显现”。但按这个思路进行研究,确实有很多东西是深入不下去的。当然,也并非所有的西方美学家都把美作为纯客观的东西来研究的,黑格尔就已把美与人化的自然联系起来考察,但西方美学中很大的、占比较主流地位的传统理论是按这样一种思路展开的。这种思路最大的缺陷就是离开人的本质、离开人的活动来研究美，这往往造成了很多的局限。按此思路，人们在很长一段时间内把美看成是一种外在于人的东西，如对自然界的一些美的东西就是这样看的，似乎这些自然的美从来如此，从来就是那样的美，而且永远是那样的美。这样一种认识，在西方也好，在中国也好，实际上在很长时间内占有相当优势的地位。如 19 世纪后半期，西方出现了实验心理学美学，按理说它已经是研究人的心理活动了，但实际上它的一个基本的出发点，还是认为美完全在对象，在对象的一些比例关系，或者结构、特征等上面。实验者在实验室里把一些图像或者一些几何的图形等等，在一个封闭的条件下来对受试者进行实验，让各种不同的受试者进入实验室来看这些图像、图形，设计实验的美学家比较各种图形，看哪一类能够引起受试者比较愉快的感觉，于是就认为这个对象是比较美的。这种研究是通过受试者的反应来测定的。研究者最后往往得出结论，如黄金分割的图形，或者某一种对称或不对称的图像，等等，通过受试者的不同的回答和反应来加以比较，比较哪一些图形或图像更加简明或是更加复杂，以及它们中哪一种更能引起受试者的快感，等等，据此来得出对象是否美的判断。可见它主要研究的是对象的一种形式，纯粹的对象的形式，看哪一种形式能引起受试者的快感，这个形式因为有一种结构关系，它能够引起、唤起观看的人视觉舒服，产生一种比较纯粹的快感，那么就判断这个对象是美的。实验美学虽然是研究人的心理，实际上认为美的属性完全在对象上面，对象自身有一种形式上的组合关系，或者是结构关系，比较符合美的规律，所以它就美。实际上，它的前提已假设了这个对象及其美的存在，它的美不在人而完全在对象，在对象本身的属性。由此可见，实验美学本质上未超出传统美学的思路。

我们认为应该突破认识论框架，换一个提问方式，即可以问“美是怎样生成并呈现出来的?”要回答美的生成问题，必须从人的审美活动入手。任何美作为审美对象都不是现成的，而是在审美活动中现实地生成的。海德格尔曾举例说，一幅名画和茶缸等洗漱用具放在同一个背包里，一部《莎士比亚全集》放在床边柜上，如果没有被人审阅欣赏，那么，名画、名著与茶缸、与堆放着的土豆在那时只是具有同样“物性”的一个“物”而已，只有在审美观照之中它们才变得不一样，才有可能成为“美”而被人“审”。所以，美不是现成的，而是生成的。杜夫海纳也认为博物馆闭馆后，没有人欣赏时，里面的画就不是审美对象了——当然名画潜在的审美价值还是存在的。可见，只有在审美的活动当中，美才存在，才现实地生成。

传统主客二分的认识论美学的一个基本立足点就是把“美”作为一个早已客观存在的对象来认识，预设了一个固定不变的“美”的先验存在，从而总是追问“美是什么”的问题。由于已经先在地把“美”设定为一个客观的实体，所以就必须找到一个唯一的答案，为“美”下定义；但实际上那个先在的“美”是不是存在以及是如何存在的，人们还并不清楚。这就无异于给一个还处于空无状态的东西下定义，从而使人们陷入了一个怎么说都可以却总是说不清、道不明的怪圈之中，说来说去，难以有大的突破。这里的要害是认识论的思维框架的设定。我们要取得根本性的突破，就必须首先跳出一上来就直接追问“美是什么”的认识论框架，重点关注“美存在吗”、“它是怎样存在的”的一些存在论的问题。因为只有“美”存在了,然后才能言说“美是什么”等其他问题。而传统美学不问美是否存在或怎样存在就直接问美是什么,绞尽脑汁给美下定义,结果陷入理论误区,因为连是不是有美都没有解决就问美是什么,这在逻辑上也说不通。因此,美的存在问题是美的首要问题。

那么,美是怎样存在的呢?是先有美,还是先有审美主体?我们认为,只有在具体的审美活动中,两者才能同时现实地生成,才能真正存在。比如,一些大学生到音乐厅欣赏高水平的交响乐,被音乐吸引而全身心地投入进去,那么这个时候,整个演奏的就不仅仅是一个音乐作品,都成了大学生的审美对象,并现实地生成为美向他们呈现;同时,大学生那时是在审美,也就现实地成为了审美主体。这里,美和审美的人是在审美活动中现实地生成的。换言之,审美对象和审美主体是在审美活动中同时现实地生成的。审美活动是审美对象与人之间的一种特殊的关系(审美关系)的具体展开,审美活动与审美关系根本上乃是完全一致的。我们认为,没有一个客观固定的美先在地存在于世界某个地方。美是在人的审美活动中现时、当下生成的。美只存在于正在进行的审美活动之中,只有形成了人与世界的审美关系,美才存在。也就是说,美永远是一种“现在进行时”。

“美”不是“美的东西”。某个“东西”是存在的,但如果是“美的东西”,则必须是在审美活动中才有“美的东西”存在。人对世界的“东西”有形成多种关系的可能性。人对某个东西可能是占有的(欲望、功利)关系,也可能是纯粹客观的科学研究的关系,等等。在欲望的关系中,人要为自己或占有或消灭那个“东西”,这时候没有“美”存在;在纯科学的研究关系中,人要分析那个“东西”的结构，这时候也没有美存在。当人以一种情感的非功利观照态度即以审美的方式来观照这个“东西”的形象时，可能有一种特殊的状态或感受出现在这个活动过程中，这时美就产生了。

人与世界的关系有多种可能性，一个人的自身也有多种可能性。在一天之中，一个人有时可能是粗鲁的人、野蛮的人，而有时又可能是讲伦理道德的人、高尚的人；有些时候可能是实事求是、讲究科学的严谨的人，还有些时候可能是情感的、非功利的人；等等。人不可能始终都是一种状态，更不可能只有一种状态。所以，没有一个一直都处于审美状态的“审美主体”存在。这个“审美主体”可能在不审美的瞬间是一个充满了原始欲望的猥琐卑鄙的人，这也是可能的，但这并不是说这样一个主体在审美的时候就不能成为一个“审美的主体”。主体就是一个主体，科学的主体、道德的主体、渺小的主体……只要当他在审美的时候，他就是一个审美的主体。可见，审美主体不是现成的，而是生成的。

同样，审美客体也不是现成、固定的。我们所谓的客体，是相对于主体人而言的，是人的对象、对立面。应当说，客体作为人的对象，它就是一个客体，是中性的。人与客体发生不同关系时，客体就成为不同性质的客体。例如，当人在对客体进行科学研究的时候，这个客体成为一个“科研客体”；而当人对这个客体进行欲望活动时，这个客体就又变成了一个“功利客体”；当人对这同一个客体进行审美式的观照时，这个客体就成了一个“审美客体”。美就是在人的审美活动中、在人与审美客体形成审美关系时当下生成的。因此，我们可以说美同样不是现成的，而是生成的。

总之，从逻辑上说，“审美主体”和“审美客体”（包括“美”）都是在审美关系确立后，在审美活动中当下、现时生成的，没有一个早已存在的固定不变的“美的主体”或“美的客体”（广义的“美”）存在。例如，曹雪芹在《红楼梦》中对林黛玉偶然听到《牡丹亭》唱词的审美活动的描写：

> 这里黛玉见宝玉去了，听见众姐妹也不在房中，自己闷闷的。正欲回房，刚走到梨香院墙角外，只听见墙内笛声悠扬，歌声婉转，黛玉便知是那十二个女孩子演习戏文。虽未留心去听，偶然两句吹到耳朵内，明明白白一字不落道：“原来是姹紫嫣红开遍，似这般，都付与断井颓垣……”黛玉听了，倒也十分感慨缠绵，便止步侧耳细听，又唱道是：“良辰美景奈何天，赏心乐事谁家院……”听了这两句，不觉点头自叹，心下自思：“原来戏上也有好文章，可惜世人只知看戏，未必能领略其中的趣味。”想毕，又后悔不该胡思乱想，耽误了听曲子。再听时，恰唱道：“只为你如花美眷，似水流年……”黛玉听了这两句，不觉心动神摇。又听道：“你在幽闺自怜……”等句，越发如醉如痴，站立不住，便一蹲身坐在一块山子石上，细嚼“如花美眷，似水流年”八个字的滋味。忽又想起前日见古人诗中，有“水流花谢两无情”之句；再词中又有“流水落花春去也，天上人间”之句；又兼方才所见《西厢记》中“花落水流红，闲愁万种”之句；都一时想起来，凑聚在一处。仔细忖度，不免心痛神驰，眼中落泪。[1]

小说描写得非常真实、细腻，把黛玉这个审美活动的过程完整、逼真地呈现在我们面前。这段描写告诉我们，林黛玉刚刚出场的时候是作为生活中的人，她并不是一个审美的主体。直到她听

---

〔1〕 曹雪芹. 红楼梦：第23回. 人民文学出版社，1974. 271－272.

到头两句，然后侧耳细听，一步步进入审美的状态，这时候唱的曲子才成为她的审美对象，在这个过程中她成为了审美主体。这段描写完全印证了这一点，当她从院子里走出来时，她并没有进入审美活动；正是由于她进入了这种审美活动，才同时形成了审美客体与审美主体。

再从人类历史发展的实际情况来看，"审美客体"、"审美主体"也不是从来就有的，而是从无到有，在人类生产、生活的长期实践中一步一步地、历史地形成的。众所周知，大自然的山水在很长一段时间里就只是自然山水，并不是人类的"审美客体"，而且它还是作为人类的异己力量、人类的"敌人"而存在的。在人类的孩提时代，人与自然的关系还处于一种敌对的关系之中，"羿射九日"、"精卫填海"、"大禹治水"等故事都说明早期的"日"、"海"、"水"等自然事物都是人类的异己力量而不是审美的客体。正如马克思所说："自然界起初是作为一种完全异己的、有无限威力的和不可制服的力量与人们对立的，人们同自然界的关系完全像动物同自然界的关系一样，人们就像牲畜一样慑服于自然界。"〔1〕人类早期与自然的关系主要是求生存、繁衍的实用功利关系，人类的活动也主要都是与艰苦的生活环境作斗争、求生存的实用活动；只是随着人类社会经济、文化和文明的发展，自然才慢慢与人建立起审美的关系，进入人类的审美视野，成为人的"审美客体"的。人类的审美活动就是这样从无到有、从简单到丰富不断生成的，而且只要人类和人类文明还存在，这种审美活动和（广义的）美就会继续、永远生成下去。在此意义上，我们可以说，审美活动、审美关系

---

〔1〕 马克思恩格斯选集：第1卷. 人民出版社，1995. 81－82.

乃至"美"都是过程,都是生成的。历史实践告诉我们,"审美主体"、"审美客体"也都是历史发展、生成的产物,它们不是从来就存在的一个客观事物,而是随着历史发展而逐步形成并不断丰富、发展的。

人从自然的、完全自然的存在状态一步步走出来,然后逐渐有了一种文化的意识,有了文化的积累,有了审美的追求。在一定意义上可以说,人类历史是人不断追求美的历史。这个历史是一个很漫长的历程,离开了人就没有什么美。关于这一点,笔者想通过中西比较来加以说明。

由上述可知,追求美,欣赏大自然的美,对人们来说是一个很漫长的历程,美与大自然的美并不是一开始就能够作为审美对象的。但是,中国人对自然美的感受也许要比西方人早一点。这是什么原因呢?中华民族作为一个农耕的民族,形成、发展的历史比较早。从地理条件看,我们赖以生长的这块土地,有大片的平原,从黄河流域一直到长江流域,包括江浙一带,非常适合于农耕。农耕民族有一个特点,那就是很多时候要靠自然的条件来获得收成,即使庄稼的收获、家畜的饲养也是如此。这使先民与自然之间逐步建立起一种亲和的关系,这大约就是古人所谓的"天人合一"。农耕民族的生长条件(包括各种自然条件和其他的种种原因)经过很长时期形成了原始中国人与自然的亲和关系,也就是"天人合一"的关系。人与自然间的亲和关系,是人发现自然美的一个基本条件或者说基础。所以,对于自然美,中国人较早就能够有所感受,有所发现。例如,《诗经》中就有像"杨柳依依"、"雨雪霏霏"这些写自然景物的诗句,把自然的东西跟人的心情结合起来的描写,使主体的感情通过自然景物体现出来。当我们读诗时,就会发现自然的东西与人之间有某些共通的、切合的、相感应的东西。自然山水在先秦时代就已经与中国人的道德意识相呼应、相关联,出现了所谓的“比德说”。魏晋南北朝时期是中国“人的觉醒”的时期,同时也是人对自然大发现的时代。中国文学创作中出现了山水诗这种纯粹写自然景物的体裁,产生了许多优秀诗歌。山水画作为一种独立的画种也开始出现,专论山水画创作的画论也相应出现,这应该说是非常早的评论、鉴赏美的现象。《世说新语》中记载了很多文人的活动,其中一种活动与西方不同,就是游山玩水,通过这种活动,人们能够感受到自然山水之美。一直到后来,中国传统的山水诗、山水画、花鸟画中很多东西都表现了人与自然的亲密关系。这一点可以证明自然美在中国被发现得较早,中国人的自然美意识也是比较早的,虽然中国人对自然美的发现有一个漫长的历史过程。

与中国人相比,西方人在对自然美的感受和发现方面是较晚的。西方在早期诗歌里直接描绘自然美的诗我们是看不到的,如果说有对自然进行描绘的话,最早的荷马史诗如《奥德赛》描写的那些大自然的东西基本上是作为灾难来表现的,惊涛骇浪、狂风暴雨,吞没了很多人和船舰,显然它是把自然作为一种异己的、敌对的对象来写的,并不是作为审美对象来写的。古希腊、罗马之后,西方经历了一个长达千年的中世纪。整个中世纪以基督教文化作为压倒一切的文化,神权高于一切。所以,在艺术创造中,在文学、艺术作品里,都离不开宗教的基本题材。实际上一直到文艺复兴的初期,文艺创作大都没有超出宗教题材的范围。我们现在看到的正面描写大自然的作品,可以明确指出作者的大约在15世纪,意大利16世纪左右出现了大诗人彼德拉克,他的诗里开始有了对欧洲山水的一些描写,他描写山水是带有一定的感情的,可见他终于发现了自然界的美,而且把审美意识融入了他的诗歌描写中。这就比中国晚了千年。西方人用绘画表现自然美就更晚了。从中世纪到文艺复兴时期,很长一段时期画作都是以宗教为题材、为绘画的主要对象。发展到后来逐渐有一些绘画把风景、自然界的景物作为背景来描绘。人体美也可以说是自然美的一部分,文艺复兴后,人物画开始有了人的生气,不再像中世纪的绘画,人都是很僵直,很枯瘦,没有生气,缺少生命活力。这时,即使是宗教题材的画,不管是画耶稣还是画圣母玛利亚、小天使等,都画得丰满而富有朝气,这当然是对人体美、也是对自然美的一种发现。同时,在宗教题材的画里出现了树、草地,自然风光开始作为背景进入绘画。一直到16、17世纪,出现了荷兰画派。荷兰画派比较写实,画了很多日常家庭生活的场景,同时也画了牧羊、牧马以及宁静乡村的田园风景画,逐渐形成了风景画的画派,这与中国山水画出现的时间相比就相差很远了。由此可见,西方人对自然美的发现,进而对自然美的欣赏,也都不是从来就有的。就是说,大自然在西方人眼里,原来并不是审美的对象,一直到中世纪以后他们才逐步地发现自然美并在艺术中加以表现。这应该能证明,美并不是从来就有的,特别是大自然的美,决不是从来就有的,如果它与人不发生关系,绝对不可能有自然的美。美绝不是与人无关的一种客观的属性。如果人还没有从自然界分离出来,自然跟人没有发生这种特定的审美关系的话,就不会有自然美。

这都体现了"关系在先"("活动在先")的原则。就是说,从逻辑上说,是审美关系和活动在先,审美主客体(美和审美的人)都是在审美关系和审美活动中现时地生成的。这里需要对"关系在先”（“活动在先”）的原则作一些解释。笔者所说的“在先”不是指时间上的先后，而是逻辑上的先后。从时间上说，美、审美主体、审美活动三者是同时进行和产生的，没法严格地区分。而从逻辑上说，审美关系、审美活动先于美而存在。没有审美活动，就没有美，也没有审美的主体。有人曾对此有疑问，认为不是先有男的、女的，才有恋爱关系吗？其实，男、女之间的关系可以有许多种，如朋友关系、血缘关系、师生关系等等，不一定是恋爱关系；而从逻辑上说，只有先确定了某一种特定关系（恋爱关系），才有处于这种关系中的每一方存在。同理，审美关系（活动）也一样，只有审美关系（活动）在逻辑上先确立、先存在，才有作为审美关系（活动）中的审美主体或审美客体的一方生成和存在。审美关系，也就是根植于人生在世的审美主体与审美对象之间的自由情感关系。

从性质上看：

(1) 审美关系不是认识关系，而是体验关系。在认识关系中，主体的目标是求得对客观事物内在属性和内部规律的认识，形成知识体系。审美关系则不同，它虽然含有一定的认识因素，但其根本目标却不是求知，不是获取符合客观事物本来面貌的真理，而是从事物的色相、秩序、形迹上领悟和体验人与世界的存在意义，进入一种物我交融、人与世界一体的境界。(2) 审美关系在逻辑上先于审美主、客体，而不是审美主、客体在逻辑上先于审美关系。审美关系（活动）之外或者之前，不存在任何现成的审美主体，也不存在任何现成的审美客体，如果离开了审美关系（活动），即使是最富于创意的艺术家和最富有经验的鉴赏家，也算不得审美主体，即使是最伟大的艺术作品或最优雅的田园山水，也不是审美客体。(3) 审美关系本身是在人生在世的意义关系中、在人的具体生存实践中、在人的生活实践的时机性境遇中当下生成的。人并非每时每刻都处在审美状态,世界并非每时每刻都成为审美对象(客体),人与世界的关系并非每时每刻都呈现为审美关系,世间不存在绝对的、无条件的审美关系,只存在在特定的条件、情境、机缘下当下生成、显现的审美关系。(4) 审美关系具有多层次性和流变性。处在审美关系中的主体(人),不是单个人的抽象物,而是一切现实的社会关系的总和,是自然性与社会性、物质性与精神性、现实性与历史性的多重统一。处在审美关系中的客体(世界)同样不是孤立的、单独的物质实体,而是包含着自然的、社会的、人文的多种因缘的汇合,审美关系呈现为多层次的动态结构,同时,审美关系也不可能停留在某一固定的水平和层次上,而会不断地生成、变化和发展。(5) 审美关系是人与世界之间的自由关系。自由首先表现为超功利性,在审美关系中,审美主体不是追求对象的有利、有用、有益和自身的欲望满足,而是在外不受他物的束缚,在内不受欲望的限制,完全由自己作主。自由也表现在审美主体始终关注对象的意义形象,并且围绕这一意义形象展开自由想象和联想,自由展开自己的心灵形式,而非专注对象的物质实存和物理属性。自由还表现在审美是人与世界之间心物交融,物我两忘,你中有我、我中有你的精神情感交流。

从层次上看:

(1) 审美关系首先是静观关系。静观意味着超功利地"看"。超功利是审美主体的一种精神态度,审美活动不同于功利活动:在功利活动中,主体总是以利害计较的态度来对待对象,总是关心对象的实用性,并且力图占有和享用对象,从中获得功利欲望的满足；而在审美活动中，主体始终以一种无所为而为的超功利态度来看待对象，通过对于对象形象的观照感悟而获得一种精神的满足。(2) 审美关系其次是对话关系。审美对象的意义不单体现于形式，更体现于意蕴；审美主体对审美意义的接受也不能单靠静观，更重要的是从形式入手层层转深，领悟对象的内在意蕴，达成审美主客体的交流对话。交流对话意味着审美主客体双方你中有我、我中有你，不存在一方支配另一方的局面。一切审美对象都不是与人无关的物质实存，而是与人相关、对人显现的意义对象，它们总或深或浅、或明或暗地打上人生的印记，渗透着人生的内容，表达着人生的况味。(3) 审美关系再次是存在关系。这是最高层次的审美主客体关系，是静观关系、对话关系的进一步发展和升华。无论是静观关系还是对话关系，审美主体与审美对象之间或多或少有些间隔与分离，尚未达到一体圆融的程度。随着审美关系、审美活动的进一步展开，审美对象展示出它的"存在"，审美主体从对象身上发现了自身的存在意义，从而忘我地投入到"存在"或者"道"境之中。这种情况下，审美主客体便不再有间隔与分离，而进入一个物我不分、人和世界浑然一体的境界。这个境界，我们认为是人生也是审美的最高境界，它虽然超越人们的具体生存，却不是从事物的感性材料中抽象出来的最高概念，而是与鲜活灵动的人生实践和生机勃勃的人生体验紧密相连、水乳交融，表征着人生在世的生存实践。

静观、对话与存在三种层次的关系不是彼此分离的，相反，它们往往是相互包融的，前一种关系是后一种关系的基础，后一种关系是前一种关系的发展和提升。

关于审美关系，法国当代著名现象学美学家杜夫海纳曾提出过不少例证。一方面，他认为艺术品必须被主体知觉，即与主体发生知觉关系后才可能成为真正的艺术品；另一方面，他也强调主体必须以审美的方式知觉这个对象，与对象建立审美的关系，对象才会成为审美的对象。换言之，艺术品只有进入主客体之间的审美关系中才成为现实的审美对象，主体也只有以“审美”的方式审视对象，即与对象建立审美关系，才成为现实的审美主体。例如，一个人在歌剧院里，如果只注意作品是如何表演的或如何编写的，或只瞩目于邻座女子如何妩媚，或耽于个人的幻想，以致对他来说歌剧只不过是一个音响背景，那么他与歌剧就形不成审美关系，就会看不到作为审美对象的歌剧。同样，一个艺术品，如果以审美的方式去知觉它，它就是审美对象；如果不以审美的方式知觉它，它就不是审美对象。比如，挂在墙上的画对搬运工来说是物，对绘画爱好者来说是审美对象，对擦洗它的专家来说，则一会儿是物，一会儿是审美对象。同理，树木对砍柴者来说是物，对游人来说可能是审美对象。如果不以审美的方式知觉一个艺术品，它可能就是一个“物”；如果以审美的方式来知觉，这个作品就成了审美的对象，它也就成了真正的艺术品了。杜夫海纳精辟地指出：“审美对象的出现，还有一个独立于表演之外的条件，那就是承认它是审美对象的知觉，因为人们可能看不到审美对象。只有当欣赏者打定主意，只依照知觉全神贯注于作品的时候，作品才作为审美对象出现在他面前。”[1]换言之，审美对象和审美主体（欣赏者的审美知觉）都是在两者的相互关系和活动中同时形成的。在时间上，审美关系的建构与审美主客体的生成是同时、同步的，没有先后之

---

〔1〕 杜夫海纳. 审美经验现象学. 文化艺术出版社，1996. 41.

分;但是,从逻辑上讲,则是审美关系在先,审美主客体在后,审美关系是审美主客体的确定者,审美关系之前和之外,无所谓审美主体和审美客体。这就是"关系在先"的原则。明乎此,我们才可以进而讨论审美现象的具体构成。

这里需要补充说明两点:一是,虽然审美主客体都是在具体的审美关系中生成的,但实际上,审美对象和审美主体的生成也需要有一定的条件,并不是任何对象和任何主体在任何条件下都能相互作用形成和进入审美关系,从而构成审美现象的;二是,虽然从逻辑上说审美关系在先,但由于要说明审美主客体关系的具体内容因素,我们分析这三要素时在叙述次序上只能把审美关系放在最后。

对审美关系问题的解答也可以推及对自然美的看法。蔡仪、陆梅林等认为自然界中的美在没有人之前就是美的,这一看法在笔者看来是不可思议的。我们可以用这一原则来加以说明。在没有人之前,自然就无所谓美不美,因为在人类产生之前,根本没有也不可能形成一种自然满足人的审美需求的价值关系,即审美关系,外在于审美关系的自然事物就只是自然事物,无所谓美与不美。自然美是人类发展到一定阶段,社会文化、审美活动、各个民族的历史积累等进展到一定的阶段,人与自然开始形成某种超越于实用功利关系的审美关系(或者至少是具有明显审美因素的关系的时候),自然界中一些事物才逐渐成为审美对象或准审美对象。例如,后羿射日、精卫填海等神话传说体现出当时人并没有把太阳、大海等自然对象看做美,相反是当做恐怖、灾难的对象,只是后来才逐步被作为审美对象的。这一点可以说明美是在具体审美关系中动态地生成的。没有一个客观的固定的美先在地存在于世界某个地方,美只能是在现实的审美关系和活动中生成。这就是“关系在先”(“活动在先”)原则的基本含义。

第五节

审美是一种高级的人生境界

人生实践活动是极其丰富的,但这些丰富的实践活动并不是一个层面上的活动,它们是有着不同的层次的。有的是高层次的,有的是低层次的。有的活动是人满足自己最基本的肉体生存需要的活动,如吃、喝、睡眠等生理活动;有的是推动或者阻碍人类社会前进的重大活动,如社会经济的改革或破坏,政治革命运动的成败,重要的科技发明、创造及其应用等。一般说来,满足单纯个人性的生物需要的活动是低层次的,满足推进人类社会进步需要的活动是高层次的;满足人的物质生活需要的活动虽然最为基本,但层次相对较低,而满足人的精神生活需要的活动则相对层次较高。但不论高低,这些分层次的活动却都是人的生存、存在所必需的活动,人不是只需要高层次的活动而不需要所谓低层次的活动的。人来源于动物,就不可能完全消灭他的动物性,只是在一个人身上他的动物性的生物性和社会性的人性所占的比重不同而已,这种不同的比重就把人区分为不同的层次,这种不同的层次在一定意义上可以说就是不同的人生境界。我们所说的高层次的人生境界就是在基本的生物性存在之上,不断远离单纯的生物性而无限趋近于更加丰富的人性活动。因此,人的生存是讲境界的,人是一种境界性的生存。在现实生活中，人往往是有限性的生存，受制于生物性的感官功利的制约或者社会性的道德规范的强制而不自由，而审美活动则是在超脱于主体功利与外界规律基础上的一种精神的自由活动。审美活动是在人满足了基本的生物性生存需要的基础之上的一种活动，是人的一种高层次实践活动的产物，是人不断脱离其单纯动物性存在的结果，是人的生存样态不断丰富的结果。因此，美是一种人生境界的展开，追求美就是追求更高的人生境界。审美实际上是一种高级的人生境界。

人的生存是讲境界的，世界上也只有人的生存是讲境界的。人在各种生存实践活动中，在与世界打交道的过程中，会有各种不同的经历和体验，这些经历和体验会有不同的层次和水准，也就会形成不同层次的境界。就是说，在人与世界打交道的丰富复杂的过程之中，会形成不同层次的人生境界，其中就包含着审美境界。

在西方的传统思想中，也有认为人的生存是有着各种不同的境界的。在柏拉图那里，他重视理性而贬低情欲，认为哲学家的生存是最高境界的，是“理想国”里的王；在康德知、情、意的世界里，他把审美的“情”看做是连接知与意的中间环节，是向最高的道德境界的过渡环节；“美学之父”鲍姆加登在理性认识和感性认识的比较中，把审美看成一种低级的感性认识，仍然把理性认识的生活看做最高境界的生活；黑格尔把美、艺术看做通达最高的哲学境界、“绝对精神”的前奏；席勒把审美看做是介于“理性冲动”与“感性冲动”之间的一种“游戏冲动”，把审美看做达到“理性人”的过渡环节；存在主义的先驱克尔凯郭尔认为人有三种境界：审美的境界、伦理的境界、宗教的境界，审美境界是达到信仰境界前的一个低级阶段，因为这时人全凭感情、感性而不是理智来处理事情；尼采则把人分成动物、人和“超人”三种境界，“人”仅仅是达到“超人”的一个桥梁，具有“强力意志”的“超人”才是最高的生存境界。这些思想家都把人的生存分成不同的层次、境界，只是在西方传统思想里，一般都把知识、理性、道德、哲学式的生存作为最高境界的生存方式，审美并不是一个理想的生存境界，这是与西方几千年以来的“求真意志”分不开的。但西方思想发展到现代的一个趋势却是对传统的“求真意志”的批判，不仅提高了审美在人的生存中的层次，而且把审美作为拯救在现代技术社会中“异化”的人类的一剂良方，作为一个越来越高的人生境界来追求。

在中国，也是讲生存的境界的。中国古代文献中关于“境界”的说法非常多。境界最初是指时间和空间上的界限，但到后来含义有了很大的变化。清人段玉裁注“境”曰：“曲之所止也。引申之凡事之所止，土地之所止皆曰竟。”这里，“曲之所止”、“土地之所止”两义自古有之，但“事之所止”却昭示出一种新识度：首先，它表明，至迟到晚清时代，“境”字已经明显从表示时空界限发展为表示人的存在状态和生活行为，即人生之境；其次，它表明，“境”是由人与世界两维构成的。“境”为“事之所止”，而所谓事，乃是人事，人的实实在在的活动行为，切身的生存实践。事的缘起、产生、发展、完成、实现、转换，都涉及人与世界的关系，包括人与自然、人与社会、人与他人、人与自我的关系。因此，境界的构成不能单从人或者单从世界来了解，而应该从广义的人生发展、从人与世界的实践关系来把握。

现代意义上的境界，首先是指人生境界，它主要标志着人在生存实践中的精神修养及思想觉悟程度，是人对宇宙和人生的自觉以及对生命意义、幸福感的感悟水平，这自然也包含人生实践中审美的境界。孔子说:“三十而立,四十而不惑,五十而知天命,六十而耳顺,七十而从心所欲,不逾矩。”这实际上就是一个人一生不同的人生境界,孔子是向往、赞同那种“从心所欲,不逾矩”的自由的,更是赞同曾皙的那种颇具审美精神的从容境界的。庄子所向往的是那种“相忘于江湖”、不“物于物”,“独与天地精神相往来”的物我两忘的自由境界,是一种“游刃有余”的心灵的“逍遥”。这种自由、这种“逍遥”在很大程度上是一种审美精神。中国人所向往的就是这样一种能进能退,“达则兼济天下,穷则独善其身”的自由境界,一种天、地、神、人自然、谐相处的境界,即古人所说的“天人合一”的境界。中国古代道家提倡“无”的境界,儒家提倡“仁”的境界,无非是要把人从现实的愚昧、自私、自满的层次提高到内心澄明、无我、无私、不断跃升的精神境界。正是在这种精神境界的不断跃升中,人才有了真、善、美的统一和人生最高价值目标的实现。

因此,中国人的生存是讲境界的,而中国人的最高境界往往同时是审美境界。

就字面意义来讲,“境”,是边境、范围、界限的意思,一个省有省境,一个国家有国境;“界”,也是界线、范围的意思,一个县有县界,一个国有国界。境界的意思就是边界、范围的意思。境界高就是可以自由活动的界限宽、空间大;境界低就是界限狭窄,没有足够大的空间。人生的境界高,就是人生的活动范围无限宽广,具有足够的活动空间,可以无限自由地展示无限丰富的人性。审美活动就是把人从单纯的生物本能活动中提升出来,大大扩展其生存空间的界限,扩展它与自然万物之间的关系的活动。审美活动把人的生存边界和界限大大扩展了,所以审美活动是一种高级的人生境界。

关于人生境界的构成，有以下三层意思必须辨明：

首先，人生境界不是自然界进化而成的物质实体，也不是主体心灵自生的幻影，而是我们在上文一再强调的人与世界通过实践而达到的高度统一、一体圆融的关系；人生境界不仅在横向上联结着各种错综复杂的因缘关系，包括人与自然、人与社会、人与他人、人与自我等等关系，而且在纵向上凝聚着现实、历史和未来的各种因缘关系；人生境界不仅有世界在，而且有人在，人和世界缺一不可，当然，这种人与世界的统一关系着重体现在人对自身生存实践的觉解与对宇宙人生意义的体悟的不同程度、层次和水平上。

其次，人生境界作为人与世界的交融统一，不是认识论层面上的主客观统一，不是外在的客观物理属性与内在的主观心理意识在认识上的统一，而是存在论层面上的统一，即在人与世界相互依存、双向建构的实践活动中所达到的统一，在人向人生成、世界向人生成的实践过程中所实现的统一。这种交融统一，体现为人依寓于世界，融身于世界，在世界的生活活动中生生不息地烦忙、操劳，体现为人与世界的实践关系。人生境界在人与世界的实践关系中生成。境界的本体之根深植于人生实践。

再次，人生境界的特点在于它的个体内在性和生成性。所谓个体内在性，是指人生境界作为人们对人生意义的觉悟总是一种个人独特的内在体验，具有个体性，不期望别人也有同样的体验；它是个体由觉悟而生的内心的澄明，别人是不易发现的，因而是内在的。所谓生成性，即指非瞬间性和非凝固性，即在稳定和变化中保持一定的张力。“生成”意为正在成为、正在发生、正在变为，它表示一种动态过程，表示某种东西正在发生的动态过程，而且这个过程是连续不断的，因而它是一个现在进行时态。生成具有自动、自在、自然之意，不是被动地成型。

人生境界是人们通过自身锻炼修养、提高觉解水平而不断生成的。这里的觉解是关键。在某种程度上可以说，人生境界的生成取决于人们对自身生存实践及其意义的觉解。觉解的不同，造成人生有多种境界、多重境界。不同的人，对生活的自觉和了解的程度是有区别的，因而，尽管每个人都面对着宇宙，置身于大致相同的生活之流中，但是，生活对每个人却显示出不同的意义，从而每个人处身于不同的人生境界中。冯友兰先生精辟地指出："人对于宇宙人生的觉解程度，可有不同。因此，宇宙人生，对于人的意义，亦有不同。人对于宇宙人生在某种程度所有的觉解，因此，宇宙人生对于人所有的某种不同的意义，即构成人所有的某种境界。"又说："各个人对于人生的了解多不相同，因此，人生的境界，便有分别。境界的不同，是由于认识的互异。"[1]冯先生曾据此概括出由低到高的四种境界：自然境界、功利境界、道德境界、天地境界。在最后一个境界中，人对宇宙人生觉解程度最高，达到跟宇宙天地化为一体，它是人的存在所能达到的最高境界。处于这一境界中的人不仅能超个人，而且能超社会，因而具有更加宽广的胸襟和眼界，"是觉解的进一步提升；自觉的理性已化为人的内在品格，因而遵循规范已无需勉强"。[2] 处在这种境界中的人已经不再把各种规范作为一种束缚，而是把天地万物、自然社会的运行法则化为自己的一种内在需要，化为自己心理结构的一个组成部分，化为自己的一种血肉，于是不知不觉中与天地万物融为一体。冯

〔1〕 冯友兰. 贞元六书. 华东师范大学出版社，1996. 552.
〔2〕 杨国荣. 理性与价值. 上海三联书店，1998. 436.

友兰所谓四种境界，其实可能不止四种，此一学说主要是指出人生实践中会有不同的层次、不同的境界，人们可以追求并达到一个比较高的境界。需要指出的是，他所讲的天地境界，同审美境界有很多共通的地方。冯友兰可能不仅仅指审美境界，但是我们可以理解成是一种要求真、善、美高度统一的境界。我们采用这一思路，也是要想指出在人生实践当中，在与世界打交道的过程中，会有各种不同的层次，形成各种不同的人生境界，而审美境界则是其中一个比较高层次的境界。审美有一个基本条件，就是要求主客体之间，或者说人与世界之间实现比较高程度的"交融"，即中国美学所说的"物我两忘"、"天人合一"。如果主客体始终处于隔离、割裂、矛盾的状态，那就不太可能是审美的。从心境来说，审美境界在较大程度上超越个体眼前的某种功利性和有限性，达到相对自由的状态。

所以，我们认为，审美境界属于比较高层次的人生境界，审美境界高于、不同于一般的人生境界，是对人生境界的一种诗意的提升和凝聚，也可以说是一种诗化了的人生境界。人生有多种、多层境界，人生境界的意义在于实现人的自我超越和生命的升华，从而提高人的生存质量，审美境界只是其中的一种、一层。审美境界小于人生境界，因为除了审美境界外，人生还有更广大的许多其他境界。审美境界不同于一般的人生境界，不能把人生境界直接等同于审美境界。冯友兰关于人生境界的四分法中，自然、功利和道德境界都不可能成为审美境界；即使是天地境界，虽与审美境界在内在精神上相通，也不能被直接等同为审美境界，因为这里还缺乏审美境界形成的内因和机制。我们可以说审美境界是一种人生境界，却不能倒过来说人生境界是一种审美境界。从一般人生境界向审美境界的生成，是从人生境界中的较低层次向较高层次的提升，是意义或价值的生成过程，也是人的精神世界的诞生和扩展。它不可避免地涉及现实人生真、善、美的各个方面。审美境界一般是指在生活和艺术中出现的审美的情境，它是情与景、心与境、主体与客体、感性与理性的有机统一。这种情境的有机统一表现在接受效果上，是有限与无限的统一，无限对有限的超越和自由自在、无拘无束的状态，因而比日常生活中一般的审美更自由无碍和耐人回味。人生境界在一定条件下才能转换成审美境界，这个条件就是人生修养。审美境界也有高低不同层次，由审美关系、审美活动导致的审美体验是多层次的，它是一种由低级到高级、由表层到深层，不断潜入和递进的动态结构，它既是主体的内在精神生命不断被塑造、充实和提升的过程，也是属人的对象世界不断被建构、拓展和揭示的生成过程。审美主体与审美对象之间这种不断的相互渗透与融合、相互引发与推进的审美关系，导致了不同的审美体验，形成了不同的审美境界。

总之，审美境界是一种特殊的人生境界，最高的人生境界往往就是最高的审美境界，人生境界与审美境界、艺术境界只有在实践存在论的意义上才是相通的。

第六节

实践存在论美学与实践美学主流派的区别

实践存在论美学与实践美学既相联系，又相区别。

联系在于：首先，实践存在论美学仍然把"实践"概念作为基本语境和范畴之一，尤其对实践是人与世界双向建构的历史过程的解释，与实践美学有共同语言；其次，实践存在论美学思想与属于实践美学中非主流派的蒋孔阳美学思想一脉相承，它是对后者的直接继承和发展。

但是，实践存在论美学思想与以李泽厚为代表的实践美学主流派的思想有明显的区别，主要表现在：

第一，关于实践概念的界说。前面已经谈到，实践美学把实践界说为以制造和使用工具为标志的物质生产劳动。实践存在论美学则不同，它虽然承认物质生产劳动是最基础、最重要的实践形态，是人类生存发展须臾不能离开和中止的活动方式，但不赞同把物质生产劳动当成唯一的实践形态。实践除物质生产劳动之外，还应该包括变革现存制度的革命实践、政治实践、道德实践、审美实践和艺术实践以及广大的日常生活实践等等。

第二，更为重要的是，实践美学对实践的解释虽然注意到作为实践主体的人的中心地位，有时用"人类学本体论"来概括，但实际上还没有完全摆脱认识论的思维框架；而在实践存在论美学看来，应该从存在论（本体论）角度把实践的内涵理解为人最基本的存在方式，理解为广义的人生实践。

第三，关于审美现象的生成性的理解。实践美学主张美与美感是在人类漫长的实践中生成出来的，人类实践发生之前，没有美与美感的存在。这一点我们完全赞同。但是，实践美学所说的生成仅限指人类总体的历史生成。如果只承认这种生成，便有可能给现成论留下地盘。实践存在论美学则不同，它所理解的审美现象的生成，除了人类总体的历史的维度，还有感性个体的当下维度。这也就是说,在实践存在论美学看来,美与美感不仅在人类总体的实践中历史地生成出来,而且在感性个体生存实践中当下生成的。对于人类总体来说,离开历史实践就不会有美与美感的发生;对于感性个体来说,离开其生存实践就不会有审美现象的出现。美与美感的终极处没有任何现成性可言。

第四,关于审美关系、审美活动的解释。实践美学在解释人与世界的审美关系时,隐含着主客分立在先的观念,即是说,先有审美主体和审美客体,而后有审美关系和审美活动。实践存在论美学则认为,不存在脱离具体审美关系、审美活动的审美主体和审美客体,审美主客体都是在具体的审美关系、审美活动中现时地诞生的。这就是“关系(活动)在先”的原则:从逻辑上讲,审美关系、审美活动在先,审美主客体在后,审美关系、审美活动是审美主客体的确定者;从事实上讲,审美关系的建构、审美活动的开展与审美主客体的生成是同步的。但无论从逻辑上还是从事实上讲,在审美关系、审美活动之前和之外,无所谓审美主体和审美客体。

第五,关于美学理论的逻辑建构。实践美学总体上没有完全超出认识论美学主客二分的思维方式,如李泽厚《美学四讲》的逻辑构架就是美—美感—艺术三大块,内中隐含着先有客观的美、再有主观的美感的主客二元对立的认识论思路,所以其虽然强调了人类学本体论的主旨,即以人为本体和中心展开论述,但在美论一开始就提出“美是什么”的问题,即使没有直接给“美”下定义,且对“美”的含义作了多层次的分析,然而最后还是去寻找抽象的、普遍的“美的本质”(后来改用“美的根源”),未能完全摆脱本质主义的局限。实践存在论美学则遵循上述“关系在先”的原则,并不正面去寻找、界定美的本质,而是首先以审美活动(作为审美关系的具体展开)作为逻辑起点,认为审美对象和审美主体都是在审美活动中现时地生成的。接着分别从对象形态和主体经验两个方面论述审美形态和审美经验:认为审美形态可理解为人对不同样态的美(广义的美)即审美对象的归类和描述,它是审美活动中当下生成的自由人生境界的对象化、感性表现形式和具体存在状态;而审美经验则体现为在审美活动中主体直观到了超越现实功利、伦理、认识的自由人生境界,体验到了人与世界的存在意义而产生的自由感、幸福感和愉悦感。然后论述艺术和艺术活动,由于艺术最集中、典型地体现和凝结了审美活动的诸方面,因此,美学应该通过研究艺术和艺术活动来把握一般审美活动。最后落实到审美教育即美育,美育指有意识地通过审美活动,增强人的审美能力,提高人的整体素质,焕发人的精神风貌,提升人的生存境界,建构人向全面发展成长的存在方式,促进人向理想的、自由的、健康的、精神丰满的人生成。

综上所述,实践存在论美学的逻辑构架是:审美活动论—审美形态论—审美经验论—艺术审美论—审美教育论。

第六章

实践存在论美学的初步运用

上述基本要点，是实践存在论美学最主要的构想。从这一构想出发，我们将涉及美学研究的一系列基本问题，如审美活动的基本性质和历史发生、中西方重要的审美形态、审美经验的构成与过程、艺术存在与活动、审美教育的目的与方式等。基于这一构想，我们也做了一些实际的尝试工作，在美学教材的编写、美学范畴史的编写等方面，对实践存在论美学进行了一些初步的运用，力图使之接受实践的检验，实现突破认识论美学框架体系的设想。笔者期望，我们的这些尝试能够为新世纪中国美学走向多元化与创新之途贡献自己的绵薄之力。本章就来简要介绍实践存在论美学的初步运用。

第一节 在美学教材中的运用

美学是什么？美学研究的对象是什么？国内外学界历来分歧很大，没有定论。在中国，20 世纪 80 年代中期以前，多数人认为美学是一门以艺术为主要对象，研究美和美的规律的学科。实际上多数美学原理、概论性著作都没超过审美认识论的范畴，其基本结构多为三大“板块”：美论（美的本质和美的形态）、美感论（对美的感性认识和反映，含美感范畴）和艺术论（美感的集中体现和成果）。这种情况造成美学的面貌、形式比较单一。

以美学教材为例，建国以来美学教材的建设从无到有，取得了一些重要的成果，特别是“文革”以后出现了一些较有影响的教材，如王朝闻先生主编的《美学概论》，蔡仪主编的《美学原理》，杨辛、甘林先生主编的《美学原理》，夏之放、楼昔勇先生等编写的《美学基本原理》等，都为各时期的美学建设作出了重要贡献。但是，也应该指出，由于时代局限等原因，这些教材或多或少都存在着一些有待扬弃或改进的问题，其中有些教材在不同程度上受到实体论思想和思维方式的影响，形成了一种主客二分的研究模式，把美学研究局限在认识论框架之内，把美学的一些基本问题看成纯粹的知识对象而与无限丰富复杂的人生实践无关，从而总是在追问这些问题后把客观知识形态的固定答案作为美学的主要任务。例如，有些教材把主要精力花在为“美”下定义或探讨“美的本质”问题上，实际上它们已经先在地把“美”看做一个独立的实体，然后追问“美是什么”、“美是客观事物的属性还是人的主观感受”，等等，从而使美学研究长期以来收获甚少，且难有突破。

20 世纪 80 年代后期，特别是 90 年代以来，这种单一的局面有所改变。例如，叶朗先生主编的《现代美学体系》既吸收了西方美学的若干思路，又移植了中国古典美学的若干重要范畴作为该书的主干（如审美意向、审美感兴、意境等），与其他美学原理大不一样；蒋孔阳先生编写的《美学新论》也突破了认识论的框架，有不少创新；杨恩寰先生等编写的《美学》则完全以审美经验为对象展开其理论体系；最近还有人从审美提升人的人生境界的思路来构思美学原理；等等。还有一些如系统美学、生命美学、接受美学、修辞论美学等则完全打破了现有一般美学原理的构架，另起炉灶，重新设计。

这表明，人们对美学这门学科的性质、对象等的认识与过去不同了，或者说比过去扩大了许多。不少人认为，传统美学把“美”

或"美的本质"作为核心范畴,从理论上进行抽象的研究并不可取,从分析哲学角度看,"美"这个词与许多不同的心理状态有密切关系,不可能为"美"下一个统一的、一般的定义。因此,不少人开始把研究的重心或具体对象从美的本质等传统美学的基本问题上移开了,或者转向审美关系、审美经验等方面,或者干脆转向"形而下"的艺术创造和接受等具体问题的研究上。这种倾向在新世纪得到了更多人的认可,美学研究的对象、重点、内容等正在呈现多元化发展的局面。

在这一时代背景下,立足于实践存在论美学原理,我们也做了一些实际尝试工作。在主编高校面向 21 世纪教材《美学》的过程中,笔者力图实现我们对认识论美学框架体系的突破的设想。我们认识到,要想在美学原理的研究领域里有所创新和推进,最关键的环节就是要突破长期以来主客二分的二元对立的思维模式的束缚。因此,我们在反思、总结过去几十年特别是最近二十年,国内美学研究的经验、教训和取得的各种成果的基础上,把美是在审美活动中当下生成的实践存在论美学思想作为重新思考美学问题、寻求美学基础理论研究突破的依据。我们借鉴、吸收了西方现象学的某些合理思路,比较自觉地发展蒋孔阳先生以实践论为哲学基础、以创造论为核心的审美关系理论,努力超越主客二分的思维模式和认识论的理论框架,把美与人生实践紧密联系起来,将"审美是一种人生实践"、"广义的美是一种特殊的人生境界"的主旨贯穿全书,以审美活动论为教材编写的中心和逻辑起点,然后从"审美形态论"、"审美经验论"、"艺术审美论"、"审美教育论"等方面展开论述,整个教材从基本思路、逻辑框架到概念范畴等都有较大的创新。

2001年,《美学》编写工作圆满完成,由高等教育出版社面向全国出版发行。《美学》除导论外共分为五大部分,即审美活动论、审美形态论、审美经验论、艺术审美论和审美教育论。

我们把"审美活动论"作为全书的逻辑起点和核心部分,它提出审美主、客体都是在审美活动中现时地、动态地生成的,审美活动是人类对自己生存方式的一种认同和确证,是人的一种存在方式,是人的一种人生实践活动。在此基础上的人生实践活动在不同层次上的展开,实际上就是各种不同的"审美形态",从而把审美形态定义为"不同层次的人生境界的感性的、具体的表现"。

"审美经验论"则强调审美经验必须当主体处在与对象的审美关系或活动中时才会形成,它是审美活动中主体对审美对象的反应、感受和体验的过程和结果;审美经验的根本性质是实践,是与人生实践、审美实践活动不可分割地联系在一起的。审美经验不是传统美学理论所说的关于过去的回忆性的固定体验,而是在审美活动正在进行的过程中才有审美的经验,它是现时生成的。

"艺术审美"是人类审美活动的集中体现,我们从存在论的新视角出发追问艺术是怎样存在的,从艺术活动的整体存在来界定艺术,开辟了"艺术存在于从艺术创造到艺术作品再到艺术接受的动态流程"这一新的解释路径。

在"审美教育论"上,我们以提升人生境界,促进人全面发展为出发点,指出要使审美活动与人生实践活动有机地统一起来,真正达到人生的最高境界,还要借助于审美教育。

这样,我们以审美活动为起点,在审美活动的动态生成过程中把审美的主要问题连接在一起,形成了一个动态生成的体系。

《美学》出版后,有的评论者认为我们这本教材实现了四大转向：实现了由静态主客体关系论向动态整体性活动关系论的转向；完成了从认识论向实践生存论的转向；实现了由美的现成论向美的生成论的转向；实现了由单一审美论向广义人生境界论的转向。虽说这些“转向”我们不一定都完全“实现”了，但这正是我们努力的方向和工作的目标。该教材出版仅一年多，它的新体系、新思想便已获得比较好的社会反响和评价。

在接下来的五年中，《美学》一直受到广大读者的热情关注，先后重印十数次，全国许多高等院校在使用本教材，这使我们深受鼓舞。但是，我们也清醒地意识到，这部教材由于编写时间比较紧，特别是完稿前比较仓促，还存在一些不尽如人意之处。从五年来使用单位所反馈的意见看，也有许多值得改进的地方，特别是有些部分内容偏深了一些，大学低年级学生接受有困难。另外，五年来学界在美学研究方面有了不少新的进展，对我们很有启发，我们自己的观点也有所发展，比五年前更加成熟，所以也希望有机会把想法表述得更准确、清楚些。基于以上原因，我们决定与时俱进，回应时代提出的新挑战，对这部教材进行一次比较大的修改。

2006年，《美学》修订版由高等教育出版社出版。这次修改较大的部分主要是第一编“导论”、第三编“审美形态论”和第六编“审美教育论”。“导论”改动最大，大部分内容重写了；“审美形态论”次之；“审美教育论”也作了一定的调整和较多的增补。其余三编有少数地方在内容上有所增补、修改。全书以马克思主义实践论为基础，适当吸收当代西方存在论（现象学）思想的合理因素，尝试建构有时代特色的实践存在论美学理论，以发展我国的实践美学理论，使之更好地与中国古典美学思想有机地结合，成为新世纪具有生命力的一种美学理论。

第一编“导论”指出，审美活动是人类生活活动的有机组成部分，在美中我们沉醉、欣喜，与此同时，人类对审美活动的追问和认知也在人类思想史上构筑了一座巍峨的美学大厦。这一编内容，是引领读者进入美学恢宏大厦的第一级台阶，内容包括审美现象与美学学科、美学的历史和基本问题等。

第二编“审美活动论”把审美活动作为逻辑起点，由此出发，探寻审美活动的存在方式，审美活动中的主体与对象的现时生成，以及审美活动的历史发生，既从逻辑上论述审美活动的存在根基、存在方式、主体与对象等问题，也从历史上论述审美活动的原始发生的条件、标志、基本类型等问题，力图从逻辑与历史相统一上来把握审美活动的本质和特性。

第三编“审美形态论”研究对丰富多彩、姿态万千的“美”进行归纳和表述的理论成果，即人类在长期审美实践活动中逐渐积淀下来的各种审美形态。这一编包括西方和中国的基本审美形态等。

第四编“审美经验论”着重讨论在审美活动中形成的审美主体的体验、感受等问题，即审美经验问题。这一编包括审美经验的性质、特征、结构和动态过程等。

第五编“艺术审美论”指出，在人类的审美活动中，艺术活动无疑是最重要、最典型、最高级的。20 世纪以来，艺术作为典范的审美对象的观念已经遭遇到了来自不同方面的质疑，然而，艺术活动及其存在方式却依然是美学学科必须面对的、无可回避的重要对象和议题。这一编包括艺术创造、艺术作品和艺术接受等。

第六编“审美教育论”指出，作为人类实践活动有机组成部分的审美活动，在使人留连其间的同时，还具有着重要的教育功能。审美教育是人类挣脱“单向度”状态、获得全面发展、塑造美好心灵、臻至完美境界的重要途径,在工具理性、技术控制大行其道的当今时代,审美教育不仅是一个美学理论问题,更有其重要而紧迫的实践意义。这一编包括美育观的历史考察,审美教育的内涵、目的、特点、功能和实施等。

《美学》修订版在逻辑框架上以审美活动为起点,正是在审美活动中才建构起了无限多样而又姿态万千的审美对象,它们的历史积淀与逻辑构架生成了中西方各种审美形态;与此同时,审美活动也建构起由复杂、动态的心理结构组成的审美主体,在审美活动中,主体生成丰富多彩的感受、领悟、生命体验等一起聚合成审美经验;艺术活动作为审美活动的典型方式和高级形态,成为领悟审美真谛的绝佳场域;审美活动最后落实于审美教育,落实于现实的人不断提升人生境界至审美境界的生存实践之中。这一逻辑构架集中贯彻了实践存在论美学的基本思想:"实践是我们人存在的基本方式","审美活动是一种基本的人生实践","美不是现成的,而是在审美活动中生成的","审美是高级形态的人生境界"。

我们认为,《美学》修订版在学术水平上比初版有了明显的改进和提高。当然,它仍然可能存在着某些不足,我们衷心期望得到学界同仁和广大读者的批评指正,以共同推进新世纪中国美学的建设。

第二节

在美学范畴史中的运用

任何学科作为一个理论体系,都由理论表述的最基本单位——范畴——搭建而成。因此，范畴的历史往往就是学科的历史，大厦的历史必须落实在砖瓦基石的历史之上。因此，美学这座大厦的历史必须落实在美学范畴的历史之上，美学范畴的历史性是美学的历史性的根基，美学的历史性最终要落实在构成美学的基本范畴、在特定历史时期的特定含义上。因此，对于美学范畴的历史性把握，就是对美学自身发展史的微观把握和历史还原。美学范畴作为各种审美现象的本质、关系的规律性表达和逻辑概括，是美学思想和观念的理论形态。在某种意义上，西方美学范畴史研究是对一般西方美学史研究在理论和逻辑上的提升，也是对西方美学史研究的推进和深化。

遗憾的是，中国当代对西方美学范畴的专题研究虽出现了一些论著，但还不够系统和深入，至于范畴史的研究更显得薄弱了，需要我们花大力气加强这方面的研究。为此，2001 年，笔者以“西方美学范畴史”为题申报国家哲学社会科学基金项目并被批准立项，《西方美学范畴史》的主编工作随即展开了。

那么，是哪些范畴支撑起了美学这座大厦？这些范畴作为一个系统，也就是说作为一个有机整体，具有什么样的层次结构？这些范畴作为“美学”范畴，它的独特性何在？以及，这些范畴的历史性究竟如何体现？这一系列的问题构成了《西方美学范畴史》写作的理论出发点。

哪些范畴可以作为决定美学历史的基本范畴？对此，我们必须给出一个选择的标准来。而这个标准，我们认为，首先取决于对美学这门学科的认识，取决于美学的具体研究对象。在西方美学史上，直到 1750 年鲍姆加登以“Äestetik”一词命名并出版 *Äestetik* 一书来研究审美活动，作为一门独立学科的美学才诞生了。在此之后，美学在相当长时间内仍然作为哲学的一个分支学科而存在，其研究方法也主要是抽象的逻辑思辨的方法，主要关心的内容也是美和艺术的本质、本原和形成条件等。如果从整个西方美学思想史的角度来说，美学研究的对象是丰富而复杂的。在西方美学史上，关于美学的研究对象有这样几种态度与看法：其一是涉及美和艺术问题，但把两者分开来，其美学思想并无统一的研究对象。这种态度在古希腊思想家中表现得最明显，柏拉图、亚里士多德都有这个倾向。在柏拉图那儿，美论说的是“美”，艺术论说的是“艺术”，美基本上不涉及艺术，艺术也基本上不涉及美，美与艺术是分离的。其二是涉及美和艺术问题，并把两者统一起来研究。其三是将美学的对象落实到艺术上，认为美学就是艺术哲学。持这种观点的代表人物是黑格尔，他在《美学》的开篇即表述了这一观念。其四是将美学与哲学等同起来，使美学研究的对象扩及世界现象的全体，对之作本体性思考。这种倾向在现代西方哲学中较明显，最突出的代表人物是尼采，海德格尔的晚期思想通过阐释艺术来阐述存在之道，也有这种倾向。其五，还有许多思想家，在谈美或艺术的同时，将思考和研究的对象进一步落到作为主体的人的心理或意识层次上。代表人物如鲍姆加登、康德、萨特等。而现代心理学美学讨论主体的心理结构，精神分析及原型论美学则关注主体的意识结构。这就进一步拓展了美学研究的对象与范围。

在中国的美学史上，也有类似的差异。其中值得一提的是 20 世纪 50 年代与 80 年代的两次美学讨论，其时还专门展开了关于美学研究对象的讨论。在讨论中，形成了这样几种不同的看法：一是认为美学研究对象应该是美，美学应是关于美的科学，要研究美、美的规律及美的各个方面；二是认为美学研究对象应是艺术，艺术最集中地体现了美的规律，马克思也说人体解剖有助于理解猴体解剖；三是受西方19世纪以来的实验心理学与心理学美学的影响，认为美学研究的对象应是审美经验与人的审美心理；四是从马克思主义实践观出发，认为美学研究的对象应是人对现实的审美关系。

以上种种关于美学研究对象的不同看法，展示了美学这门学科的复杂性。造成有关美学研究对象不同看法的原因，主要有纵向与横向两方面因素：

一是审美的历史性使不同历史时期的美学研究对象会有所不同，美学在不同的历史时期所要解决的主要问题会不同，因此它的研究会发生历史性的转移；二是美学理论的多层次性会产生不同的美学关注点。我们认为，在美学史上出现的种种不同的审美对象，其实是分两个层次的：一个是现象层，如美与艺术，它们在生活中都有直接可感受到的现象，这些现象直接触发美学思想对之加以分类与思考；还有一个是基础层，如审美经验、审美关系等，它们是作为审美现象的基础与根据来思考的。于是，在大多数情况下，思考美与思考审美经验或审美关系并不冲突，一种美学思想以审美经验为对象，并不妨碍同时还讲美。当然，也有一些例外，如在柏拉图的美学思想中，美就不仅体现在现象上，而且也作为根据被思考。

美学是历史性地发展的，所以，我们应认可历史上曾有过的美学研究对象。对于这个问题，我们的看法是：首先，今天美学研究对象的确立，可以在充分尊重历史、尊重审美现象的基础上，把集中体现人对现实的审美关系，包容主、客体于一体的审美活动作为美学研究的对象；其次，美与艺术在今天已没有冲突，审美已成了艺术的首要功能,审美活动最集中地体现在艺术活动中,故而,艺术活动可以成为美学重点的、典型的研究对象;再次,如果我们追索审美活动、艺术活动的根据,那么可以看到,它们实质上是人的一种特殊的活动,是作为整体的人的活动的重要组成部分,它又可视为一种导致独特效果(如自由、和谐、健康)的、富有魅力的生存与实践;而人的生存与实践首先是一种关系,人是在生存中体会到自我的,是在关系中认识自己的,人只有在某种独特的审美关系中才能体认到审美主体,感受到审美经验,同时建构起"美"的事物即审美对象来。因而,从研究对象的角度,可以说:美学是对现实中以艺术活动为典范(重点)的审美活动进行思考、解释的学说与理论。具体说来,美学应将美与艺术等审美现象放在一种能集中体现审美关系的社会性和历史性的审美活动中加以考察;进而可以说,美学应通过对人的生存或实践的考察,来把握审美活动与审美关系,并在这种活动与关系中来理解审美经验,理解审美主体和审美对象,理解艺术活动,理解"美"的观念或价值的诞生与应用,等等。

这种对于美学及其研究对象的理解,构成了我们对美学史的基本范畴选择的尺度,这个尺度可以概括为:从构成审美活动的各个环节的角度,来确定哪些范畴是构成西方美学的基本范畴。同时,我们也要考虑美学作为一门学科的系统性与体系性,从构成这个体系的各个层面确立基本范畴。这两个角度——从审美活动的角度和从学科体系的角度——对范畴的确定实质上是统一的,因为,美学这门学科就是对由人与世界的审美关系所产生的种种问题及其解答的综合。

从这个尺度出发,我们在《西方美学范畴史》第一卷中主要分析与梳理存在、自然、自由、实践、感性、理性、经验、语言等八个哲学基础性范畴，在第二卷中主要分析与梳理艺术、美、形式、情感、趣味、和谐、游戏、审美教育等八个审美活动和美学学科的主干范畴。在第三卷中主要研究与梳理再现、表现与呈现，优美，崇高，悲剧与悲剧性，喜剧与喜剧性，古典与浪漫，象征，丑，荒诞，现代性与后现代性等十个(组)具体审美范畴。可见，全书仍始终立足于实践存在论美学这块思想基石。

经过近五年的努力，2006 年年初，三卷本《西方美学范畴史》顺利编写完成，由山西教育出版社面向全国出版发行，受到了专家和读者的好评，被誉为实践存在论美学又一成功运用的成果。

综上所述，实践存在论美学汲取当代西方存在论(现象学)的某些思路，从实践存在论出发建构美学理论，从人的存在角度来重新审视“实践”范畴，超越传统实践美学的认识论框架，拓展、恢复“实践”范畴的原初内涵，使之从单纯物质生产劳动的含义扩展为广义的人生实践，从而把人的存在与实践有机地结合在一起，改变传统美学研究的基本提问方式，把“美是什么”这一本质主义思路改变为“美如何存在”的存在论思路，把美学研究的中心课题从“美的本质”转为“审美活动”，把审美活动看成为人类的基本活动和生存方式之一，看成人与世界的本己性交流，看成最具个性化的精神活动，看成有限无功利与最高功利性的统一，认为美或审美对象(客体)并非先在地存在于人之外的纯客观实体及其审美属性，相反，审美对象与审美主体只存在于审美活动中，两者均只有在审美活动中才现时地生成。实践存在论美学对美学研究的一切其他重要课题，如审美形态、审美经验、艺术存在和活动、审美教育等，均将从审美活动所造成的人与世界的审美关系入手加以探讨和论述，我们试图努力把“美学是研究人的基本存在方式之一——审美活动的人文学科”、“实践是人存在的基本方式”、“审美活动是一种基本的人生实践”、“美不是现成的，而是在审美活动中生成的”、“审美是高级形态的人生境界”等基本命题的精神全面地贯彻到美学研究中去。

我们深知，这一切都还不成熟、不完备，都还有待于专家同行们的批评指正。但我们尝试的基本思路，乃是自觉地超越传统的二元对立思维方式，尤其是超越主客二分的认识论思维方式。我们有这样的学术勇气，修正错误，坚持真理，通过建构实践存在论美学来尝试突破传统美学研究思维方式的变革。因此，我们真诚欢迎来自学术界的各种宝贵批评。作为新世纪中国美学多元化发展格局中的创新一环，去积极地推动面向未来的中国美学建设，是实践存在论美学的心声。

让我们呼唤对传统的二元论思维方式的不断超越，迎接新世纪美学的灿烂春天吧！

后　　记

“实践存在论美学”是我近年来在对中国当代美学发展的历史和现状进行比较深入的研究和思考的基础上提出来的。20世纪90年代以来，我国美学界发生了实践美学与后实践美学的学术论争，至今仍在继续。这场论争不但对当代美学的建设和发展有着重要的推动作用，而且对论争双方也都大有裨益。就我个人而言，收获就很大。我作为参与论争的一方，开始时是完全为实践美学辩护的。随着论争的深入，我发现自己虽然不能同意后实践美学的基本观点，但它对实践美学的有些批评还是有道理的，是值得重视的。这促使我开始对实践美学的某些局限和不足进行认真的反思，并重新学习马克思的实践哲学，借鉴包括海德格尔在内的现代西方美学的思路，思考如何在维护现有实践美学的实践论哲学基础的同时，对其局限有所突破、有所改造、有所发展。

这个思考的过程是漫长的，前后经历了十来年。期间，记录了我的思考成果的，一是撰写了一批相关美学的论文；二是主编了面向21世纪课程教材《美学》，这部教材最近作了重大修改，出了修订版。后者把我的实践存在论美学观点通过教材、著作的形式作了比较系统的表述和阐发；前者则更多地记录了我逐步走向实践存在论美学的思考历程。本书正是将这些相关的论文汇集起来，按照专题进行分类而编成的文集。不过，本书与一般的论文集还是有所不同的，因为经过分专题编纂、处理，文集围绕着实践存在论这个核心展开，各章节之间有着内在的统一性，全书也有一定的理论系统性。只是由于文章发表的时间有先后，有些观点或提法、表述前后有不同、有变化，这恰恰真实地记录和体现了我的思考历程。这一点还望读者理解。

关于"实践存在论"的提法，其实并非自今日始。回想起来，早在1988年，我已在一篇探讨现实主义哲学基础的文章中使用过"实践存在论"这一说法：

> 当代现实主义的哲学基础既不是直观反映论或能动反映论，也不是单纯的实践论，或单纯的存在论，或单纯的主体论，而是以人为中心的实践存在论。因此，只有(1) 把实践论与存在统一起来，把在实践中主体对现实人生意义的体验看做现实主义的坚实基础和唯一源泉。(2) 把实践存在看成本体论与认识论的统一；实践存在是人的自然存在与社会存在的统一，构成了社会(包括自然)历史的本体；实践存在也是人与世界的交流关系、体验关系、意义关系，因而构成了人的认识来源、认识过程与检验、发展认识的标准。(3) 把人作为实践存在的价值中心，全部实践存在及其目标就是人的生存与发展。这样一种实践存在论就从认识论、本体论、社会观各方面为当代现实主义提供了哲学基础，也体现了对旧现实主义实证精神与人道主义的继承和发扬。[1]

---

[1] 朱立元. 关于现实主义问题的哲学反思. 见理解与对话. 华中师范大学出版社，2000. 127. 着重号为笔者所加。.

不过，在当时，我对实践存在论的想法并不成熟，也尚未对这个极为重要的问题结合大量理论材料作深入论证。人的认识是在不断发展深化着的。20世纪90年代后，我通过认真研究现代西方哲学、美学，特别是现象学、存在论，逐渐看到了包含在马克思实践观中的存在论维度；通过重新学习蒋孔阳先生的著作，逐渐发现了他美学思想中一些极富现代性的启迪意义；通过与后实践美学和客观派美学的学术论争，逐渐坚定了彻底突破主客二分形而上学思维方式的信念；通过对“实践”、“本体论”等重要概念的厘清和再解读，逐渐明确了“实践本体论美学”的建构设想。但是，为了更加准确地表达生成论的思想，也为了与李泽厚先生的“人类学本体论”实践美学和刘纲纪等先生的“实践本体论”美学相区别，我重新采用“实践存在论美学”这一名称。我真诚地期望，实践存在论美学作为新世纪中国美学多元化发展格局中的一种新理论，能为积极推动中国美学建设贡献自己一份微薄的力量。

需要说明的是，“实践存在论美学”并不只是我一个人的思想，其实，在某种意义上，它是一种“集体创作”。因为这些年，我在指导博士研究生时，常常与学生一起讨论当代美学的基本问题；为编写《美学》教材，我们进行了多次讨论和辩论，逐渐形成了实践存在论美学的基本思路、框架和主要观点。教材的初版和修订版的参编者先后共有十多个学生，当然，我有自己的基本的想法，但大家的智慧也功不可没。这里专门要感谢的是博士生刘阳，他为本书的编纂付出了艰辛的劳动，作出了最大的贡献。

此外，我要特别提到苏州大学出版社的领导，是他们对我主编的这套虽然不一定成熟但有一点创新的“实践存在论美学”丛书给予了鼎力的支持，这体现出他们对学术发展的关怀和厚爱。

在此，我代表丛书的各位作者向他们表示衷心的感谢和崇高的敬意！

朱立元

2007年4月于美墅静心阁